"十二五"职业教育国家规划教材

经全国职业教育教材审定委员会审定

高职高专机电系列技能型规划教材

光伏发电系统的运行与维护

主　编　付新春　静国梁
副主编　查超麟　廖东进　王素梅
主　审　许　可

北京大学出版社

PEKING UNIVERSITY PRESS

内 容 简 介

本书全面介绍光伏发电系统,将光伏发电系统各环节分解,以系统设备的构成、运行维护保养、故障排除为主线,采用"项目引领、任务驱动"的模式,认识光伏发电系统实物组成、电站的运行操作和故障排除,通过完成项目中的各个具体任务而掌握光伏电站运行与维护的操作技能,在具体的项目中,领悟知识,理解思路,学会应用。

本书引领读者直接进入光伏发电系统运行环境,掌握光伏发电系统运行和维护所需的基本知识及技能。在内容安排上深入浅出,通俗易懂,环环相扣,读者可以通过本书系统地学到光伏发电系统实际运行与维护等方面的知识和操作技能,实现与工作现场及对应岗位的零缝隙对接。

本书可作为高职类光伏发电技术及应用、电气自动化技术、应用电子技术等专业的教学参考用书,也可作为从事太阳能光伏发电系统开发、运行与维护的工程技术人员的必备参考书。

图书在版编目(CIP)数据

光伏发电系统的运行与维护/付新春,静国梁主编. —北京:北京大学出版社,2015.8
(21世纪高职高专机电系列技能型规划教材)
ISBN 978-7-301-24589-7

Ⅰ.①光… Ⅱ.①付…②静… Ⅲ.①太阳能发电—电力系统运行—高等职业教育—教材 ②太阳能发电—电力系统—维修—高等职业教育—教材 Ⅳ.①TM615

中国版本图书馆 CIP 数据核字(2014)第 176710 号

书 名	光伏发电系统的运行与维护
著作责任者	付新春 静国梁 主编
策划编辑	刘晓东
责任编辑	李娉婷
标准书号	ISBN 978-7-301-24589-7
出版发行	北京大学出版社
地 址	北京市海淀区成府路 205 号 100871
网 址	http://www.pup.cn 新浪微博:@北京大学出版社
电子邮箱	编辑部 pup6@pup.cn 总编室 zpup@pup.cn
电 话	邮购部 010-62752015 发行部 010-62750672 编辑部 010-62750667
印 刷 者	北京虎彩文化传播有限公司
经 销 者	新华书店
	787 毫米×1092 毫米 16 开本 15 印张 342 千字
	2015 年 8 月第 1 版 2024 年 9 月第 6 次印刷
定 价	45.00 元

未经许可,不得以任何方式复制或抄袭本书之部分或全部内容。
版权所有,侵权必究
举报电话:010-62752024 电子邮箱:fd@pup.cn
图书如有印装质量问题,请与出版部联系,电话:010-62756370

前 言

太阳能作为洁净、可再生能源得到世界各国高度重视,光伏发电系统得到了大规模推广与应用,光伏产业作为世界高度关注的新兴能源产业,近年来发展非常迅猛。大力发展可再生能源,走可持续发展的道路,已成为世界各国的共识。由于太阳能是一种非常理想的能源,根据其特点和实际应用需要,目前太阳能发电分为光热发电和光伏发电两种,通常所说的太阳能发电是指太阳能光伏发电。光伏发电是利用半导体的光生伏特效应将光能直接转变为电能的一种发电技术。

由于太阳能光伏发电具有独特的优点,其应用与普及越来越受到人们的重视。我国的太阳能资源十分丰富,为太阳能的利用创造了有利的自然条件。光伏产业已成为我国发展迅速的高新技术产业之一,其应用规模和领域也在不断扩大,从原来只在偏远无电地区和特殊用电场合使用,发展到城市并网系统和大型光伏电站。随着社会的发展和技术的进步,太阳能光伏发电在能源结构中所占份额逐年增加。在不远的将来,太阳能光伏发电将成为世界能源供应的主体,一个光辉灿烂的太阳能时代即将到来。

本书从太阳能光伏发电系统入手,与前序课程光伏发电技术基础、电力电子技术、单片机原理与控制技术等紧密结合,采用以工作任务(项目)为导向的教学方法,以光伏发电系统的运行与维护为主线,以培养学生的动手操作能力为宗旨,以实际工作岗位为立足点,根据高职院校学生学习特点和认知能力,本着"安全实用""浅显易懂"的原则,学校与企业合作共同编写。本书编写过程中,在保证科学性、针对性和实用性的同时,注重通俗性。

本书由付新春、静国梁担任主编,查超麟、廖东进和王素梅担任副主编,编写分工为:付新春编写项目一,静国梁编写项目二,查超麟和卢成飞编写项目三,王素梅和李杨编写项目四,廖东进和屈道宽编写项目五。许可博士审阅了全书,并提出了宝贵的修改意见。在本书编写过程中得到了晶科能源控股有限公司、山东栋梁科技设备有限公司及山东国电电力培训中心等企业的大力支持与帮助,在此表示衷心感谢。本书编写时参考并引用了一些资料,已在文后列出,在此对相关专家学者和单位一并表示诚挚的感谢!

由于太阳能光伏发电技术所涉及的知识面广,相关技术发展迅猛,再加之编者的水平和经验有限,书中难免存在不足之处,恳请广大读者批评指正。

编 者

2015 年 3 月

目 录
CONTENTS

项目一 太阳能光伏发电系统常用设备及安装 …………………………………… 1
 任务一 太阳能光伏发电系统 …………………………………………………… 2
 任务二 光伏汇流箱 ……………………………………………………………… 9
 任务三 光伏控制器 ……………………………………………………………… 17
 任务四 直流配电柜 ……………………………………………………………… 29
 任务五 光伏逆变器 ……………………………………………………………… 38
 任务六 交流配电柜 ……………………………………………………………… 55
 任务七 电力变压器 ……………………………………………………………… 70
 项目小结 ……………………………………………………………………………… 81
 思考练习题 …………………………………………………………………………… 81

项目二 光伏配套系统工程设备 ……………………………………………………… 84
 任务一 柴油发电机组 …………………………………………………………… 85
 任务二 低压架空线路及电力电缆线路 ………………………………………… 96
 任务三 微机监控系统 …………………………………………………………… 104
 任务四 接地与防雷 ……………………………………………………………… 116
 项目小结 ……………………………………………………………………………… 123
 思考练习题 …………………………………………………………………………… 123

项目三 太阳能光伏发电系统运行与维护 …………………………………………… 127
 任务一 太阳能光伏发电系统管理制度 ………………………………………… 128
 任务二 光伏电站控制室的运行管理 …………………………………………… 132
 任务三 光伏发电系统运行与维护操作 ………………………………………… 136
 任务四 光伏系统的测量和维护记录 …………………………………………… 142
 项目小结 ……………………………………………………………………………… 149
 思考练习题 …………………………………………………………………………… 149

项目四 太阳能光伏系统常见故障与排除 …………………………………………… 151
 任务一 太阳能光伏电源故障 …………………………………………………… 152
 任务二 线路及设备故障 ………………………………………………………… 163
 项目小结 ……………………………………………………………………………… 178
 思考练习题 …………………………………………………………………………… 178

项目五　光伏发电系统运行维护实训案例 ································· 183
任务一　2.5MWp 并网电站案例简介 ······································ 184
任务二　"光伏日晷"离网电站案例简介 ································ 200
项目小结 ··· 224
思考练习题 ··· 224

参考文献 ··· 227

项目一

太阳能光伏发电系统常用设备及安装

太阳能光伏发电是一种零排放的清洁能源,也是一种能够规模应用的现实能源,可用来进行独立发电和并网发电。太阳能光伏发电是指依靠太阳电池,把光能直接转换成电能输出,太阳电池输出的直流电流在控制器、逆变器、蓄能装置、输电线路及相关配套装置的作用下,向用户输出稳定可靠的电力。

任务一　太阳能光伏发电系统

太阳能发电具有独特的优势和巨大的开发利用潜力,有着广泛的用途,目前太阳能发电主要有太阳光发电与太阳热发电。太阳光发电是指无须通过热过程直接将太阳光能转变成电能的发电方式,它包括光伏发电、光化学发电、光感应发电和光生物发电等。其中,光伏发电就是利用太阳电池这种半导体电子器件有效地吸收太阳光辐射能,配合相关设备及电路使之转变成电能的直接发电方式,是当今太阳光发电的主流。我们通常所说的太阳光发电就是指太阳能光伏效应发电,简称太阳能光伏发电。

1.1.1　光伏发电原理及应用

1. 太阳能光伏发电原理

光生伏打效应在液体和固体物质中都会发生,但是只有固体,尤其是半导体 PN 结器件在太阳光照射下的光电转换效率较高。利用光生伏打效应原理制成晶体硅太阳电池,可将太阳的光能直接转换成为电能。太阳能光伏发电的能量转换器是太阳电池,又称光伏电池,是太阳能光伏发电系统的基础和核心器件。

太阳能光伏发电原理如图 1-1-1 所示。

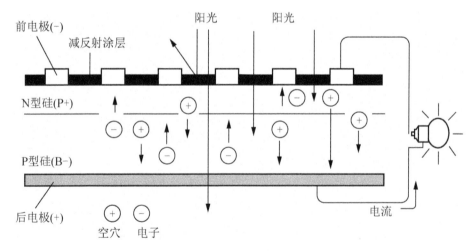

图 1-1-1　太阳能光伏发电原理

太阳能转换成为电能的过程主要包括以下 3 个步骤。

(1) 太阳电池吸收一定能量的光子后,半导体内产生电子-空穴对,称为"光生载流子",两者的电极性相反,电子带负电,空穴带正电。

(2) 电极性相反的光生载流子被半导体 PN 结所产生的静电场分离开。

(3) 光生载流电子和空穴分别被太阳电池的正、负极收集,并在外电路中产生电流,从而获得电能。

当光线照射太阳电池表面时,一部分光子被硅材料吸收,光子的能量传递给硅原子,使电子发生跃迁，成为自由电子，在 PN 结两侧集聚形成电位差。当外部电路接通时，在该电压的作用下，将会有电流流过外部电路产生一定的输出功率。这个过程的实质是光子能量转换成电能的过程。

在太阳能光伏发电系统中，系统的总效率由光伏电池组件的光电转换效率、控制器效率、蓄电池效率、逆变器效率及负载的效率等决定。目前，太阳电池的光电转换效率只有 17% 左右。因此，提高太阳电池的光电转换效率、降低太阳能光伏发电系统的单位功率造价，是太阳能光伏发电产业化的重点和难点。自太阳电池问世以来，晶体硅作为主要材料保持着统治地位。目前对硅太阳电池转换效率的提高，主要围绕着加大吸能面（如采用双面电池减小反射）、运用吸杂技术和钝化工艺提高硅太阳电池的转换效率、电池超薄型化等方面进行。

2. 太阳能光伏发电的优势

与生物质能、水能、风能和太阳能等几种常见新能源的对比分析，太阳能光伏发电具有以下独特优势。

（1）光伏发电具有明显的经济优势。太阳能可以随地取用，屋顶、墙面都可成为太阳能光伏发电利用的场所。从太阳能光伏发电站建设成本来看，随着太阳能光伏发电的大规模应用和推广，尤其是上游晶体硅产业和光伏发电技术的日趋成熟，建筑房顶、外墙等平台的复合开发利用，每千瓦太阳能光伏发电的建设成本逐渐降低，相比其他可再生能源已具有经济优势。

（2）太阳能是取之不尽的可再生能源。相对于人类历史来说，太阳能可源源不断供给地球的时间可以说是无限的，这就决定了开发利用太阳能将是人类解决常规能源缺乏、枯竭的最有效途径。

（3）对环境没有污染。太阳能像风能、潮汐能等洁净能源一样，其开发利用时几乎不产生任何污染，加之其储量的无限性，是人类理想的替代能源。由于传统化石燃料在使用过程中排放出大量的有毒有害物质，而太阳能作为一种比较理想的清洁能源，在发电过程中没有废渣、废料、废水、废气排出，没有噪声，不产生对人体有害的物质，不会污染环境。

（4）能量转换环节最少。从能量转换环节来看，太阳能光伏发电是直接将太阳辐射能转换为电能，在所有可再生能源利用中，太阳能光伏发电的转换环节最少、利用最直接。目前，晶体硅太阳电池的光电转换效率实用水平为 15%～20%，实验室最高水平已达 35%。

（5）可免费使用且无须运输。人类可以通过专门的技术和设备将太阳能转化为热能或电能，就地加以利用，无须运输，为人类造福。而且人类利用太阳能这一取之不尽的能源也是免费的。太阳能对地球上绝大多数地区具有存在的普遍性，可就地取用。

3. 太阳能光伏发电系统的应用

目前，太阳能光伏发电系统主要应用于以下 4 个方面。

（1）为无电场合提供电源，主要为广大无电地区居民生活、生产提供电力，为微波中继站和移动电话基站提供电源等。

(2) 太阳能日用电子产品，如各类太阳能充电器、太阳能路灯和太阳能草坪灯等。

(3) 工业及航空电子产品，包括太阳能电动汽车、太阳能卫星、太阳能航天器、空间太阳能电站等。

(4) 并网发电，在发达国家已经大面积推广实施，我国并网发电正在发展阶段。

1.1.2 太阳能光伏发电系统运行方式及组成

太阳能光伏发电系统是利用太阳电池光伏组件和各种电气设备及其他辅助设备将太阳能转换成可供各类负载使用的电能系统。太阳能光伏发电系统从太阳电池接收太阳辐射到转换成电能使用，具体有两个过程：第一是能量转换过程——光能转换为电能，第二是能量的储存、传输与使用。那么，太阳电池所产生的电能如何进行储存、传输与使用就决定了太阳能光伏发电系统不同的运行方式。

1. 太阳能光伏发电系统运行方式

根据系统的构成和负载的种类，可分为独立运行系统、并网运行系统和混合运行系统。

1) 独立运行系统

不与公共电网相连接，仅仅为太阳电池所在的单独系统供电，与电力公共电网系统不发生任何关系的闭合系统。典型特征是用蓄电池来存储电能，实现离网发电运行模式，也叫作独立型光伏发电系统。它可以分为储能式直流光伏系统、交/直流两用光伏系统。这种运行模式主要用于电网覆盖不到的边远山区或者是太阳光照不足，不能满足与电网互通需要的地区，主要用于满足单个用户的一天工作、生活用电等。

独立运行系统，按其用途和设备场所环境的不同而异。

(1) 带专用负载的光伏发电系统。带专用负载的光伏发电系统可能是仅仅按照其负载的要求来构成和设计的。因此，输出功率为直流，或者为任意频率的交流。这种系统，使用变频调速运行在技术上可行。如在电机负载的情况下，变频起动可以抑制冲击电流，同时可使变频器小型化。

(2) 带一般负载的光伏发电系统。带一般负载的光伏发电系统是以某个范围内不特定的负载作为对象的供电系统。作为负载，以工频运行比较方便，如是直流负载，可以省掉逆变器。当然，实际情况可能是交流、直流负载都有。一般要配有蓄电池储能装置，以便把太阳电池板白天发的电储存在蓄电池里，供夜间或阴雨天时使用。这种系统构成，可以设置一个集中型的光电场，以便于管理。如果建造集中型的光电场在用地上有困难，也可以沿配电线路分散设置多个单元光电场。

2) 并网运行系统

并网型系统分为可逆流系统和不可逆流系统两种。

(1) 可逆流系统。在光伏发电系统中，若产生剩余电力，可逆流系统采用由电力公司购买剩余电力的制度。现在，住宅用的光伏发电系统几乎都采用可逆流系统。

(2) 不可逆流系统。在区域内的电力需求通常比可逆流系统的输出电力大，因此在不可能产生逆流电力的情况下被采用。

光伏阵列输出的电能若是输送到公共电网，要通过逆变器将直流电变成交流电，通过标准接口与国家统一电网相连接。如果装机容量低可以低压侧并网，如果是大型并网系统就要升压并入高压电网，供全网用户使用，这就是我们所说的并网光伏发电运行模式。光伏并网发电是太阳能发电的主流发展方向，把太阳能发电系统与电网联系起来，这样当电能多余的时候，可以把多余的电能输送到电网；当电能不足时可以从电网获得电能补偿，满足工作和生活的需要。根据分布情况，并网光伏发电系统有集中式大型并网光伏电站和分布式小型并网光伏系统。集中式大型并网光伏电站，这种光伏系统里没有蓄电池存储单元，白天过剩的多余电量可通过逆变器出售给公用电力网，当用户需要更多的电能时，使用专门设计的并网逆变器可从公共电力网购回。

3) 混合型运行系统

区别于并网和离网两种光伏发电运行模式，即混合型发电系统。混合型光伏发电系统是指在光伏发电的基础上增加一组或多组发电系统，以弥补光伏发电系统受环境变化影响较大造成的光伏阵列发电不足，或电池容量不足等因素带来的供电不连续。一般使用柴油机发电机，称光伏/柴互补发电系统，发电机可提供较大的用电量功率，同时能向蓄电池充电，使蓄电池有两个独立的充电电源，减少初始投资、增加系统供电的可靠性；也可以是光伏/风力发电互补系统；也可以是包括发电机的光伏/风电混合系统，系统中又有了第三个电源向蓄电池充电，具有更大的优越性。当光伏阵列发电不足或蓄电池储量不足时，可以起动风互补或备用发电机组，它既可以直接给交直流负载供电，又可以经控制器后给蓄电池充电，或经逆变器后供交流负载使用。

2. 太阳能光伏发电系统组成

独立太阳能光伏发电系统在自己的闭路系统内部形成电路，是通过太阳电池将接收来的太阳辐射能量直接转换成电能供给负载，并将多余能量经过充电控制器后以化学能的形式储存在蓄电池中。并网发电系统通过太阳电池将接收来的太阳辐射能量转换为电能，再经过高频直流转换后变成高压直流电，经过逆变器逆变后向电网输出与电网电压同频、同相的正弦交流电流。

1) 独立太阳能光伏系统的构成

太阳能光伏发电系统的规模和应用形式各异，如系统规模跨度很大，小到 0.3～2W 的太阳能庭院灯，大到 MW 级的太阳能光伏电站；其应用形式也多种多样，在家用、交通、通信、空间等诸多领域都能得到广泛的应用。尽管光伏发电系统规模大小不一，但其组成结构和工作原理基本相同。独立的太阳能光伏系统由光伏阵列、蓄电池组、控制器、DC/AC 变换器、用电负载构成，如图 1-1-2 所示。

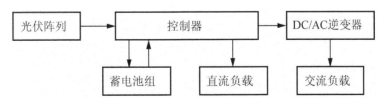

图 1-1-2 独立太阳能光伏系统构成

(1) 光伏阵列。在太阳能光伏发电系统中最基本的单元是太阳电池，它是收集太阳辐射能的核心组件。多个太阳电池组合在一起构成光伏组件。出于技术和材料的原因，单一太阳电池发电量是十分有限的，实用中的光伏阵列往往需要大量的光伏组件经串联、并联组成相应的系统。太阳电池主要分为晶体硅电池（包括单晶硅、多晶硅、带状硅）、非晶硅电池、非硅电池。

近年来，作为太阳电池主流技术的晶体硅电池的原材料价格不断上涨，从而致使晶体硅电池的成本大幅攀升，这使得非晶硅电池成本优势更加明显。另外，薄膜电池（大大节约原材料使用，从而大幅降低成本）已成为太阳电池的发展方向，但是其技术要求非常高。非晶硅薄膜电池作为目前技术最成熟的薄膜电池，是薄膜电池中最具有增长潜力的品种。

(2) 蓄电池。蓄电池组是太阳能光伏发电系统中的储能装置，由它将太阳电池方阵从太阳辐射能转换来的直流电转换为化学能储存起来，以供负载应用。由于太阳能光伏发电系统的输入能量极不稳定，所以一般需要配置蓄电池才能使负载正常工作。太阳电池产生的电能以化学能的形式储存在蓄电池中，在负载需要供电时，蓄电池将化学能转换为电能供应给负载。蓄电池的特性直接影响太阳能光伏发电系统的工作效率、可靠性和价格。蓄电池容量的选择一般要遵循以下原则：首先在能够满足负载用电的前提下，把白天光伏电池组件产生的电能尽量存储下来，同时还要能够存储预定的连续阴雨天时负载需要的电能。

蓄电池容量要受到末端负载需用电量和日照时间（发电时间）的影响。因此，蓄电池的安时容量由预定的负载需用电量和连续无日照时间决定。目前，太阳能光伏发电系统常用的是阀控密封铅酸蓄电池、深放电吸液式铅酸蓄电池等。

(3) 控制器。控制器的作用是使光伏电池组件和蓄电池高效、安全、可靠地工作，以获得最高效率并延长蓄电池的使用寿命。控制器对蓄电池的充、放电进行控制，并按照负载的电源需求控制光伏电池组件和蓄电池对负载输出电能。控制器是整个太阳能发电系统的核心部分，通过控制器对蓄电池充放电条件加以限制，防止蓄电池反充电、过充电及过放电。另外，控制器还应具有电路短路保护、反接保护、雷电保护及温度补偿等功能。由于太阳电池的输出能量极不稳定，对于太阳能发电系统的设计来说，控制器充、放电控制电路的质量至关重要。

控制器的主要功能是使太阳能发电系统始终处于发电的最大功率点附近，以获得最高效率。充电控制通常采用脉冲宽度调制技术（PWM控制方式），使整个系统始终运行在最大功率点 P_m 附近区域。放电控制主要是指当蓄电池缺电、系统故障（如蓄电池开路或接反）时切断放电开关。目前研制出了既能跟踪调控点 P_m 又能跟踪太阳移动参数的"向日葵"式控制器，将固定光伏组件的效率提高了50%左右。随着太阳能光伏产业的发展，控制器的功能越来越强大，有将传统的控制部分、变换器及监测系统集成的趋势，如AES公司的SPP和SMD系列的控制器就集成了上述三种功能。

(4) DC/AC变换器。在太阳能光伏发电系统中，如果含有交流负载，那么就要使用DC/AC变换器，将光伏电池组件产生的直流电或蓄电池释放的直流电转化为负载需要的交流电。光伏电池组件产生的直流电或蓄电池释放的直流电经逆变主电路的调制、滤波、升压后,得到与交流负载额定频率、额定电压相同的正弦交流电提供给系统负载使用。逆变器按激励方式,可分为自激式振荡逆变和他激式振荡逆变。逆变器应具有电路短路保护、欠压保护、过流保护、反接保护及雷电保护等功能。

(5) 用电负载。太阳能光伏发电系统按负载要求,有直流负载系统和交流负载系统。直流负载由控制器直接供给电流。

2) 并网太阳能光伏发电系统的构成

并网太阳能光伏发电系统由光伏阵列、控制器、并网逆变器组成,可以不经过蓄电池储能,通过并网逆变器直接将电能输入公共电网。因直接将电能输入公共电网,故免除配置蓄电池,省掉蓄电池储能和释放的过程,减少能量损耗,节省其占用的空间及系统投资与维护,降低了成本,发电容量可以做得很大并可保障用电设备电源的可靠性。但是,由于逆变器输出与电网并联,所以必须保持两组电源电压、相位、频率等电气特性的一致性,否则会造成两组电源相互间的充、放电,引起整个电源系统的内耗和不稳定。

并网太阳能发电系统的主要组件是逆变器。逆变器把太阳能光伏发电系统产生的直流电转换为符合电力部门要求的标准交流电,当电力部门停止供电(如公共电网出现故障)时,电源调节器会自动切断电源。当太阳能光伏发电系统输出的电能超过系统负载实际所需的电量时,将多余的电能传输给公共电网。在阴雨天或夜晚,太阳能光伏发电系统输出的电能小于系统负载实际所需的电量时,可通过公共电网补充系统负载所需要的电量。同时也要保证在公共电网故障或维修时,太阳能光伏发电系统不会将电能馈送到公共电网上,以使系统运行稳定可靠。并网太阳能发电是太阳能光伏发电的发展方向,是极具潜力的能源利用技术。

并网运行的太阳能光伏发电系统,要求逆变器具有同公共电网连接的功能。并网太阳能光伏发电系统构成如图 1-1-3 所示。

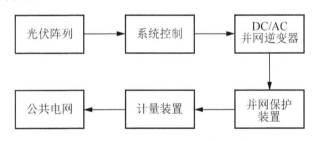

图 1-1-3 并网型太阳能光伏发电系统构成

根据光伏电池组件或光伏阵列安装的多样性,为了使太阳能的转换效率最高,要求并网逆变器具有多种组合运行方式,以实现最佳方式的太阳能转换。现在世界上比较通行的并网逆变器有:集中式并网逆变器、组串式并网逆变器、多组串式并网逆变器和微型并网(组件式)逆变器。

(1) 集中式并网逆变器。集中式并网逆变器一般用于大型太阳能光伏发电站(大于 10 kW)中,很多并行的光伏组件被连到同一台集中逆变器的直流输入端。一般功率大的逆变器使用三相 IGBT 功率模块,功率较小的逆变器使用场效应晶体管,同时使用具有 DSP 的控制器来控制逆变器输出电能的质量,使它非常接近于正弦波电流。集中式并网逆变器的最大特点是系统的功率大、成本低。但集中逆变式光伏发电系统受光伏组件的匹配和部分遮影的影响，使整个光伏发电系统的效率降低。同时，整个光伏发电系统的可靠性也受某一光伏单元组工作状态的影响。最新的研究方向是运用空间矢量调制控制技术，以及开发新的逆变器的拓扑连接，以获得集中逆变式光伏发电系统的高的效率。

集中式并网逆变器可以附加一个光伏阵列的接口箱，对每一光伏组件进行监控，如光伏阵列中有一光伏组件工作不正常，系统将会把这一信息传到远程控制器上，同时可以通过远程控制器让这一光伏组件停止工作，从而不会因为一个光伏组件故障而降低和影响整个光伏系统的功率输出。

（2）组串式并网逆变器。组串式并网逆变器已成为现在国际市场上最流行的逆变器。该逆变器以模块化为基础，每个光伏组串（1～5 kW）通过一个逆变器，在直流端具有最大功率峰值跟踪，在交流端与公共电网并网。许多大型太阳能光伏发电站使用组串式并网逆变器。其优点是不受组串间模块差异和遮影的影响，同时减少了光伏组件最佳工作点与逆变器不匹配的情况，从而增加了系统发电量。技术上的这些优势不仅降低了系统成本，也增加了系统的可靠性。同时，在组串间引入"主-从"概念，使系统在单组光伏组件不能满足单个逆变器工作的情况下，将几组光伏组件连在一起，让其中一个或几个组件工作，从而输出更多的电能。最新的为几个逆变器相互组成一个"团队"来代替"主-从"概念，进一步提高了系统的可靠性。目前，无变压器组串式并网逆变器已在太阳能光伏发电系统中占了主导地位。

（3）多组串式并网逆变器。多组串式并网逆变器利用集中式逆变和组串式逆变的优点，避免了其缺点，可应用于几千瓦的光伏电站。在多组串式并网逆变器中，包含了不同的单独工作的功率峰值跟踪和DC/DC转换器，这些直流电通过一个普通的逆变器转换成交流电与公共电网并网。光伏组串的不同额定值（如不同的额定功率、每个组串不同的组件数、组件不同的生产厂家等）、不同的尺寸或不同技术的光伏组件、不同方向的组串（如东、南和西）、不同倾角或遮影，都可以被连在一个共同的逆变器上，同时每一组串都工作在它们各自的最大功率峰值上。同时，可减小直流电缆的长度，将组串间的遮影影响和由于组串间的差异而引起的损失减到最小。

（4）微型并网（组件式）逆变器。微型并网（组件式）逆变器是将每个光伏组件与一个逆变器相连，同时每个组件有一个单独的最大功率峰值跟踪，使组件与逆变器的配合更好。通常用于50～400W的光伏发电站，总效率低于组串式逆变器。但由于是在交流处并联，所以增加了逆变器交流侧接线的复杂性，使维护困难。

另外，需要解决的是怎样更有效地与电网并网问题。简单的办法是直接通过普通的交流电插座进行并网，这样可以减少成本和设备的安装，但各地的电网安全标准不允许这样做，电力公司禁止将发电装置直接和普通家庭用户的普通插座相连。

并网太阳能光伏发电系统的最大特点是，光伏阵列产生的直流电经过并网逆变器转换成符合市电电网要求的交流电之后直接并入公共电网，不需配置蓄电池，可以充分利用光伏阵列所发的电能，从而减小能量的损耗，并降低系统成本。但是，系统中需要专用的并网逆变器，以保证输出的电力满足电网对电压、频率等电气性能指标的要求。因逆变器效率的问题，还是会有部分的能量损失。这种系统通常能够并行使用市电和太阳能光伏发电系统发电作为本地交流负载的电源,降低整个系统的负载缺电率,而且并网光伏发电系统可以对公用电网起到调峰作用。但并网太阳能光伏发电系统作为一种分散式发电系统,对传统的集中供电系统的电网会产生一些不良的影响,如谐波污染、孤岛效应等。

3) 混合型光伏发电系统的构成

混合型光伏发电系统构成是以光伏发电系统(光伏阵列、功率变换器等)为用户提供电能为主,由其他发电系统(如柴油发电机、风力发电等)为备用电源,从而确保持续的电力供应的发电形式,如图1-1-4所示。

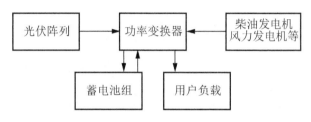

图1-1-4 混合型光伏发电系统

1.1.3 光伏发电系统要求和本课程任务

太阳能光伏发电系统的基本工作原理就是在太阳光的照射下,将光伏电池组件产生的电能通过控制器的控制给蓄电池充电或者在满足负载需求的情况下直接给负载供电,如果日照不足或者在夜间则由蓄电池在控制器的控制下给直流负载供电,对于含有交流负载的光伏发电系统而言,还需要增加逆变器将直流电转换成交流电。光伏发电系统的应用具有多种形式,但是其基本原理大同小异。对于其他类型的光伏发电系统只是在控制机理和系统部件上根据实际的需要有所不同,本课程将从实际运用的角度对光伏发电系统主要设备及系统的运行维护做重点讲解。

任务二 光伏汇流箱

在光伏发电系统中,太阳电池将太阳辐射能转换为一定电压(逆变器额定电压)和电流的直流电,再通过逆变器转换为交流电并入电网或者直接供给负载使用。可是,由于单个光伏组件的光电转换效率不高,所以,往往需要数量庞大的光伏组件进行串并组合达到系统所需的电压和电流输出。为了节约电缆,简化系统结构,提高系统的可靠性和可维护性等原因,并不是把每组光伏阵列的电缆直接接入逆变器,一般在光伏阵列与逆变器之间需要装设直流汇流装置——光伏汇流箱。

1.2.1 认识汇流箱

1. 作用

一般大型并网光伏电站的装机容量在几个MW到几百MW,甚至更大。系统按1~2MW为基本单位,分成若干个光伏子阵列。

如图1-2-1所示，每个子阵列是由许多按照一定数量、规格相同的光伏组件串联组成的光伏组件串列，再将若干串列并联接入汇流箱，通过内部直流断路器、熔断器与避雷器后变为一路输出。这样，若干串并联后的组件通过汇流箱完成对光伏阵列输出电流的第一次汇总。之后将若干个汇流箱输入到直流配电柜，完成对光伏阵列输出电流的第二次汇总，使输出电流达到逆变器额定电流。通过逆变器将光伏阵列发出的直流电逆变成符合电网需求的交流电，经过交流配电装置后，通过输电电缆送到中央升压站统一升压和并网。由此可见，光伏汇流箱是应用于光伏电站中对光伏组件串列进行直流汇集及外围辅助元件监测的一种智能设备。

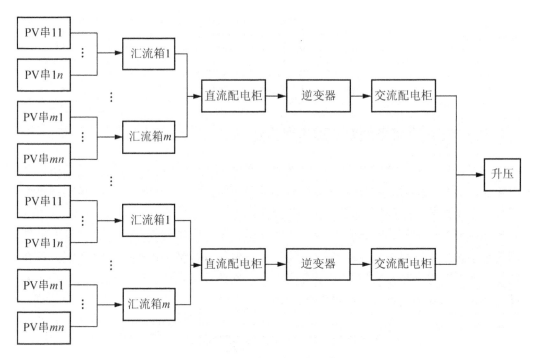

图1-2-1 汇流箱在光伏发电系统中的应用

2. 结构与组成

汇流箱从外观结构上看，包括输入端子、输出端子和通信端子。其中，与光伏组件串列输出正极相连的输入端子位于汇流箱底部的左侧，而与光伏组件串列输出负极相连的输入端子位于汇流箱底部的右侧。输出端子包括汇流后直流正极输出、直流负极输出与接地。各类型汇流箱体积尺寸一般相同，区别为输入端子数目不同。汇流箱按照输入端子数量可分为4路、6路、8路、12路、16路、20路、24路、32路汇流箱；按照多路光伏组件串列输入、1路输出的接线方法可分为4进1出、5进1出、6进1出、7进1出、8进1出、9进1出、16进1出汇流箱等。

如图1-2-2所示，以PVS-8M汇流箱为例进行说明。汇流箱箱体设有电缆进线正极和负极端子分别为8个，直流输出正极和输出负极端子分别为1个，接地端子1个以及通信端子2个。

项目一　太阳能光伏发电系统常用设备及安装

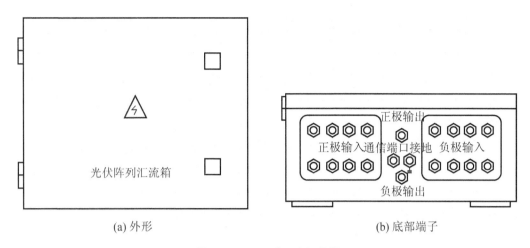

图1-2-2　8进1出汇流箱

汇流箱从内部线路连接上看，是由直流断路器、熔断器和避雷器等器件组成，如图1-2-3所示。光伏组件串列通过正、负输入端子接入到汇流箱。在正极输入端，每一路要串联一个熔断器，当过大电流进入串列时自动切断线路起到保护线路安全运行的作用；当串列中某些光伏组件被遮挡或发生故障时，其他并联串列将向故障串列注入与光伏发电电流方向相反的反向电流，所以需再串接一个防逆流二极管，防止其他支路给被挡支路充电；所有串列正极输入通过汇流排接入断路器输入侧的正极。在负极输入端，同样，每一路需串联一个熔断器，防止过大的电流进入串列；所有串列负极输入通过汇流排接入断路器输入侧的负极。避雷器（浪涌保护器）的正极保护片并联到正极汇总侧，其负极保护片并联到负极汇总侧，正负极保护片的另一侧合并接地。

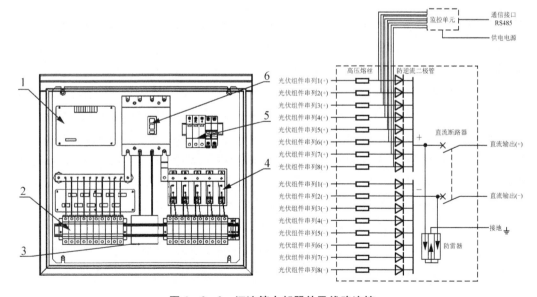

图1-2-3　汇流箱内部器件及线路连接

对于智能型光伏汇流箱，在提供汇流防雷功能的同时，还同时具备监测光伏电池组件运行状态，汇流后电流、电压、功率，防雷器状态，直流断路器状态采集，继电器接点输出等功能，并带有风速、温度、辐照仪等传感器接口功能，装置标配 RS485 接口，支持通信协议，可以随时把测量和采集到的数据上传到监控系统。汇流箱常见内部配置及功能见表1-2-1。

表1-2-1 汇流箱内部配置说明

编号	名称	功能
1	采集及通信单元	用于监测光伏阵列中光伏组件运行状态，汇流后电流、电压，防雷器状态，直流断路器状态等数据采集；把测量和采集到的数据和设备状态进行上传
2	熔断器	光伏阵列输入、输出各一组端子；每路输入、输出串接一个熔断器，当发生故障时自动切除
3	汇流输出端子及接地端子	汇流后的直流输出；接地保护接线处
4	防逆流二极管	当串列中某些光伏组件被遮挡或发生故障时，防止光伏阵列各串列间的电流倒送，不致使光伏组件发生热斑；防止光伏阵列不发电时，蓄电池的电流反向对光伏组件进行放电
5	防雷模块	用于汇流箱多级防雷电、防电涌的保护
6	直流断路器	汇流箱的主断路器，通过接通或切断各种状态下的线路或负载控制汇流箱的直流输出，提高电压保护等级

3. 技术要求

智能型光伏汇流箱应具备如下功能。

(1) 能够随时测量光伏阵列的输出电流，检测出损坏的光伏组件。为了防止光伏阵列的高电压造成设备损坏和人身伤害，利用传感器进行隔离测量直流电流。

(2) 为防止雷击损坏，汇流箱内必须在正负极、对地之间加雷击浪涌保护器，而浪涌保护器使用寿命较短，动作几次后就会失效，为了及时掌握浪涌保护器是否完好，需要采集浪涌保护器的状态输出接点。

(3) 为了避免并联的光伏组件串列之间形成内部的环流，在每路串列输入到汇流的回路中串接一个防逆流二极管。值得注意的是，耐压为1kV，工作电流为10A的二极管压降一般在0.8~1V，在系统的工作电流为20A时，会导致约20W的能量损耗。

(4) 为避免出现光伏组件串列的过电流和光伏组件串列间的逆电流，在每路串列输出端安装熔断器，作为保护光伏组件的最后一道防线。而目前光伏组件串列的最高电压达 kV 量级，则需采用快速熔断器实现对光伏组件的保护。

(5) 在一次汇流后，通常需要根据逆变器的容量进行直流配电柜二次汇流。在二次汇流过程中，若出现短路情况，则在回路中增加直流断路器来保护。为能够检测到断路器的工作状态，可以采集断路器的辅助输出接点进行判断。甚至如果采用带有电操作机构的断路器，可以使用智能汇流箱内提供的输出接点控制电操作机构的分合闸。

(6) 在我国太阳能资源丰富的西北高海拔区域，环境温度最低在-25℃。为了保证上述器件能够在室外安装，汇流箱体要达到国家标准规定的防护等级，确保汇流箱内设备安全可靠地工作。

(7) 智能汇流箱还需要把上述检测的众多数据远传到中央控制室，进行数据分析和显示，以排除故障，方便检测系统运行情况，执行某些操作命令。为保证远距离、恶劣的使用环境及布线成本的考虑，汇流箱必须具备通信功能，以实现与上位机控制系统的数据采集和交换。

目前国内汇流箱厂家有合肥阳光的 PVS-xM 系列、北京能高 SCHZx 系列、许继 THL-PVX 系列、上海安科瑞电器 APV-Mx 系列、上海益特电器有限公司的 ANT-CB-x 系列、深圳市天盾雷电技术有限的 SDDL 系列汇流箱产品。以安科瑞电气股份有限公司生产的 APV-Mx 系列汇流箱为例，型号及技术参数见表 1-2-2。

表 1-2-2 主要技术指标

	型　　号	APV-M 4	APV-M8	APV-M12	APV-M16H
	串列最高电压（VDC）		1000		
	每路熔断器额定电流（A）		20		
	每路串列最大输入电流（A）		熔丝额定电流值/1-56		
	最大并列路数	4	8	12	16
	防水端子		PG 系列防水端子		
	光伏专用防雷模块		是		
可选	串列电流检测		是		
	防雷器失效检测		是		
	通信		RS485/ModBus-RTU 协议，4800/9600/19200/38400bps		
	使用环境温度		-25～+60℃		
	湿度		0～95%，不结露		
	防护等级		IP65		
	使用海拔（m）		≤4000		
	机械尺寸（mm）深、宽、高		700×575×220		

智能型光伏汇流箱具有以下特点及作用。

（1）能够满足不同用户需求，可同时接入多路光伏组件串列，将若干（通常 8～16 路）光伏组件串列的电流汇合成一个总电流。

（2）直流输出母线的正极对地、负极对地、正负极之间配有光伏专用防雷器，对所有光伏组件串列进行防雷保护。部分智能型光伏汇流箱具有雷电计数功能，方便了解雷电灾害的侵入情况及频率。

（3）采用专业直流高压断路器，直流耐压值不低于 DC 1000V，安全可靠。

（4）具有工作状态指示，便于观察工作状况。

（5）装有耐高压的直流熔断器和断路器共两级安全保护装置。

（6）可以根据需要配置传感器及监控显示模块对每路的电流进行测量和监控，可以远程记录和显示运行状况，无须到现场，实现对所有光伏组件串列进行实时和长期历史运行监视,并在出现故障时实时报警。

(7) 防护等级一般为 IP65,防水、防灰、防锈、防晒、防盐雾,满足室外安装的使用要求。

(8) 安装维护简单、方便,使用寿命长。

1.2.2 汇流箱的购入、安装与接线

1. 购入检查

按照机箱内的装箱单,如表1-2-3所列的项目进行检查和确认光伏汇流箱、钥匙、合格证、保修卡、产品使用手册和出厂检查记录等交付完整性。如有问题,及时与购买公司联系。

表1-2-3 检查项目

	确认项目	确认方法
箱体和结构质量	与订购的产品是否一致	机架组装有关零部件均应符合各自的技术要求;标牌、标志、接线图应完整清晰
	是否有受损的地方	整体外观检查,检查运输中是否受损;油漆电镀应牢固、平整,无剥落、锈蚀及裂痕等现象;机架面板应平整,文字和符号要求清楚、整齐、规范、正确
	是否收到说明书、合格证、保修单	查看操作使用说明书
	内部是否有杂物或散落元件	各种开关应便于操作,灵活可靠
	附件是否齐全	门锁功能完好使用灵活,开关门方便灵活,并配置相应的钥匙
接线	供电电源与通信接口是否连接正确	电源板的输出线和通信板电源输入线连接是否正确
	绝缘材料是否有受损	汇流排裸露处是否有套热缩管(耐压1000V以上),热缩管的颜色是否参照电路图,正为红色、负为黑色、地线为黄绿色;检验所有线鼻子是否压实,线鼻子与线连接处铜管是否套热缩管(耐压1000V以上),仅搭接面处裸露,防止连接处是否有毛刺以及铜丝裸露现象
	螺钉等紧固部分是否松动	检验各螺钉是否拧紧,每个螺钉是否用记号笔标示,如有松动,应用力矩扳手拧紧
	断路器是否都处于分断状态	目视

2. 机械安装

1) 安装场所的要求和管理

安装在光伏组件串列的附近,通过螺钉将汇流箱与支架固定。为了保证完好的性能和长期工作寿命,选择本系统的安装地点时应注意如下要求。

(1) 吊装或搬运时,请保持机器受力均匀平衡,以免倾斜或滑落,造成机器与人身伤害。

(2) 安装现场不能有易燃、易爆等危险品或材料，否则有火灾危险。

(3) 安装现场要很好的通风，同时应避免小动物（蛇、鼠等）沿接线孔处进入机柜内部，否则容易造成短路等意外故障，有损伤设备、发生火灾等危险可能。

(4) 安装场所湿度不能大于90%，无水珠凝结，否则会造成设备损伤，发生火灾及其他事故。

(5) 不能用易腐蚀性溶剂擦洗机柜表面，否则会造成表面油漆喷塑腐蚀脱落，造成漏电等情况。

2）电缆尺寸

为了使用上的安全与便利，需选择合适的端子电缆尺寸及压线端子。以8/16路汇流箱为参考，端子接线电缆尺寸参数见表1-2-4。

表1-2-4 端子接线电缆尺寸

端子说明	端子大小	适用电缆外径	推荐接线	
			8 路	16 路
直流正极输入	PG9-09G	4.5～8mm	4～6mm^2	4～6mm^2
直流负极输入	PG9-09G	4.5～8mm	4～6mm^2	4～6mm^2
直流正极汇流输出	PG21-18G	10～18mm	35mm^2	70mm^2
直流负极汇流输出	PG21-18G	10～18mm	35mm^2	70mm^2
接地端子	PG11-10G	6～10mm	16 mm^2	

3）注意事项

(1) 专业人员进行设备安装前需将手上的金属饰品去除如戒指、手镯等，以防触电。

(2) 光伏组件串列与汇流箱内的端子接线不牢固，由于施工过程中施工人员用力过大，把固定螺杆拧滑丝没有更换，或用力过小没有把螺杆拧紧，在运行过程中不良接触引起电流拉弧，高温把熔断丝座融掉引起短路，烧掉汇流箱。

(3) 光伏组件串列接入汇流箱时，施工人员没有正确的分辨光伏组件串列的正负极，把其中某光伏组件串列的正极与其他光伏组件串列的负极接在一起，造成短路等。为避免这种情况，需要规范施工和操作，如在接线前要先断开断路器，然后打开所有的熔断丝座，再接线，接完线后检查所有组串的极性、电压，验证正确无误后，方可一路一路合上熔断丝座，最后再合上断路器。

(4) 接完线后必须进行仔细检查（电压值，极地是否一致，接地是否良好）。

(5) 作业时一定要将拧下的螺母螺栓垫片收集好，不能落入机器内部。必要时请加防尘罩以保证安装过程中无异物进入柜体内。

3. 电气接线

1）接线注意事项

(1) 接线前，请确认所有开关均处于"断开"状态，否则有触电和火灾危险。

(2) 请电气工程专业人员接线，否则有触电和火灾危险。

（3）接地端子一定要可靠接地，否则有触电和火灾危险。

（4）接线时，请务必确保接线正确，否则有触电、火灾、设备损害危险。

（5）请勿直接触摸端子或电路板，勿短接端子，否则有触电、火灾、设备损害危险。

2）接线步骤

根据汇流箱内部组成，按照电池阵列引线标号与汇流箱标号一一对应的原则依次接入汇流箱输入输出端子处。

步骤一：拆开包装，认真阅读产品使用说明书，核对产品型号、参数是否正确，是否与设备匹配。安装须由有专业技术知识的人员（指导）进行。在阳光下安装接线时，应遮住太阳能光伏电池板，以防光伏电池的高电压电击伤人。

步骤二：安装箱体时，把可拆卸活动安装板（共4件）分别插入箱体底部的安装板插座中，并用两个 M8*8 螺钉固定，再用膨胀螺钉固定到安装位置。

步骤三：将光伏防雷汇流箱按原理及安装接线框图接入光伏发电系统中后，应将防雷箱接地端与防雷地线或汇流排进行可靠连接，连接导线应尽可能短直，且连接导线应是截面积不小于 $16mm^2$ 的多股铜芯。接地电阻值应不大于 4Ω，否则，应对地网进行整改，以保证防雷效果。

步骤四：输入端位于机箱的下部，注意与光伏组件输出正极的连线位于底部左侧，而与光伏组件输出负极的连线位于底部右侧。接线时需要拧开防水端子，然后接入连线至保险丝插座，拧紧螺钉，固定好连线，最后拧紧外侧的防水端子。

步骤五：输出包括汇流后直流正极、直流负极与地线，上面备有4个端子供选择，直流正极为红色线，直流负极线为黑色线，接地线为黄绿花线。与输出端接线一致，输出接线时需要拧开相应的防水端子，接入连线，然后拧紧螺钉，固定好连线，最后拧紧外侧的防水端子。安装完成检查无误后方可投入使用。

这里以汇流箱的输出端子接线为例，如图 1-2-4 所示。当输出端子接线接好后，有可能由于端子滑丝或端子卡口提不上来，造成接触不良。端子拧紧后，用手拉拔一下线缆，以检查是否已紧固。其他端子接线步骤与其相同。

1.2.3 汇流箱的选型配置

使用汇流箱目的就是用于光伏阵列的多路输出、电缆集中输入、分组连接，减少光伏组件和逆变器之间的电缆数量，便于分组检查、维护。汇流箱的配置取决于如下参数：汇流的光伏组件串列路数；熔断器、断路器、防雷器的额定工作电压不小于光伏组件串列的开路电压 V_{oc}；防逆流二极管的工作电压不小于2倍光伏组件串列的开路电压；熔断器的过流保护定值要不小于1.5倍光伏组件串列的短路电流，但不大于3倍；所有光伏组件串列汇总的工作电流，决定了所选断路器的额定容量不低于此环境温度，对于有可能处于极端恶劣的温度环境，要适当提高元件工作等级；对海拔高于 3000m 以上的地区，要提高断路器容量、其他元件散热和绝缘等性能要求。

现在，以 230Wp 的晶体硅组件规划建设装机量为 1MWp 光伏发电系统为例，将其分为 2 个 500kWp 的子阵列。该系统选用型号为 230 的光伏组件，主要参数为峰值功率 230W、峰值电压 107V、峰值电流 2～15A、开路电压 140V、短路电流 2～67A；选用型

项目一　太阳能光伏发电系统常用设备及安装

操作演示	说明
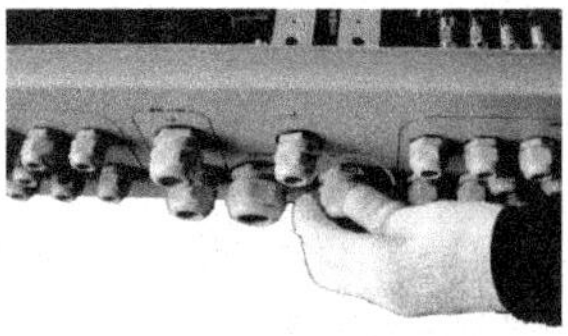	沿逆时针方向拧松防水端子
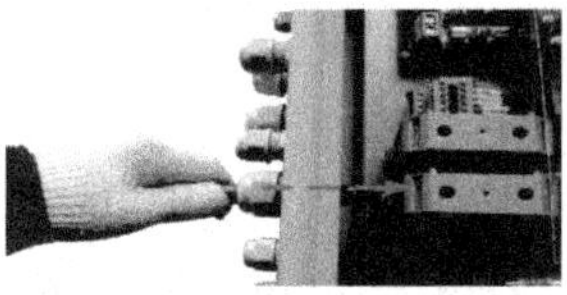	将电缆穿过防水端子，伸入对应的接线端子处
	使用螺丝刀或内六角扳手拧紧端子上的紧固螺钉
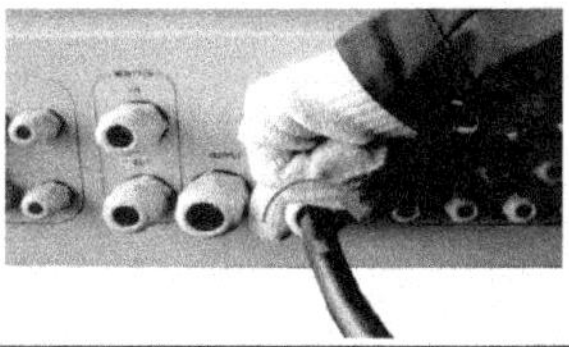	沿顺时针方向拧紧防水端子

图1-2-4　汇流箱的输出端子接线

号为SSI 500K的逆变器，主要参数为额定输出功率500kW、最大光伏输入功率560kW、输入直流电压范围300～900V、MPPT电压范围300～850V、最大直流输入电流1200A、额定输出电压400V。经计算，该系统的光伏组件数量为4350块，对于500kW逆变器而言，要接入的光伏组件数量为2175块，所产生的最大光伏输入功率为50025000W，满足逆变器最大光伏输入功率的要求。根据逆变器输入的直流电压范围，可确定出1个光伏组件串列中有6块光伏组件，其输入电压为624V符合MPPT电压范围的要求。500kW逆变器的输入光伏组件串列的组数为435路，将产生的最大输入电流为1161.45A，满足逆变器最大直流输入电流的要求。将3组串列在输出端通过分支连接器先并联，再接入汇流箱的1个输入端子，其短路电流为8.01A，所以选用熔断器额定电流10A，汇流箱总输出端配有160A空开。该系统采用16路汇流箱，则汇流箱的总数为8个。

任务三　光伏控制器

光伏控制器是光伏发电系统的心脏，控制并管理着整个系统的日常运行。光伏电站无论是离网型或并网型，还是系统结构简与繁，光伏控制器的性能直接影响到整个系统的效率与使用寿命。因此，要根据光伏发电系统的具体应用要求和功能来选择合适的光伏控制器。

1.3.1 认识控制器

1. 作用

光伏发电系统正常工作必须依赖于光伏控制器的有效控制,包括传感、控制与智能监测三个方面。运行中的光伏阵列每时每刻输出的是不稳定直流电,由控制器完成对光伏阵列最大功率点跟踪,提高光电转换效率,使系统工作在最大发电状态;对蓄电池的充、放电条件加以规定和控制,保证蓄电池的使用良好;根据负载或并网的电能要求进行适当控制和变换,从而满足电力要求,其控制过程如图1-3-1所示。从理论上看,在光伏发电系统中,控制器是通过加入功率调节环节来实现控制、保护、降低损耗以及使系统尽可能地工作在最佳状态。控制器的核心就是系统中的电能变换电路(DC/DC或DC/AC),对光伏阵列的电能进行适当控制和变换,才能供给负载(蓄电池、直流负载和交流负载)或并入公共电网。DC/DC变换电路完成光伏阵列所发出的直流电进行升/降压的同时,实现光伏阵列最大功率点跟踪的目的;DC/AC变换电路完成直流电压转换成负载或并网匹配的交流电压。

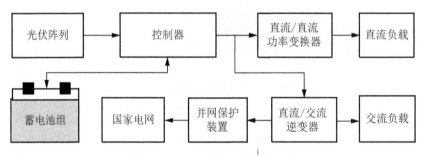

图1-3-1 光伏发电系统的组成

光伏发电系统可分为离网型光伏发电系统和并网型光伏发电系统。对于离网型光伏发电系统,根据负载类型,应用电力电子变流技术对其进行直流-直流(DC/DC变换器)或直流-交流(DC/AC变换器)变换后供给蓄电池或负载使用。对于并网型光伏发电系统,通常需要直流-交流变换电路,将光伏阵列所发出的直流电能变换为与电网同步(同频、同相、同幅)的交流电能输送给电网。此外,在某些场合会在光伏阵列与并网逆变器之间加一级直流变换电路对光伏阵列的电能进行预变换,从而减轻并网系统对逆变电路的要求。

光伏控制器通过传感器可获取每组光伏组件的发电情况和逆变器的转换功率。随着太阳能光伏产业的发展,控制器的功能越来越强大,有将传统的控制部分、逆变器以及监测系统集成的趋势。在温差较大的地方,还应具备温度补偿的功能。其他附加功能如光控、时控、太阳光最大化采集、温度、辐照度、气压、湿度、风速的监控等都应当是控制器的可选项。控制系统可以连接外置显示屏显示户外系统运行情况,也可以与远程监控器、智能仪器、微机等相连,远程管理员可随时了解到系统的运行情况。

2. 最大功率点跟踪

光伏阵列的输出特性具有非线性特征,并且受到辐射强度、环境温度和负载情况的影响，环境温度主要影响其输出电压，而辐射强度主要影响其输出电流。在一定的辐射强度和环境温度下，只有唯一的一个电压值对应着光伏组件的最大输出功率。因此，系统要求不断地根据辐射强度、环境温度等外部特性的变化来调整光伏组件的最佳工作点。目前，所有光伏组件的转换效率较低，所以无论在离网型光伏发电系统或并网型光伏发电系统中，为了有效利用太阳能，最大功率点跟踪都是其在控制功能中需首要解决的任务。

最大功率点跟踪控制策略是实时检测光伏阵列的输出功率，采用一定的控制算法预测当前工作时光伏阵列可能的最大功率输出，通过改变当前的阻抗情况来满足最大功率输出的要求。图 1-3-2 所示为光伏阵列带不同负载时的工作情况，曲线 1 和曲线 2 为两种不同太阳辐射强度下光伏阵列的输出特性曲线，A 点和 B 点分别为对应的最大功率点，并假定某一时刻系统运行在 A 点。当辐射强度发生变化，即光伏阵列的输出特性曲线 1 上升为曲线 2。此时如果保持负载 1 不变，系统将运行在 A' 点，这样就偏离了相应太阳辐射强度下的最大功率点。为了继续跟踪最大功率点，应将系统的负载特性由负载 1 变化至负载 2，以保证系统运行在新的最大功率点 B。同理，如果辐射强度变化使得光伏阵列的输出特性由曲线 2 减至曲线 1，则相应的工作点由 B 点变化到 B' 点，应当相应的调整负载 2 至负载 1 以保证系统在太阳辐射强度减小的情况下仍然运行在最大功率点 A。因此，采用 MPPT 控制策略，就必须在光伏阵列与负载之间接入一个控制器。该控制器可以根据某一策略控制从光伏阵列获得的电流，也就能够控制光伏阵列的等效负载，实现最大功率点的跟踪。

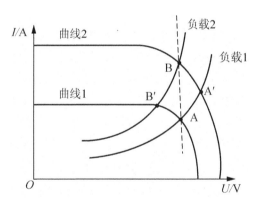

图 1-3-2 MPPT 控制策略分析示意

目前常用的最大功率点跟踪控制方法有：固定电压法、扰动观察法、电导增量法。固定电压法是依据光伏阵列在不同的工作情况下具有最大功率点电压变化很小的特点，使输出电压固定在由光伏组件标称参数计算得到光伏阵列最大功率点的电压值。该方法的优点是简单直接，但会因辐射强度及环境温度的变化致使最大功率工作点电压发生偏移，从而会造成一定的功率损失。由于光伏组件的最大功率点电压与开路电压的比值近似为常数，所以在实际应用中，在光伏阵列的旁边安装一块与其相同特性的光伏组件模块，检测其开路电压。按照固定系数计算得到当前最大功率点的电压，以使最大功率点的效率更高，其成本与传统固定电压法近似。

固定电压法原理图如图1-3-3所示，光伏阵列在不同辐射强度下的最大功率输出点A、B、C、D总是近似在某一个恒定的电压值U_m＝constan t附近。假如曲线L为负载特性曲线，a、b、c、d为相应辐射强度下直接匹配时工作点。显然，如果直接匹配，光伏阵列的输出功率比较小。采用恒定电压控制策略可以弥补阻抗失配造成的功率损失，在光伏阵列和负载之间通过一定的阻抗变换，使得系统成为一个稳压器，即光伏阵列的工作点总是稳定在U_m＝constan t附近，就可以保证光伏阵列始终具有在当前光照下的最大功率输出。固定电压法其实并不是一种真正的最大功率点跟踪方式，而是属于一种曲线拟合方式，需预先测得光伏阵列的输出特性，且只能应用在特定的辐射强度和负载条件下，存在很大的局限性。

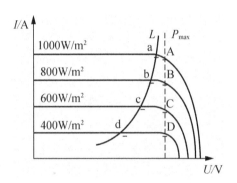

图1-3-3　固定电压法原理

扰动观察法是目前实现最大功率跟踪控制常用方法之一。其工作原理是每隔一定的时间间隔施加一个扰动，通过观测扰动后的功率变化方向来决定下一步的控制信号。在每个控制周期采用较小的步长改变光伏阵列的输出，改变的步长是一定的，改变方向可以是增加也可以是减小，控制对象可以是光伏阵列的输出电压或电流；然后，通过比较干扰周期前后光伏阵列的输出功率，如果输出功率增加，那么继续按照上一周期的方向继续扰动过程，如果检测到输出功率减小，则改变扰动的方向。这样，光伏阵列的实际工作点就能逐渐接近当前最大功率点，最终在其附近的一个较小范围内往复达到稳态。如果采用较大的步长进行扰动，这种跟踪算法可以获得较快的跟踪速度，但达到稳态后的精度相对较差，较小的步长则正好相反。常用的扰动观察法算法流程如图1-3-4所示。

扰动观察法的本质就是光伏功率的计算和采样电压、电流的计算功率的变化，比较前一个和当前电压值来检测功率变化信号，计算出PWM占空比的控制信号。图1-3-4中的$V(k)$和$I(k)$是新测量的值，根据这两个新测量的值来计算功率$P(k)=V(k)*I(k)$，将其与$(k-1)$点的功率值$P(k-1)$相比较，判断功率的变化，根据功率变化决定下一步的变化方向。如果功率增加，在搜索方向不变，沿原方向继续搜索；如果功率值减小，搜索方向相反，改变方向，朝相反的方向搜索。搜索方向由$P(k)$是否大于$P(k-1)$决定。ΔD为占空比间隔，决定功率变化的步长。如果步长值较大，则系统响应较快，但是不准确，相反，如果步长值较小，则系统反应慢，但是相对比较准确。通过对占空比D的不断调整，系统最终可以搜索到最大功率点。扰动观察法是一个迭代过程，事先无需知道光伏阵列的输出特性。最大的优点是结构简单、测量参数少，通过不断扰动使阵列输出

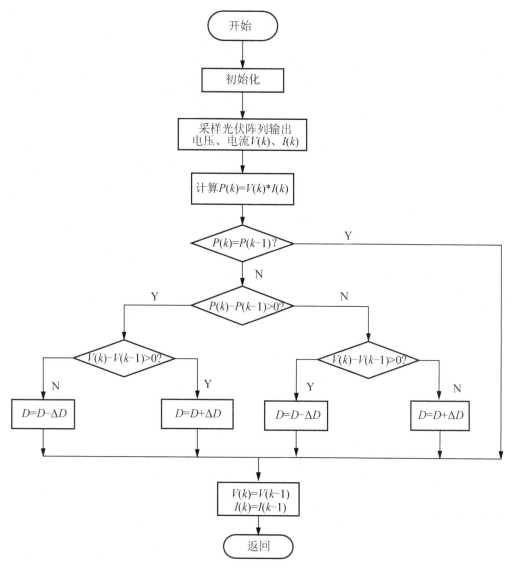

图 1-3-4 扰动观察法算法流程

功率趋于最大。缺点在于初始电压值以及跟踪步长的选取对跟踪精度和速度有较大影响；阵列在最大功点附近总是不断摆动，从而造成一定的功率损失；在辐射强度快速变化的情况下会出现"误判"现象。

电导增量法也是光伏发电系统 MPPT 控制常用的算法之一。由于光伏阵列的 $P-V$ 特性曲线是一条一阶连续可导的单峰曲线，存在唯一的最大功率点，在该最大功率点处斜率为零，为达到最大功率点的条件。当输出电导的变化量等于输出电导的负值时，光伏阵列工作在最大功率点。

电导增量法实质是通过比较光伏阵列的电导增量和瞬时负电导的大小来参考电压的改变方向。下面分三种情况分析：①如果 $\dfrac{\mathrm{d}I}{\mathrm{d}V} = -\dfrac{I}{V}$，那么光伏阵列已经工作在最大功率点处,此时参考电压将保持不变;②如果 $\dfrac{dI}{dV} > -\dfrac{I}{V}$,那么光伏阵列工作在最大功率点左边,此时参考电压应该朝着增大的方向变化;③如果 $\dfrac{dI}{dV} < -\dfrac{I}{V}$,那么光伏阵列工作在最大功率点右边,此时参考电压应该朝着减小的方向变化。电导增量法算法的流程图如图1-3-5所示。

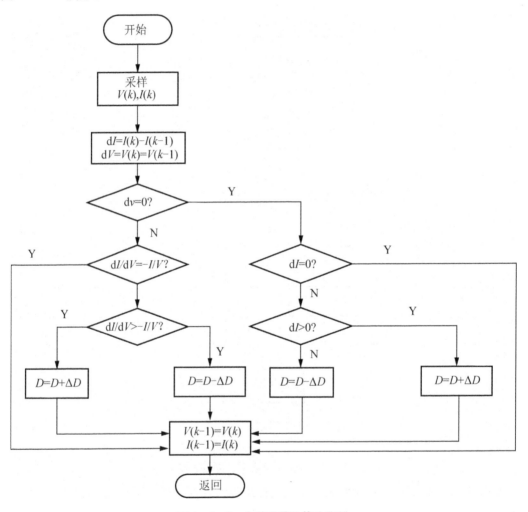

图1-3-5 电导增量法算法流程

图1-3-5中,$V(k)$和$I(k)$为检测到的光伏阵列当前电压、电流值,$V(k-1)$和$I(k-1)$为上一周期的电压、电流采样值。光伏阵列输出改变时存在两种情况:①光伏阵列输出电压和电流关系在同一条特性曲线上变动,此时电压和电流均发生变化;②光伏阵列输出电压和电流关系变到另一条特性曲线上,光伏阵列输出电压(或电流)有可能不变而只是电流(或电压)发生变化。因此首先用$V(k)-V(k-1)$来判断,若其值等于0,即$dV=0$,则表示光伏阵列输出特性不变或已经转移到另一条特性曲线上,此时,由于输出电压保持不变,故只需检测输出电流的变化就可以判断功率变化方向。输出电流不变表示光伏阵列输出特性不变,此时保持占空比不变;输出电流增加表示光伏阵列工作点朝着最大功率

点方向移动,此时,应该增加占空比使得输出电流进一步加大;否则,若输出电流降低则减小占空比。当 $V(k)-V(k-1)$ 不等于 0,即 dV 不等于 0 时,则可以利用上面的三个条件来判断工作点落在最大功率点的左侧还是右侧,然后对占空比的值做相应的调整。

电导增量法同样需要对光伏阵列的电压、电流进行采样。这种控制算法控制精确,响应速度比较快,适用于大气条件变化较快的场合。电导增量法理论上比扰动观察法要好,但是其算法复杂,并且在用数字方法实现时,对最大功率点的判别容易出现误差,其实现需要借助数字信号处理器或微处理器,实现起来比较困难,从而增加了整个系统的复杂性及费用。

3. 蓄电池的充电控制

在光伏发电系统中,往往使用阀控密封式铅酸(VRLA)蓄电池作为储能设备,为在夜间或阴雨天工作的负载提供电能或为停电时的应急电源。由蓄电池工作原理和工作特性可知,蓄电池是系统中最易损坏的部件,在实际使用中,本来应工作 10~15 年的 VRLA 蓄电池,大都在 3~5 年内损坏,有的甚至仅使用不到 1 年便失效了,造成了极大的经济损失。VRLA 蓄电池的使用寿命往往比设计的短,多是因充放电控制不合理而造成的 VRLA 电池寿命终止的比例较高,如 VRLA 蓄电池早期容量损失、不可逆硫酸盐化、热失控、电解液干涸等都与充放电控制的不合理有关。当光伏阵列对蓄电池充电时,若不加以控制或控制失灵,将会可能使蓄电池处于过充,造成蓄电池内的电解液所含的水被电解成氢和氧而逸出,使电解液浓度增大。此时若不能及时补充蒸馏水,就将导致蓄电池的使用寿命缩短,甚至损坏;当蓄电池对负载放电时,将会可能使蓄电池处于过放电,容易加速栅板的腐蚀和硫酸化,将给蓄电池带来不可逆转的损坏。

蓄电池充电控制方法的优劣,一方面会影响到蓄电池的荷电量的大小,另一方面关系到其使用寿命。荷电量的多少反映光伏发电系统存储电能的能力,使用寿命影响到整个系统的成本和寿命,蓄电池的性能状态最终体现在电池的剩余放电容量 SOC(蓄电池的荷电状态)上。因此,光伏控制器理想的状态是完全按照蓄电池的充放曲线进行控制,实际应用时由于光伏组件在光照变化下输出的不确定性而不可能达到理想状态,在蓄电池进行充、放电过程时,必须对蓄电池端电压进行监控,在光伏控制器中设定蓄电池的过压保护点和欠压保护点就是一种简单有效的控制方法。由蓄电池的充电特性可知,蓄电池的过电压充电直接反应蓄电池的端电压过高,而蓄电池进入过充状态可直接从端电压的变化加以判断。控制蓄电池的充电过程是通过控制蓄电池的端电压来实现,常用的充电方法有恒流充电、恒压充电、两阶段充电、三阶段充电等方法。

恒流充电是以一固定不变的电流给蓄电池充电,在充电过程中随着蓄电池端电压的变化要对充电电流进行调整使其恒定。该方法适合对串联的蓄电池组充电,可以使落后的蓄电池的容量得到恢复,适合蓄电池长时间小电流充电。恒流充电方式的充电电压和电流曲线如图 1-3-6 所示。

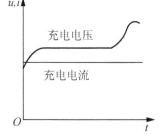

图 1-3-6 恒电流充电

恒流充电方式的缺点是蓄电池充电初期的充电电流偏小，而在充电后期充电电流又偏大，且充电电压偏高，整个充电过程时间长。在蓄电池充电后期，由于大电流充电，造成蓄电池析气较多，对蓄电池极板冲击大，能耗高，充电效率甚至达不到65%。此方法在铅酸蓄电池中很少采用。

恒压充电就是以一固定不变的电压给蓄电池充电。在蓄电池充电初期，蓄电池的端电压较低，充电电流很大，随着蓄电池端电压的渐渐增大，充电电流逐渐减小。在蓄电池的充电后期只有很小的电流通过，因此在蓄电池后期的充电过程中不必调整充电电流。与恒流充电相比，由于恒压充电电流自动减小，因此充电过程中析气量小，对蓄电池极板冲击小，充电时间短，能耗低，充电效率可以提高到80%。这种方法的充电特性曲线如图1-3-7所示。此种方法也有其不足之处，主要有以下三点。

(1) 在蓄电池充电初期，若蓄电池放电过深，蓄电池存储的电量就会减少，充电电流就会很大，不但会损坏控制器，而且会使蓄电池的使用寿命大大降低。

(2) 若蓄电池恒定电压过低，蓄电池充电后期充电电流又过小，这样会造成蓄电池充电时间过长，不适合多蓄电池串联的电池组充电。

(3) 在蓄电池充电期间，电解液温度会升高，蓄电池端电压的变化补偿困难，充电过程中也很难完成对蓄电池充满。

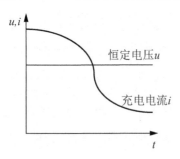

图1-3-7 恒电压充电曲线

两阶段充电就是在充电初期对蓄电池采用恒电流方式进行充电，当蓄电池充电达到一定容量后，采用恒压方式充电。采用此充电方法，蓄电池在充电初期不会出现很大的电流，在充电后期也不会出现蓄电池电压过高，从而使蓄电池析气大大减少。两阶段充电特性曲线如图1-3-8中的A、B段所示，其中A段为蓄电池充电初期的恒电流充电，B段为蓄电池充电达到一定容量后的恒电压充电。

(4) 三阶段充电。三阶段充电是指在两阶段充电后，允许以小电流继续对蓄电池进行浮充充电，浮充充电的目的就是用来弥补蓄电池自放电的电量损失，这就是在两阶段充电基础上的第三个阶段——浮充充电阶段，如图1-3-8中的C段所示。该阶段的充电电压比恒电压阶段的电压要低。

4. 孤岛效应

相对于离网光伏电站而言，光伏发电系统要实现并网运行必须满足输出电压与电网电压同频同相同幅值，输出电流与电网电压同频同相（功率因数为1），

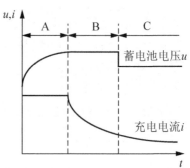

图1-3-8 两段式与三段式充电曲线

而且其输出还应满足电网的电能质量要求。并网光伏电站的控制一般分为两个环节：第一个环节得到系统功率点——光伏阵列模块工作点；第二个环节完成光伏逆变系统对电网的跟踪。同时，为了保证光伏逆变器安全有效地直接工作于并网状态，系统必须具备一定的保护功能和防孤岛效应的检测与控制功能。

项目一 太阳能光伏发电系统常用设备及安装

所谓孤岛效应是指在分布式光伏发电系统中,由于电气故障、人为或者自然等原因而停止向负载供电时系统继续并网工作,未能及时检测出停电状态并脱离电网,从而使电网局部负载仍处于供电状态的现象。由于光伏发电系统与电网并联工作时,电网会因为故障、设备检修或者操作失误等原因停止工作,孤岛效应是光伏并网发电系统中普遍存在的一个问题。因此准确、及时的检测出孤岛效应是光伏并网发电系统中的一个关键性保护功能。

光伏发电系统与公共电网并联工作如图 1-3-9 所示。当电网正常工作情况下,相当于开关 K1 和 K2 均闭合,电网和光伏发电系统同时向图中本地负载和电网负载供电。当电网突然停止工作时,相当于开关 K_1 闭合,K_2 打开,此时系统处于孤岛运行状态时,继续向本地负载和局部电网负载供电,将会出现下列情况:光伏发电系统功率较小,如果电网停止工作会失去对光伏发电系统输出电能的平衡控制能力,系统输出电能质量下降;危害到电力维护人员或用户的人身安全;当市电突然恢复时,光伏发电系统与电网相位不同步造成的冲击电流会损坏发电装置和设备;影响电网保护开关的动作,造成不必要的损失;因单相光伏并网发电系统继续供电,造成系统三相负载欠相工作。因此,并网时必须进行反孤岛效应的检测,其关键点是对于电网断电的检测。在电网的配电开关断开时,如果光伏发电系统和电网负载需求量不平衡,则市电网中的电压、频率和相位将会产生较大的变动,此时可以利用电网电压的过/欠压保护和频率异常波动来保护检测电网断电,从而防止孤岛效应。否则,光伏发电系统一旦处于孤岛运行状态,将使本地负载仍处于供电状态,造成人员伤亡及设备损坏。

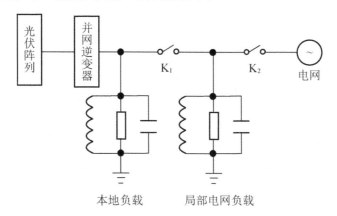

图 1-3-9 并网型光伏发电系统工作示意图

孤岛效应检测方法主要分为被动式和主动式两种。被动式孤岛检测方法通过检测逆变器的输出是否偏离并网标准规定的范围(如电压、频率或相位),判断孤岛效应是否发生。其工作原理简单,实现容易,但在逆变器输出功率与局部负载功率平衡时无法检测出孤岛效应的发生。主动式孤岛检测方法是指通过控制逆变器,使其输出功率、频率或相位存在一定的扰动。电网正常工作时,由于电网的平衡作用,这些扰动检测不到。一旦电网出现故障,逆变器输出的扰动将快速累积并超出并网标准允许的范围,从而触发孤岛效应的保护电路。该方法检测精度高,检测盲区小,但是控制较复杂且降低了逆变器输出电能的质量。

1) 被动式检测方法

被动式检测方式是通过实时监视电网系统的电压、频率、相位的变化，检测因电网电力系统停电向单独运行过渡时的电压波动、相位跳动、频率变化等参数变化，检测出单独运行状态的方法。被动式检测方式有电压相位跳跃检测法、频率变化率检测法、电压谐波检测法、输出功率变化率检测法等，其中电压相位跳跃检测法较为常用。

电压相位跳跃检测法的检测原理如图1-3-10所示，其检测过程是：周期性的测出逆变器的交流电压的周期，如果周期的偏移超过某设定值以上时，则可判定为单独运行状态。此时使逆变器停止运行或脱离电网运行。通常与电力系统并网的逆变器是在功率因数为1（电力系统电压与逆变器的输出电流同相）的情况下运行，逆变器不向负载供给无功功率，而由电力系统供给无功功率。但单独运行时电力系统无法供给无功功率，逆变器不得不向负载供给无功功率，其结果是使电压的相位发生骤变。检测电路检测出电压相位的变化，判定光伏发电系统处于单独运行状态。

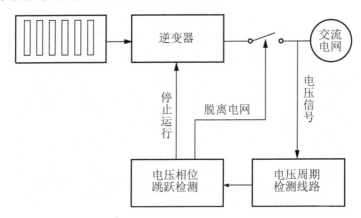

图1-3-10　电压相位跳跃检测法的检测原理

2) 主动式检测方法

主动式检测方式是指由逆变器的输出端主动向系统发出电压、频率或输出功率等变化量的扰动信号，并观察电网是否受到影响，根据参数变化检测出是否处于单独运行状态。主动式检测方式有频率偏移方式、有功功率变动方式、无功功率变动方式以及负载变动方式等。较常用的是频率偏移方式。

频率偏移方式工作原理如图1-3-11所示，该方式是根据单独运行中的负荷状况，使太阳能光伏系统输出的交流电频率在允许的变化范围内变化，根据系统是否跟随其变化来判断光伏发电系统是否处于单独运行状态。例如使逆变器的输出频率相对于系统频率做±0.1Hz的波动，在与系统并网时，此频率的波动会被系统吸收，所以系统的频率不会改变。当系统处于单独运行状态时，此频率的波动会引起系统频率的变化，根据检测出的频率可以判断为单独运行。一般当频率波动持续0～5s以上时，则逆变器会停止运行或与电力电网脱离。

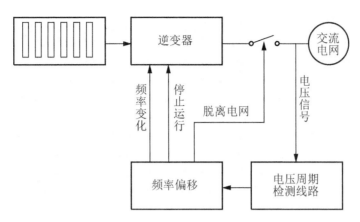

图 1-3-11 频率偏移方式的工作原理

1.3.2 控制器的选型与安装

光伏控制器的基本作用是为蓄电池提供最佳的充电电压,快速、平稳、高效地为蓄电池充电,并在充电过程中减少损耗、尽量延长蓄电池的使用寿命;同时保护蓄电池,避免过充电和过放电现象的发生。如果用户使用的是直流负载,通过太阳能控制器可以为负载提供稳定的直流电。所以,本部分以离网型光伏发电系统为例,来讨论光伏控制器的选型与安装的有关知识。

1. 控制器的选型

光伏控制器的配置选型要根据整个系统的各项技术指标来确定,包括系统电压、额定输入电流和输入路数、额定负载电流等。控制器的系统电压与蓄电池的串联电压应一致,它要根据直流负载的工作电压或交流逆变器的配置造型确定,系统电压一般有 12V、24V、48V、110V 和 220V 等;控制器的最大输入电流取决于光伏阵列的输入电流,选型时光伏控制器的额定输入电流应等于或大于光伏阵列的输入电流;光伏控制器的输入路数要多于或等于光伏阵列的设计输入路数。小功率控制器一般只有一路光伏阵列输入,大功率光伏控制器通常采用多路输入,每路输入的最大电流等于额定输入电流除以输入路数,因此,各路光伏子阵列的输出电流应小于或等于光伏控制器每路允许输入的最大电流值。光伏控制器输出到直流负载或逆变器的直流输出电流,该数据要满足负载或逆变器的输入要求。除上述主要技术数据要满足设计要求以外,使用环境温度、海拔高度、防护等级和外形尺寸等参数也要满足要求。

下面以功率为 85W 的光伏组件驱动 DC12V/15W 节能灯为例说明控制器的选型。在光伏发电系统中,直流负载的工作电压 12V 就是系统电压,则光伏组件峰值功率除以系统电压可得到输入最大电流 7.08A;节能灯的额定功率除以系统电压可得到输出最大电流 1~25A。故结合以上计算和相关产品参数,选择 12V/10A 控制器即可满足要求。

2. 控制器的安装与连接

不论是大型发电系统用光伏控制器还是中小型光伏控制器,其内部线路的连接不外乎与光伏阵列、蓄电池、逆变器、交直流负载之间的连线,在安装与连线过程中需要特别注意的是各设备之间的"＋""－"极性,在顺序上一般需要先接蓄电池,接光伏阵列、供配电箱、逆变设备,再接市电和负载,如图1-3-12所示。

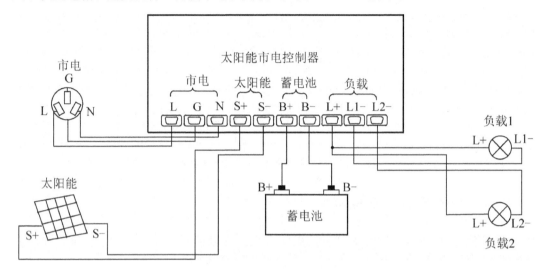

图1-3-12 光伏控制器接线图

在安装过程中严格按照以下步骤进行以免出现错误。

1) 控制器固定

先将控制器可靠地固定到要安装的表面上,控制器与安装面之间保持一定的间隙以保证散热需要。

2) 导线的准备

建议使用多股铜芯绝缘导线。先确定导线长度,在保证安装位置的情况下,尽可能减少连线长度,以减少电损耗。按照不大于 $4A/mm^2$ 的电流密度选择铜导线截面积,将控制器一侧的接线头剥去 5mm 的绝缘。

3) 连接蓄电池与控制器

先将导线连接到控制器的蓄电池连接线上,再将导线另外的端头连至蓄电池的接线端子上,注意"＋""－"极,不要反接。如果连接正确,蓄电池指示灯应亮,否则需检查连接是否可靠和正确。切记蓄电池连接线不能反接,否则有可能烧坏保险或控制器,使控制器无法正常工作。

如果蓄电池极性接反,负载输出端的极性也同时反转,不能在这种情况下接通负载,否则可能损坏负载。在蓄电池的接线端应接一个保险,以提供短路保护,保险丝的保护电流必须大于控制器的额定电流。

4) 连接光伏阵列与控制器

先将导线连接到控制器的连接线上,再将导线的另外一端连至光伏阵列上,注意"＋""－"极,不要反接。如果有阳光,充电指示灯应亮,否则需检查连接对否。如果光伏阵列板暴露在太阳光线下,马上会产生电压。24V 系统的光伏阵列产生的电压可能对人体造成伤害,需要注意防止触电。

5) 连接负载与控制器

首先按输出控制按钮，观察输出状态指示灯，确保输出状态为关闭，将负载的连线接入控制器上的负载连接线上，注意"＋""—"极，不要反接，以免烧坏用电器。

6) 连接交流电电源与控制器

将交流电的相线、中性线、地线分别连接到控制器的交流电输入接口的相线(L)端、中性线(N)端、地线(G)端，相互对应不可接错。这个过程中市电的电压远远高于人体能够承受的安全电压，需要特别注意防止触电。

任务四　直流配电柜

1.4.1　认识直流配电柜

1. 功能与特点

光伏直流配电柜主要应用在大中型光伏电站。我们知道光伏并网发电系统由光伏电池组件、防雷汇流箱、直流配电柜、并网逆变器、交流配电柜、变压器、计量装置等配电设备组成。太阳辐射能通过光伏电池组件转化为直流电，经过防雷汇流箱汇集后，输送给直流配电柜，最后由直流配电柜统一分配给各个并网型逆变器将直流电能转化为与电网同频率、同相位的正弦波电流，经交流配电柜、变压器等设备后馈入国家电网，如图1-4-1所示。

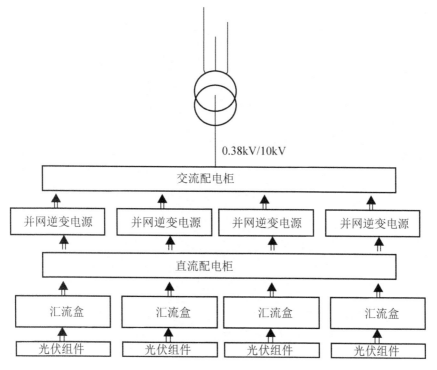

图1-4-1　直流配电柜在光伏发电系统中的应用

直流配电柜在此的主要作用就是对汇流箱一级汇流后的直流电能进行分配、监控、保护，将总输入直流分为多路，每路都有保护装置（熔丝、空开等）、防雷等，而且可以对每路电压电流进行监控，完成二级汇流功能。可见直流配电柜为太阳能并网发电系统中的关键设备。

光伏直流配电柜在系统中的使用特点如下。

（1）提供 30～300kW 不同等级逆变配电，对总电流进行分配，使每一支路的电流能够满足设备要求。

（2）电压、电流指示：提供直观的电压、电流指示，方便管理和维护。

（3）分路通断状态指示：提供直观的分路电源通断状态指示，方便查找故障。

（4）具有防逆流控制切换保护、过流保护等功能。

（5）可根据客户要求提供不同等级雷电防护。

（6）提供防雷器失效报警。

（7）提供各种附加要求，安装方便，维护简单。

（8）工艺考究，能在酸、碱、尘、盐雾及潮湿等恶劣环境下长期工作。

2. 外观结构与组成

一般直流配电柜从外观结构上看，包括前面板和背面板，其中前面板包括仪表显示部分、开关操作部分、接地防雷及门把手，背面板主要是各种输入、输出线路连接端子。以某 1.5MW 光伏电站应用的型号为 GD-40A20Q6-648V 的直流配电柜为例。其主要部件包括：直流专用电压仪表、直流专用电流仪表、门锁、直流输入断路器、分流器、光伏避雷器等部分，如图 1-4-2 所示。

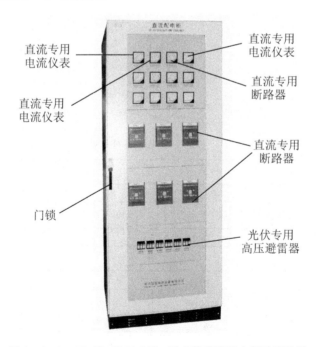

图 1-4-2　GD-40A20Q6-648V 型光伏直流配电柜外观结构

其中各部分功能如下。

(1) 直流专用电压仪表：显示一次汇流后直流母线的电压值。

(2) 直流专用电流仪表：显示直流母线的电流值。

(3) 门锁：锁住直流配电柜电源两扇前门。

(4) 直流专用断路器：闭合或断开直流母线电压，保护线路，方便用户操作。

(5) 避雷器：配有光伏专用高压防雷器，正极负极都具备防雷功能。

3. 内部电路结构及工作过程

光伏组件通过防雷汇流箱汇流之后输入直流配电柜的直流正极和负极输入端，各路直流输入通过直流配电柜的正极母排和负极母排集中汇流，然后通过直流专用断路器输出到直流输出端。同时在直流母线的正极和负极上加装直流专用防雷器、直流电压表和直流电流表，更好地保护后端的光伏并网逆变器和直观监视直流状态。以光伏阵列输入17、18号汇流箱后进入直流配电柜接线端子为例，绘制直流配电柜主电路接线图如图1-4-3所示。

工作过程：将防雷汇流箱的直流输出分别接到对应直流配电柜的直流正负输入端，确定接线牢固稳定；在线路上分别串联安装直流电流表、并联安装直流电压表和专用防雷器；然后将直流配电柜的直流输出分别接到对应的光伏并网电源的直流输入端，确定接线牢固稳定；最后闭合直流配电柜上的直流专用断路器，光伏并网电源将会有源源不断的光伏直流电力。当光伏并网电源并入电网时，直流配电柜上的直流电压表和直流电流表将有相应的变化(直流电压将会微微下降，直流电流表将会有电流数据)。当光伏并网电源脱网时，直流配电柜上的直流电压表和直流电流表也将有相应的变化(直流电压将会微微上升，直流电流表将会无电流数据)。

4. 技术要求及参数指标

1) 常用直流配电柜的性能指标

(1) 直流输入参数：直流电压允许范围：0～850V；直流每路电流允许范围：0～40A。

(2) 输出回路保护元件(直流断路器)，在额定工作电压和规定的试验条件下的分断能力不小于直流主母线的额定短时耐受电流20kA。

(3) 直流配电柜上应设下列测量回路：直流母线电压测量回路及每条输入电流测量回路。

(4) 直流配电柜的绝缘耐压性能如下。

① 绝缘电阻：直流配电柜的输入电路对地、输出电路对地以及输入电路与输出电路间的绝缘电阻应不小于1MΩ。绝缘电阻只作为设备绝缘强度的参考。

② 绝缘强度：配电柜的输入电路对地、输出电路对地以及输入电路与输出电路间应能承受50Hz、2500V的正弦交流电压1min，且不击穿、不飞弧，漏电电流＜20mA。

2) 直流配电柜的工艺要求

(1) 直流配电柜直流正负导线应有不同色标。

(2) 选用质量可靠的输入输出端子，并应充分考虑电缆的安装与固定。

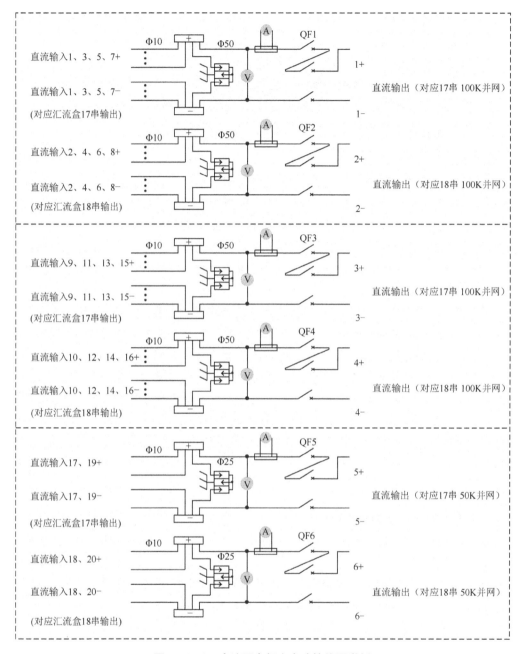

图 1-4-3 直流配电柜主电路接线图举例

（3）柜内元件位置编号、元件编号与图纸一致，并且所有可操作部件均应用中文标明功能。

（4）柜体结构安全、可靠；易损件的设计与安装应便于维护及拆装。

（5）各元件板应有防尘装置，柜体设计应考虑通风、散热。

（6）必须具备完整的保护接地。

3）直流配电柜使用的环境条件

（1）工作环境：逆变器室内。

(2) 环境温度：户内型为-20~+50℃；相对湿度≤95%；无凝露。

(3) 无剧烈震动冲击，垂直倾斜度≤5°。

4) 常见厂家及技术参数

目前国内直流配电柜生产厂家有南通天泉太阳能电力科技有限公司、深圳市拓邦自动化技术有限公司、南京冠亚电源设备有限公司、深圳市天盾雷电技术有限公司等。以深圳天盾雷电技术有限公司生产的 SDDL-Ⅱ-DC 型号直流配电柜为例，其技术参数见表1-4-1。

表1-4-1 SDDL-Ⅱ-DC 型号直流配电柜技术参数

SDDL-Ⅱ-DC-6-200	
电气参数	
输入电压	700VDC
输出电压	700VDC
输入电流	63A*6
额定绝缘电压	1000V
额定冲击耐受电压	5kV
母线分段能力（均值）	10kA
防雷参数	
标称放电电流	20kA，8/20μs
最大流通容量	40kA，8/20μs
保护水平（3kA，8/20μs）	≤2000V
保护水平（20kA，8/20μs）	≤2500V
响应时间	25ns
失效指示	机械
连接要求	
汇流排	紫铜
输入导线截面积	35~95mm²
输出导线截面积	35~95mm²
接地导线截面积	25mm²
机械性能	
外形尺寸	600mm×800mm×2200mm
材料厚度	2mm
防护等级	IP20
环境温度	-40~+85℃
相对湿度	≤95%（25℃）

1.4.2 安装与电气连接

1. 机械安装

1) 安装前准备

(1) 安装之前应注意阅读使用说明,确保是否有运输损坏情况。在运输前公司会对产品仔细检测,但是在运输过程中可能会出现损坏情况,所以在安装前还需检查一下。若检测到有任何损坏情况需与运输公司联系或直接与销售公司联系。最好提供损坏处的照片。

(2) 直流配电柜为电子设备故不要放置在潮湿的地方,其基本安装环境要求如下。

① 安装在室内,避免阳光照射和淋雨。

② 最好安装在远离人生活的地方,因为运行过程中会产生一些噪声(<50dB)。

③ 安装地方确保不会摇晃。

④ 安装位置确保观测LED灯或LCD液晶较方便。

⑤ 环境温度确保在一定范围(−20~40℃)。

⑥ 要求通风较好,上下左右与墙有足够的距离保证通风散热(>40cm)。

(3) 作为电子产品,触摸到带电部分都存在危险。光伏系统直流配电柜直流侧电压高到850V。在安装过程中应注意安全说明,确保安装环境清洁。

① 环境温度范围应在−20~+40℃,同时应避免阳光直射,否则温度较高会影响发电量。

② 避免与易燃物接触,不可与易燃易爆的物品放置在一起。

③ 安装与维护前必须保证直流侧不带电。

④ 本装置必须请专业电工进行安装。

2) 机械安装

(1) 机械尺寸。为了方便直流配电柜的机械安装,以GD-40A20Q6-648V型直流配电柜为例,提供了其机箱的机械尺寸为600mm×800mm×2100mm(深×宽×高),如图1-4-4所示。

安装时需在平整的地面上,前方应当保证40cm的空间,背部应当保证10cm的空间,顶部应当保证60cm的空间以方便安装、散热与维护。一台中大型光伏系统用直流配电柜重量达到100kg,所以选择安装位置时始终要记住其重量。

(2) 移动机器。用户可以通过叉车从底部抬起,或是使用行车通过顶部的四个吊孔移动设备,如图1-4-5所示。

2. 电气连接

1) 输入输出要求

(1) 光伏阵列:光伏阵列正负极开路电压不应超过850V,否则会使设备损坏。推荐每路最大充电电流40A,最大阵列开路电压850V。

(2) 直流母线侧:直流电压:0~850V;直流电流:0~160A/0~80A。

2) 直流侧接线要求

(1) 断开直流侧配电断路器,保证直流侧接线不带电。

项目一 太阳能光伏发电系统常用设备及安装

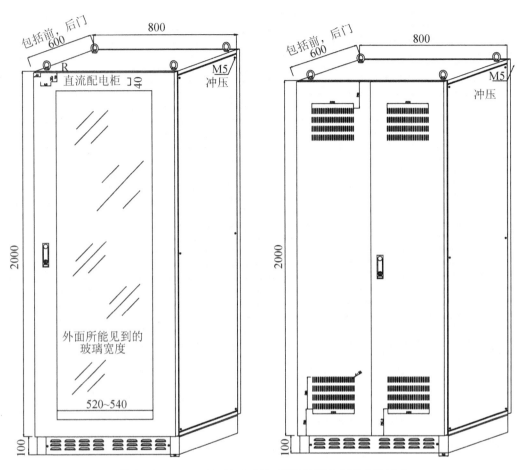

图1-4-4 GD-40A20Q6-648V型直流配电柜的安装尺寸

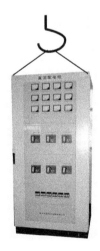

图1-4-5 通过吊孔移动D-40A20Q6-648V型直流配电柜

（2）用万能表测量光伏阵列的开路电压保证开路电压不超过850V。

（3）用万能表确认正负极，光伏阵列的电压正负不要接反。

（4）光伏阵列的正极连到直流输入的"DC＋"。

(5) 光伏阵列的负极连到直流输入的"DC—"。

(6) 所有接线从外部通过并网电源底部的接线孔接入连接端子。

(7) 确认接线牢固。

3) 常用直流配电柜接线线缆要求见表1-4-2。

表1-4-2 常用直流配电柜接线线缆要求

线缆	大小要求/mm²	线缆	大小要求/mm²
光伏阵列DC+	10	直流母线DC—	50（1～4路）
光伏阵列DC—	10	直流母线DC+	25（5～6路）
直流母线DC+	50（1～4路）	直流母线DC—	25（5～6路）

4) 系统接线与电气连接框图

一般大型光伏发电系统配电室内，通常运用三组功能相同的直流配电柜（直流配电单元Ⅰ，Ⅱ，Ⅲ）对所有汇流箱输出的直流电进行二次汇流，之后进入三个逆变器（并网逆变单元Ⅰ，Ⅱ，Ⅲ），如图1-4-6所示。

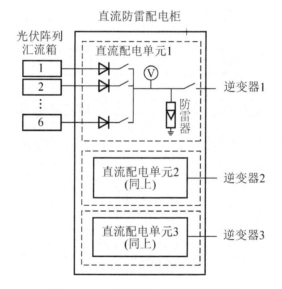

图1-4-6 直流配电柜系统接线框图

由电气连接图1-4-7可知：1—10号汇流箱经过线缆将光伏电池组件发出的直流电传输至配电室内的直流配电柜底部，经过配电柜内部的K1～K10这10个直流专用断路器接线端子将直流电进行二次汇流，通过各路相对应的直流专用电压表和直流专用电流表，形成10进1出的线路关系，各柜体内有共用的防雷器，经过隔离开关后进入并网逆变器单元。接线位置应注意各端子之间的顺序连接。

5) 接线实物图举例

将直流配电柜的背面打开，可以看到各接线端子之间的连线，具体如图1-4-8所示。

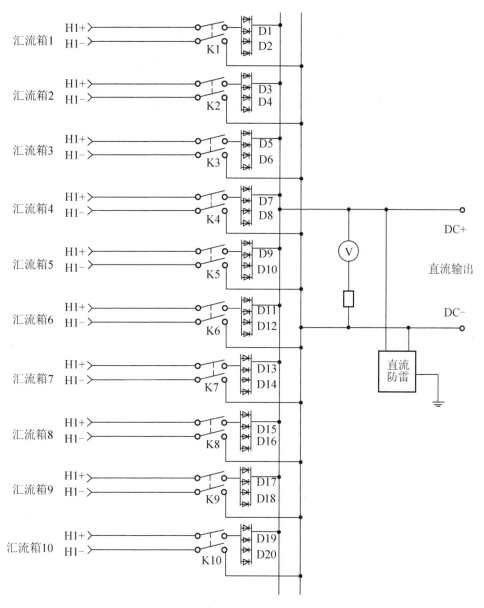

图 1-4-7 直流配电柜电气连接图

6) 直流配电柜的检验、试验

(1) 外观检查。对柜体样式、外形尺寸及工艺结构尺寸,以及柜体内元器件选型、设备布置、布线、电装工艺、表面涂层等进行目测或量测,确定是否符合本技术条件要求,做好记录。

(2) 试验。直流配电柜出厂前必须按照现行国标和相关标准进行出厂试验与检验,并提供真实记录。

直流配电柜试验项目见表 1-4-3。

 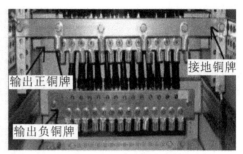

图 1-4-8 直流专用断路器输入接线端子、直流输出铜牌示意图

表 1-4-3 直流配电柜试验项目清单

序号	试验项目名称	试验类型			备注
		型式	出厂	现场	
1	一般检查	√	√	√	
2	绝缘试验	√	√	√	
3	耐压试验	√	√	√	
4	动热稳定试验	√			
5	绝缘监测装置性能试验	√	√	√	

任务五 光伏逆变器

光伏发电系统中使用的逆变器是一种将光伏阵列所产生的直流电能转换为交流电能的转换装置。它使转换后的交流电的电压、频率与电力系统交流电的电压、频率相一致，以满足为各种交流用电装置、设备供电及并网发电的需要。

1.5.1 认识逆变器

逆变器的种类很多，可以按照不同方式进行分类。按照逆变器输出交流电的相数，可分为单相逆变器、三相逆变器和多相逆变器；按照逆变器输出交流电的频率，可分为工频逆变器、中频逆变器和高频逆变器；按照逆变器的输出电压的波形，可分为方波逆变器、阶梯波逆变器和正弦波逆变器；按照逆变器线路原理的不同，可分为自激振荡型逆变器、阶梯波叠加型逆变器、脉宽调制型逆变器和谐振型逆变器等；按照逆变器主电路结构不同，可分为单端式逆变器、半桥式逆变器、全桥式逆变器和推挽式逆变器；按照逆变器输出功率大小的不同，可分为小功率逆变器（＜1kW）、中功率逆变器（1～10kW）、大功率逆变器（＞10kW）；按照逆变器输出能量的去向不同，可分为有源逆变器和无源逆变器。

对光伏发电系统来说，在并网型光伏发电系统中需要有源逆变器，而在离网型光伏发电系统中需要无源逆变器。因此，在光伏发电系统中，可将逆变器分为离网型逆变器和并网型逆变器。

1. 逆变器的电路结构及主要元器件

逆变器主要由半导体功率器件和逆变器驱动、控制电路两大部分组成。随着微电子技术与电力电子技术的迅速发展，新型大功率半导体开关器件和驱动控制电路的出现促进了逆变器的快速发展和技术完善。目前的逆变器多数采用功率场效应晶体管（VMOS-FET）、绝缘栅极晶体管（IGBT）、可关断晶体管（GTO）、MOS控制晶体管（MGrT）、MOS控制晶闸管（MCT）、静电感应晶体管（SIT）、静电感应晶闸管（SITH）以及智能型功率模块（IPM）等多种先进且易于控制的大功率器件，控制逆变驱动电路也从模拟集成电路发展到单片机控制，甚至采用数字信号处理器（DSP）控制，使逆变器向着高频化、节能化、全控化、集成化和多功能化方向发展。

1）逆变器的电路构成

逆变器的基本电路是由输入电路、输出电路、主逆变开关电路（简称主逆变电路）、控制电路、辅助电路和保护电路等构成，如图1-5-1所示。

输入电路的主要作用就是为主逆变电路提供可确保其正常工作的直流工作电压。

主逆变电路是逆变电路的核心，它的主要作用是通过半导体开关器件的导通和关断完成逆变的功能。逆变电路分为隔离式和非隔离式两大类。

输出电路主要是对主逆变电路输出的交流电的波形、频率、电压、电流的幅值相位等进行修正、补偿、调理，使之能满足使用需求。

控制电路主要是为主逆变电路提供一系列的控制脉冲来控制逆变开关器件的导通与关断，配合主逆变电路完成逆变功能。

辅助电路主要是将输入电压变换成适合控制电路工作的直流电压。辅助电路还包含了多种检测电路。保护电路主要包括输入过压、欠压保护，输出过压、欠压保护、过载保护、过流和短路保护、过热保护等。

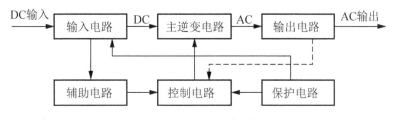

图1-5-1 逆变器基本电路

2）逆变器的主要元器件

（1）半导体功率开关器件。表1-5-1所示为逆变器常用的半导体功率开关器件，主要有可控硅（晶闸管）、大功率晶体管、功率场效应管及功率模块等。

（2）逆变驱动和控制电路。传统的逆变器电路是由许多的分离元件和模拟集成电路等构成的，这种电路结构元件数量多、波形质量差、控制电路繁琐复杂。随着逆变技术高效率、大容量的要求和逆变技术复杂程度的提高，需要处理的信息量越来越大，而微处理器和专用电路的发展，满足了逆变器技术发展的要求。

表 1-5-1 逆变器的半导体功率开关器件

类型	器件名称	器件符号
双极型器件	普通晶闸管	SCR
	双向晶闸管	TRIS
	可关断晶闸管	GTO
	静电感应晶闸管	SITH
	大功率晶体管	GTR
单极型器件	功率场效应晶体管	VMOSFET
	静电感应晶体管	SIT
复合型器件	绝缘栅极晶体管	IGBT
	MOS 控制晶体管	MGT
	MOS 晶闸管	MCT
	智能型功率模块	IPM

光伏系统用逆变器的逆变驱动电路主要是针对功率开关器件的驱动，要得到好的 PWM 脉冲波形，驱动电路的设计很重要。随着微电子和集成电路技术的发展，许多专用多功能集成电路的陆续推出，给应用电路的设计带来了极大的方便，同时也使逆变器的性能得到极大的提高。如各种开关驱动电路 SG3524、SG3525、TI-494、IR2130、TLP250 等在逆变器电路中得到广泛应用。

光伏逆变器中常用的控制电路主要是为驱动电路提供符合要求的逻辑与波形，如 PWM、SPWM 控制信号等，从 8 位的带有 PWM 口的微处理器到 16 位的单片机，直至 32 位的 DSP 器件等，使先进的控制技术如矢量控制技术、多电平变换技术、重复控制技术、模糊逻辑控制技术等在逆变器中得到应用。在逆变器中常用的微处理器电路有 MP16、8XC196hIC、PIC16C73、68HC16、M：B90260、PD78366、SH7034、M37704、M37705 等；常用的专用数字信号处理器（DSP）电路有 TMS320F206、TMS320F240、M586XX-DSPIC30、ADSP-219XX 等。

2. 离网型逆变器的电路原理

1) 单相逆变器电路原理

逆变器的工作原理是通过功率半导体开关器件的开通和关断作用，把直流电能变换成交流电能。单相逆变器的基本电路有推挽式、半桥式和全桥式三种，虽然电路结构不同，但工作原理类似。电路中都使用具有开关特性的半导体功率器件，由控制电路周期性地对功率器件发出开关脉冲控制信号，控制各个功率器件轮流导通和关断，再经过变压器耦合升压或降压后，整形滤波输出符合要求的交流电。

推挽式逆变电路是由两只共负极连接的功率开关管和一个初级带有中心抽头的升压变压器组成，如图 1-5-2 所示。升压变压器的中心抽头接直流电源正极，两只功率开关管在控制电路的作用下交替工作，输出方波或三角波的交流电。由于功率开关管的共负极连接，使得该电路的驱动和控制电路可以比较简单，另外由于变压器具有一定的漏感，可限制短路电流，因而提高了电路的可靠性。该电路的缺点是变压器效率低，带感性负载的能力较差，不适合直流电压过高的场合。

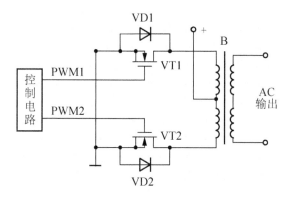

图1-5-2 推挽式逆变电路原理

半桥式逆变电路是由两只功率开关管、两只储能电容器和耦合变压器等组成，如图1-5-3所示。该电路将两只串联电容的中点作为参考点，当功率开关管VT1在控制电路的作用下导通时，电容C1上的能量通过变压器初级释放，当功率开关管VT2导通时，电容C2上的能量通过变压器初级释放，VT1和VT2的轮流导通，在变压器次级获得了交流电能。半桥式逆变电路结构简单，由于两只串联电容的作用，不会产生磁偏或直流分量，非常适合后级带动变压器负载。当该电路工作在工频（50Hz或者60Hz）时，需要较大的电容容量，使电路的成本上升，因此该电路更适合用于高频逆变器电路中。

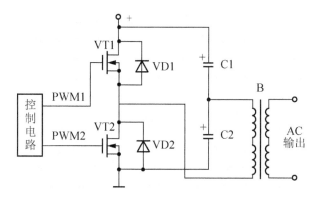

图1-5-3 半桥式逆变电路原理

全桥式逆变电路是由4只功率开关管和变压器等组成，如图1-5-4所示。该电路克服了推挽式逆变电路的缺点，功率开关管VT1、VT4和VT2、VT3反相，VT1、VT3和VT2、VT4轮流导通，使负载两端得到交流电能。为便于大家理解，用图1-5-4(b)等效电路对全桥式逆变电路原理进行介绍。图中E为输入的直流电压，R为逆变器的纯电阻性负载，开关S1～S4等效于图1-5-4(a)中的VT1～VT4。当开关S1、S3接通时，电流流过S1、R、S3，负载R上的电压极性是左正右负；当开关S1、S3断开，S2、S4接通时，电流流过S2、R和S4，负载上的电压极性相反。若两组开关S1、S3和S2、S4

以某一频率交替切换工作时，负载 R 上便可得到这一频率的交变电压。

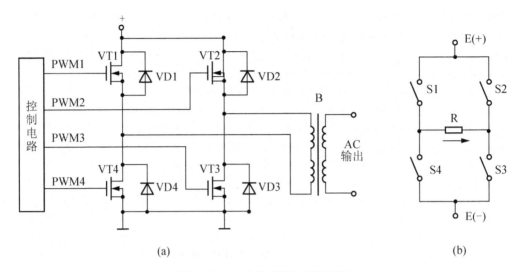

图 1-5-4　全桥式逆变电路原理

上述几种电路都是逆变器的最基本电路，在实际应用中，除了小功率光伏逆变器主电路采用这种单级的(DC-AC)转换电路外，中、大功率逆变器主电路都采用两级(DC-DC-AC)或三级(DC-AC-DC-AC)的电路结构形式。一般来说，中、小功率光伏发电系统的光伏阵列输出的直流电压都不太高，而且功率开关管的额定耐压值也都比较低，因此逆变电压也比较低，要得到 220V 或者 380V 的交流电，无论是推挽式还是全桥式的逆变电路，其输出都必须加工频升压变压器，由于工频变压器体积大、效率低、分量重，因此只能在小功率场合应用。随着电力电子技术的发展，新型光伏逆变器电路都采用高频开关技术和软开关技术实现高功率密度的多级逆变。这种逆变电路的前级电压电路采用推挽逆变电路结构，但工作频率都在 20kHz 以上，升压变压器采用高频磁性材料做铁芯，因而体积小、质量轻。低电压直流电经过高频逆变后变成了高频高压交流电，又经过高频整流滤波电路后得到高压直流电(一般均在 300V 以上)，再通过工频逆变电路实现逆变得到 220V 或者 380V 的交流电，整个系统的逆变效率可达到 90% 以上。目前大多数正弦波光伏逆变器都是采用这种三级的电路结构，如图 1-5-5 所示。其具体工作过程是：首先将光伏阵列输出的直流电(如 24V、48V、110V 和 220V 等)通过高频逆变电路逆变为波形为方波的交流电，逆变频率一般在几千赫兹到几十千赫兹，再通过高频升压变压器整流滤波后变为高压直流电，然后经过第三级 DC-AC 逆变为所需要的 220V 或 380V 工频交流电。

图 1-5-6 给出了逆变器将直流电转换成交流电的转换过程示意图，以帮助大家加深对逆变器工作原理的理解。半导体功率开关器件在控制电路的作用下以 1/100s 的速度开关，将直流切断，并将其中一半的波形反向而得到矩形的交流波形，然后通过电路使矩形的交流波形平滑，修正后得到正弦交流波形。

逆变器按照输出电压波形的不同，可分为方波逆变器、阶梯波逆变器和正弦波逆变器，其输出波形如图 1-5-7 所示。在光伏发电系统中，方波和阶梯波逆变器一般都用在小功率场合。

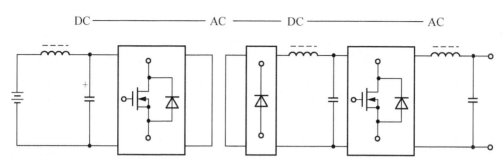

图 1-5-5 逆变器的三级电路结构

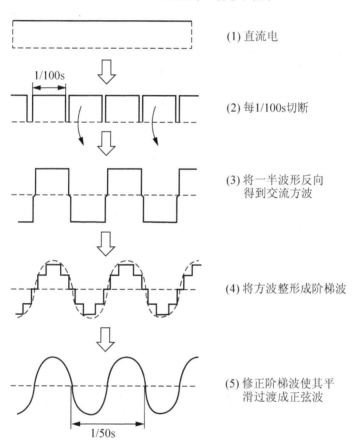

图 1-5-6 逆变器波形转换过程

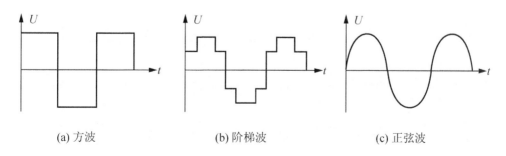

图 1-5-7 逆变器输出波形

方波逆变器输出的波形是方波,也叫矩形波,如图1-5-7(a)所示。尽管方波逆变器所使用的电路不尽相同,但共同的优点是线路简单(使用的功率开关管数量最少)、价格便宜、维修方便,其设计功率一般在数百瓦到几千瓦之间。缺点是调压范围窄、噪声较大,方波电压中含有大量高次谐波,带感性负载如电动机等用电器中将产生附加损耗,因此效率低,电磁干扰大。

阶梯波逆变器也叫修正波逆变器,如图1-5-7(b)所示。阶梯波比方波波形有明显改善,波形类似于正弦波,波形中的高次谐波含量少,故可以带包括感性负载在内的各种负载。当采用无变压器输出时,整机效率高;缺点是线路较为复杂。为把方波修正成阶梯波,需要多个不同的复杂电路,产生多种波形叠加修正而成,这些电路使用的功率开关管也较多,电磁干扰严重。阶梯波形逆变器不能应用于并网发电的场合。

正弦波逆变器输出的波形与交流市电的波形相同,如图1-5-7(c)所示。这种逆变器的优点是输出波形好、失真度低、干扰小、噪声低、保护功能齐全、整机性能好、技术含量高。缺点是线路复杂、维修困难、价格较贵。

2) 三相逆变器电路原理

单相逆变器电路由于受到功率开关器件的容量、零线(中性线)电流、电网负载平衡要求和用电负载性质等的限制,容量一般都在100kVA以下,大容量的逆变电路大多采用三相形式。三相逆变器按照直流电源的性质不同分为三相电压型逆变器和三相电流型逆变器。

电压型逆变器就是逆变电路中的输入直流能量由一个稳定的电压源提供,其特点是逆变器在脉宽调制时的输出电压的幅值等于电压源的幅值,而电流波形取决于实际的负载阻抗。三相电压型逆变器的基本电路如图1-5-8所示。该电路主要由6只功率开关器件和6只续流二极管以及带中性点的直流电源构成。图中负载L和R表示三相负载的各路相电感和相电阻。当控制信号为三相互差120°的脉冲信号时,可以控制每个功率开关器件导通180°或120°,相邻两个开关器件的导通时间互差60°。逆变器三个桥臂上部和下

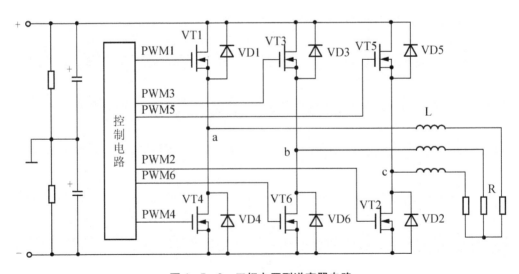

图1-5-8 三相电压型逆变器电路

部开关元件以 180°间隔交替开通和关断，VT1~VT6 以 60°的电位差依次开通和关断，在逆变器输出端形成 a、b、c 三相电压。

控制电路输出的开关控制信号可以是方波、阶梯波、脉宽调制方波、脉宽调制三角波和锯齿波等，其中后三种脉宽调制的波形都是以基础波作为载波，正弦波作为调制波，最后输出正弦波波形。普通方波和被正弦波调制的方波的区别如图 1-5-9 所示，与普通方波信号相比，被调制的方波信号是按照正弦波规律变化的系列方波信号，即普通方波信号是连续导通的，而被调制的方波信号要在正弦波调制的周期内导通和关断 N 次。

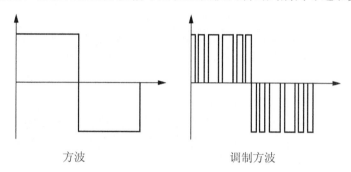

图 1-5-9　方波与被调制方波波形

电流型逆变器的直流输入电源是一个恒定的电流源，需要调制的是电流，若一个矩形电流注入负载，电压波形则是在负载阻抗的作用下生成的。在电流型逆变器中，有两种不同的方法控制基波电流的幅值，一种方法是直流电流源的幅值变化法，这种方法使得交流电输出侧的电流控制比较简单；另一种方法是用脉宽调制来控制基波电流。三相电流型逆变器的基本电路如图 1-5-10 所示。该电路由 6 只功率开关器件和 6 只阻断二极管以及直流恒流电源、浪涌吸收电容等构成，R 为用电负载。

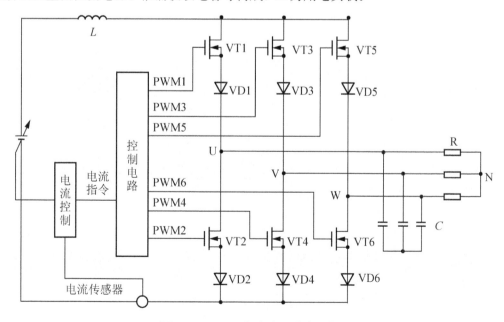

图 1-5-10　三相电流型逆变器电路

电流型逆变器的特点是在直流电输入侧接有较大的滤波电感,当负载功率因数变化时,交流输出电流的波形不变,即交流输出电流波形与负载无关。电路结构上与电压型逆变器不同的是,电压型逆变器在每个功率开关元件上并联了一个续流二极管,而电流型逆变器则是在每个功率开关元件上串联了一个反向阻断二极管。

与三相电压型逆变器电路一样,三相电流型逆变器也是由三组上下一对的功率开关元件构成,但开关动作的方法与电压型的不同。由于在直流输入侧串联了大电感L,使直流电流的波动变化较小,当功率开关器件开关动作和切换时,都能保持电流的稳定和连续。因此,一个桥臂中上边开关元件 VT1、VT3、VT5 中的一个和下边开关元件 VT2、VT4、VT6 中的一个,均可按每隔 1/3 周期分别流过一定值的电流,输出的电流波形是高度为该电流值的 120°通电期间的方波。另外,为防止连接感性负载时电流急剧变化而产生浪涌电压,在逆变器的输出端并联了浪涌吸收电容。

三相电流型逆变器的直流电源即直流电流源是利用可变电压的电源通过电流反馈控制来实现的。但是,仅用电流反馈不能减少因开关动作形成的逆变器输入电压的波动而使电流随着波动,所以在电源输入端串入了大电感(电抗器)L。电流型逆变器有着独特的优势,非常适合在并网型光伏发电系统中的应用。

3. 并网型逆变器的电路原理

并网逆变器是并网型光伏发电系统的核心部件。与离网型光伏逆变器相比,并网逆变器不仅要将光伏电池组件发出的直流电转换为交流电,还要对交流电的电压、电流、频率、相位与同步等进行控制,还要解决对电网的电磁干扰、自我保护、单独运行和孤岛效应以及最大功率跟踪等技术问题,因此对并网型逆变器要有更高的技术要求。图 1-5-11 所示为并网光伏逆变系统结构示意图。

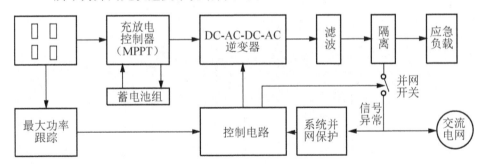

图 1-5-11 并网光伏逆变系统结构

1) 并网逆变器的技术要求

光伏发电系统并网运行,对逆变器提出了较高的技术要求。

(1) 要求逆变器必须输出正弦波电流。光伏系统馈入公用电网的电力,必须满足电网规定的指标,如逆变器的输出电流不能含有直流分量,高次谐波必须尽量减少,不能对电网造成谐波污染。

(2) 要求逆变器在负载和日照变化幅度较大的情况下均能高效运行。光伏发电系统的能量来自太阳能,而日照强度随着气候而变化,所以工作时输入的直流电压变化较大,这就要求逆变器在不同的日照条件下都能高效运行。同时要求逆变器本身也要有较高的逆变效率，一般中小功率逆变器满载时的逆变效率要求达到85%～90%，大功率逆变器满载时的逆变效率要求达到90%～95%。

（3）要求逆变器能使光伏阵列始终工作在最大功率点状态。光伏阵列的输出特性具有非线性关系，这就要求逆变器具有最大功率跟踪功能，即不论日照、温度等如何变化，都能通过逆变器的自动调节实现光伏阵列的最佳运行。

（4）要求具有较高的可靠性。许多光伏发电系统处在边远地区和无人值守和维护的状态，这就要求逆变器要具有合理的电路结构和设计，具备一定的抗干扰能力、环境适应能力、瞬时过载保护能力以及各种保护功能，如输入直流极性接反保护、交流输出短路保护、过热保护、过载保护等。

（5）要求有较宽的直流电压输入适应范围。光伏阵列的输出电压会随着负载和日照强度、气候条件的变化而变化，对于接入蓄电池的并网光伏系统。虽然蓄电池对光伏阵列输出电压具有一定的钳位作用，但由于蓄电池本身电压也随着蓄电池的剩余电量和内阻的变化而波动，特别是不接蓄电池的光伏发电系统或蓄电池老化时的光伏发电系统，其端电压的变化范围很大。例如一个接12V蓄电池的光伏发电系统，它的端电压会在11～17V之间变化。这就要求逆变器必须在较宽的直流电压输入范围内都能正常工作，并保证交流输出电压的稳定。

（6）要求逆变器要体积小、重量轻，以便于室内安装或墙壁上悬挂。

（7）要求在电力系统发生停电时，并网型光伏发电系统即能独立运行，又能防止孤岛效应，能快速检测并切断向公用电网的供电，防止触电事故的发生。待公用电网恢复供电后，逆变器能自动恢复并网供电。

2）并网逆变器的电路原理

三相并网逆变器输出电压一般为交流380V或更高电压，频率为50/60Hz，其中50Hz为中国和欧洲标准，60Hz为美国和日本标准。三相并网逆变器多用于容量较大的光伏发电系统，输出波形为标准正弦波，功率因数接近1.0。

三相并网逆变器的电路原理如图1-5-12所示。电路分为主电路和微处理器电路两部分。其中主电路主要完成DC-DC、DC-AC的转换和逆变过程。微处理器电路主要完成系统并网的控制过程。系统并网控制的目的是使逆变器输出的交流电压幅值、波形、相位等维持在规定的范围内，因此，微处理器控制电路要完成电网、相位实时检测、电流相位反馈控制、光伏阵列最大功率跟踪以及实时正弦波脉宽调制信号发生等内容，具体工作过程如下：公用电网的电压和相位经过霍尔电压传感器送给微处理器的A/D转换器，微处理器将回馈电流的相位与公用电网的电压相位做比较，其误差信号通过PID运算器运算调节后送给PWM脉宽调制器，这就完成了功率因数为1的电能网馈过程。微处理器完成的另一项主要工作是实现光伏阵列的最大功率输出。光伏阵列的输出电压和电流分别由电压、电流传感器检测并相乘，得到方阵输出功率，然后调节PWM输出占空比。这个占空比的调节实质上就是调节回馈电压大小，从而实现最大功率寻优。当U的幅值变化时，回馈电流与电网电压之间的相位角也将有一定的变化。由于电流相位已实现了反馈控制，因此自然实现了相位有幅值的解耦控制，使微处理器的处理过程更简便。

单相并网逆变器输出电压为交流220V或110V等，频率为50Hz，波形为正弦波，多

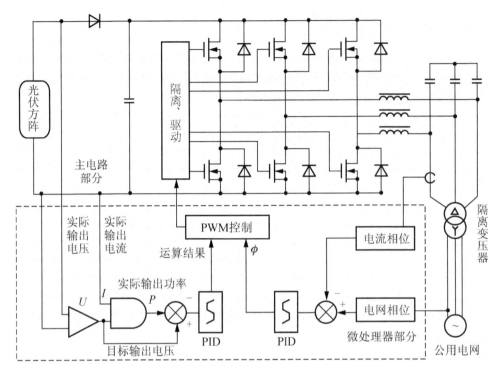

图 1-5-12 三相并网光伏逆变器电路

用于小型的户用系统。单相并网逆变器电路原理如图 1-5-13 所示。其逆变和控制过程与三相并网逆变器基本类似。

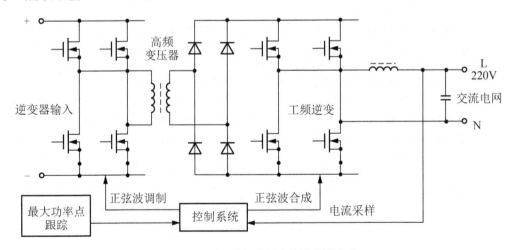

图 1-5-13 单相并网光伏逆变器电路

4. 逆变器的性能特点

掌握和了解光伏逆变器的性能特点和技术参数,对于考察、评价和选用光伏逆变器有着积极的意义。

1) 离网型逆变器主要性能特点

(1) 采用 16 位单片机或 32 位 DSP 微处理器进行控制。

(2) 太阳能充电采用 PWM 控制模式，大大提高了充电效率。

(3) 采用数码或液晶显示各种运行参数，可灵活设置各种定值参数。

(4) 方波、修正波、正弦波输出。纯正弦波输出时，波形失真率一般小于 5%。

(5) 稳压精度高，额定负载状态下，输出精度一般不大于±3%。

(6) 其有缓起动功能，避免对蓄电池和负载的大电流冲击。

(7) 高频变压器隔离，体积小、重量轻。

(8) 配备标准的 RS232/485 通信接口，便于远程通信和控制。

(9) 可在海拔 5500m 以上的环境中使用。适应环境温度范围为 $-20\sim 50$℃。

(10) 具有输入接反保护、输入欠压保护、输入过压保护、输出过压保护、输出过载保护、输出短路保护、过热保护等多种保护功能。

2) 并网型逆变器主要性能特点

(1) 功率开关器件采用新型 IPM 模块，大大提高系统效率。

(2) 采用 MPPT 自寻优技术实现太阳电池最大功率跟踪，最大限度地提高系统的发电量。

(3) 液晶显示各种运行参数，人性化界面，可通过按键灵活设置各种运行参数。

(4) 有多种通信接口可以选择，可方便地实现上位机监控(上位机是指：可以直接发出操控命令的计算机，屏幕上显示各种信号变化如电压、电流、水位、温度、光伏发电量等)。

(5) 具有完善的保护电路，系统可靠性高。

(6) 具有较宽的直流电压输入范围。

(7) 可实现多台逆变器并联组合运行，简化光伏发电站设计，使系统能够平滑扩容。

(8) 具有电网保护装置，具有防孤岛保护功能。

5. 光伏逆变器的主要技术参数

1) 额定输出电压

光伏逆变器在规定的输入直流电压允许的波动范围内，应能输出额定的电压值，一般在额定输出电压为单相 220V 和三相 380V 时，电压波动偏差有如下规定。

(1) 在稳定状态运行时，一般要求电压波动偏差不超过额定值的±5%。

(2) 在负载突变时，电压偏差不超过额定值的±10%。

(3) 在正常工作条件下，逆变器输出的三相电压不平衡度不应超过 8%。

(4) 输出的电压波形(正弦波)失真度一般要求不超过 5%。

(5) 逆变器输出交流电压的频率在正常工作条件下其偏差应在 1% 以内。GB/T 19064—2003 规定的输出电压频率应在 49～51Hz 之间。

2) 负载功率因数

负载功率因数大小表示了逆变器带感性负载的能力，在正弦波条件下负载功率因数为 0.7～0.9。

3) 额定输出电流和额定输出容量

额定输出电流是表示在规定的负载功率因数范围内逆变器的额定输出电流，单位为

光伏发电系统的运行与维护

A；额定输出容量是指当输出功率因数为1(即纯电阻性负载)时，逆变器额定输出电压和额定输出电流的乘积，单位是kVA或kW。

4) 额定输出效率

额定输出效率是指在规定的工作条件下，输出功率与输入功率之比，通常应在70%以上。逆变器的效率会随着负载的大小而改变，当负载率低于20%和高于80%时，效率要低一些。标准规定逆变器的输出功率在大于等于额定功率的75%时，效率应大于等于80%。

5) 过载能力

过载能力是要求逆变器在特定的输出功率条件下能持续工作一定的时间，其标准规定如下。

(1) 输入电压与输出功率为额定值时，逆变器应连续可靠工作4h以上。

(2) 输入电压与输出功率为额定值的125%时，逆变器应连续可靠工作1min以上。

(3) 输入电压与输出功率为额定值的150%时，逆变器应连续可靠工作10s以上。

6) 额定直流输入电压

额定直流输入电压是指光伏发电系统中输入逆变器的直流电压，小功率逆变器输入电压一般为12V和24V，中、大功率逆变器电压有24V、48V、110V、220V和500V等。

7) 额定直流输入电流

额定直流输入电流是指太阳能光伏发电系统为逆变器提供的额定直流工作电流。

8) 直流电压输入范围

光伏逆变器直流输入电压允许在额定直流输入电压的90%～120%范围内变化，而不影响输出电压的变化。

9) 使用环境条件

(1) 工作温度：逆变器功率器件的工作温度直接影响到逆变器的输出电压、波形、频率、相位等许多重要特性，而工作温度又与环境温度、海拔高度、相对湿度以及工作状态有关。

(2) 工作环境：对于高频高压型逆变器，其工作特性和工作环境、工作状态有关。在高海拔地区，空气稀薄，容易出现电路极间放电，影响工作。在高湿度地区则容易结露，造成局部短路。因此逆变器都规定了适用的工作范围。

光伏逆变器的正常使用条件为：环境温度-20～+50℃，海拔≤5500m，相对湿度≤93%，且无凝露。当工作环境和工作温度超出上述范围时，要考虑降低容量使用或重新设计定制。

10) 电磁干扰和噪声

逆变器中的开关电路极容易产生电磁干扰，容易在铁芯变压器上因振动箍产生噪声。因而在设计和制造中都必须控制电磁干扰和噪声指标，使之满足有关标准和用户的要求。其噪声要求是：当输入电压为额定值时，在设备高度的1/2、正面距离为3m处用声级计分别测量50%额定负载和满载时的噪声应小于等于65dB。

11) 保护功能

太阳能光伏发电系统应该具有较高的可靠性和安全性，作为光伏发电系统重要组成部分的逆变器应具有如下保护功能。

（1）欠压保护：当输入电压低于规定的欠压断开（LVD）值时，逆变器应能自动关机保护。

（2）过电流保护：当工作电流超过额定值的150%时，逆变器应能自动保护。当电流恢复正常后，设备又能正常工作。

（3）短路保护：当逆变器输出短路时，应具有短路保护措施，短路排除后，设备应能正常工作。

（4）极性反接保护：逆变器的正极输入端与负极输入端反接时，逆变器应能自动保护。待极性正接后，设备应能正常工作。

（5）雷电保护：逆变器应有雷电保护功能，其防雷器件的技术指标应能保证吸收预期的冲击能量。

12）安全性能要求

（1）绝缘电阻：逆变器直流输入与机壳间的绝缘电阻应大于等于50MΩ，逆变器交流输出与机壳间的绝缘电阻应大于等于50MΩ。

（2）绝缘强度：逆变器的直流输入，与机壳间应能承受频率为50Hz、正弦波交流电压为500V、历时1min的绝缘强度试验，无击穿或飞弧现象。逆变器交流输出与机壳间应能承受频率为50Hz，正弦波交流电压为1500V，历时1min的绝缘强度试验，无击穿或飞弧现象。

6. 逆变器的配置选型

光伏逆变器是光伏发电系统的重要组成部分，为了保证光伏发电系统的正常运行，对逆变器的正确配置选型显得尤为重要。逆变器的配置选型除了要根据整个光伏发电系统的各项技术指标并参考生产厂家提供的产品样本手册来确定外，一般还要重点考虑下列几项技术指标。

1）额定输出功率

额定输出功率表示逆变器向负载供电的能力。额定输出功率高的逆变器可以带更多的用电负载。选用逆变器时应首先考虑具有足够的额定功率，以满足最大负荷下设备对电功率的要求，以及系统的扩容及一些临时负载的接入。当用电设备以纯电阻性负载为主或功率因数大于0.9时，一般选取逆变器的额定输出功率比用电设备总功率大10%～15%。

2）输出电压的调整性能

输出电压的调整性能表示逆变器输出电压的稳压能力。一般逆变器产品都给出了当直流输入电压在允许波动范围变动时，该逆变器输出电压的波动偏差的百分率，通常称为电压调整率。高性能的逆变器应同时给出当负载由0向100%变化时，该逆变器输出电压的偏差百分率，通常称为负载调整率。性能优良的逆变器的电压调整率应小于等于±3%，负载调整率应小于等于±6%。

3）整机效率

整机效率表示逆变器自身功率损耗的大小。容量较大的逆变器还要给出满负荷工作和低负荷工作下的效率值。一般kW级以下的逆变器的效率应为80%～85%，10kW级的效率应为85%~90%,更大功率的效率必须在90%~95%。逆变器的效率高低对光伏发电系统提高有效发电量和降低发电成本有重要影响,因此选用逆变器要尽量进行比较,选择整机效率高一些的产品。

4)起动性能

逆变器应保证在额定负载下可靠起动。高性能的逆变器可以做到连续多次满负荷起动而不损坏功率开关器件及其他电路。小型逆变器为了自身安全,有时采用软起动或限流起动措施或电路。

以上几条是作为逆变器设计和选购的主要依据,也是评价逆变器技术性能的重要指标。光伏逆变器选型时一般是根据光伏发电系统设计确定的直流电压来选择逆变器的直流输入电压,根据负载的类型确定逆变器的功率和相数,根据负载的冲击性决定逆变器的功率余量。逆变器的持续功率应该大于使用负载的功率,负载的起动功率要小于逆变器的最大冲击功率。在选型时还要考虑为光伏发电系统将来的扩容留有一定的余量。

在离网型光伏发电系统中,系统电压的选择应根据负载的要求而定。负载电压要求越高,系统电压也应尽量高,当系统中没有12V直流负载时,系统电压最好选择24V、48V或以上,这样可以使系统直流电路部分的电流变小。系统电压越高,系统电流就越小,从而可以使系统损耗变小。

在并网型光伏发电系统中,逆变器的输入电压是每块(每串)光伏组件峰值输出电压或开路电压的整数倍(如17V、34V或21V、42V等),并且在工作时,系统工作电压会随着太阳辐射强度随时变化。因此,并网型逆变器的输入电流、电压有一定的输入范围。

1.5.2 逆变器的安装与电气连接

1. 安装流程

逆变器的总体安装流程见表1-5-2。

表1-5-2 逆变器安装流程及说明

安装步骤	安装说明
安装前准备	产品配件是否齐全; 安装工具以及零件是否齐全; 安装环境是否符合要求
机械安装	安装的布局; 移动、运输逆变器
电气连接	直流侧接线; 交流侧接线; 接地连接; 通信线连接
安装完成检查	光伏阵列的检查; 交流侧接线检查; 直流侧接线检查; 接地、通信以及附件连接检查

2. 安装前准备

1) 产品配件

安装前,检查逆变器是否在运输过程中有损坏。若检查到任何损坏情况请与运输公司或直接与生产公司联系。根据包装内的装箱单,检查交付内容是否完整。

2) 安装工具

安装需要使用的工具以及零件有扳手、剥线钳、断线钳、螺钉刀、兆欧表以及万用表。

3) 基本安装要求

具有防护等级 IP20 的逆变器仅允许安装在干燥、灰尘少的室内环境。为了确保逆变器能够安全、高效地运转,在选择安装环境时,应必须严格遵守以下的事宜。

(1) 不能将逆变器安装在阳光直射的位置,否则可能会引起逆变器内部温度的升高,导致逆变器为保护内部元件而降额运行,甚至引起逆变器的温度故障。

(2) 所选择安装场地环境温度和湿度要满足逆变器工作条件所规定的范围,且逆变器前后左右、顶部与墙面预留足够的距离以保证通风散热。操控室的进风口和出风口必须有专业的防尘防风沙防雨淋设计。

(3) 选择安装场地应足够坚固、干燥平坦,确保地面水平不晃动,且可以完全承载逆变器的重量。

(4) 所选择安装场地保持一种无尘的环境,避免过滤器阻塞和冷却系统故障。安装在高污染的环境内的逆变器,应缩短空气过滤器的检测和记录间隔。

(5) 逆变器前方应留有足够间隙使得易于观察数据、容易操作以及维修,保证设备与周围物体之间允许的最小空间间隔。应考虑有些需要操作的零件(主开关,急停开关)应安装在柜体的前门,而且须考虑避免误操作措施。

(6) 尽量安装在远离居民生活的地方,其运行过程中会产生一些噪声。

(7) 机柜应安装在室内,应尽可能地靠近变压器。

3. 电气连接

在对逆变器进行电气连接的整个过程中,需遵守安全操作法则:断开逆变器的所有外部连接,以及与设备内部供电电源的连接;确保逆变器不会被意外重新上电;使用万用表确保逆变器内部已完全不带电;实施必要的接地和短路连接;对操作部分的临近可能带电部件,使用绝缘材质的布料进行绝缘遮盖。逆变器电气安装包括直流侧电气连接、交流侧电气连接、接地连接和通信线缆连接。

1) 直流侧接线

直流侧电气连接应注意在设计光伏阵列时,务必确保每路光伏组件串列的电压不超过逆变器允许的电压,否则将造成逆变器损坏;在设计光伏阵列时,务必确保整个光伏阵列总短路电流不能超过逆变器最大允许电流,否则将造成逆变器损坏;光伏组件串列应该保持统一的结构,包括相同型号相同数量、一致倾角和一致朝向;逆变器所提供的正极和负极连接器都标注相应极性。进行装配过程应选择不同的颜色线缆以作区分，如：正极用红色电缆，负极用蓝色电缆。为保证各路光伏组件串列之间的平衡，所选的各路直流线缆应具有相同的横截面积。直流侧连接步骤如下。

（1）确认逆变器前级的汇流箱及直流配电柜的断路器均为断开状态。

（2）剥掉电缆末端的绝缘皮，电缆末端的绝缘皮剥掉的长度应为接线端子压线孔的深度另加 5mm 左右。

（3）压接接线端子。

（4）安装热缩套管，用热吹风机使热缩套管缩紧。

（5）用螺钉刀或扳手紧固螺钉，将接线端子压接在直流接线铜排上。

（6）确认接线牢固。

2）交流侧接线

交流侧电气连接时，为了保证接线人员人身安全，应配置合适规格的交流断路器作为保护设备。根据负载电流大小选择合适的电缆。L、N 及地线应配置不同颜色电缆以作区分，请参照有关线缆颜色标准。交流侧连接步骤如下。

（1）确认逆变器后级电网侧断路开关为断开状态。

（2）确定交流连接电缆的相序。

（3）剥掉电缆末端的绝缘皮，电缆末端的绝缘皮剥掉的长度应为接线端子压线孔的深度另加 5mm 左右。

（4）压接接线端子。

（5）安装热缩套管，用热吹风机使热缩套管缩紧。

（6）用螺钉刀或扳手紧固螺钉，将接线端子压接在交流接线铜排上，分别完成交流输出 L1、L2、L3 线缆到隔离升压变压器低压侧绕组的 L1、L2、L3 连接，即 A(U)相、B(V)相、C(W)相，交流输出的"N"空置不接。

（7）确认接线牢固。

3）接地连接

接地连接必须符合项目所在国家/地区的接地标准及规范，接地连接与设备、接地极的连接必须紧固可靠，接地完毕后须测量接地电阻，阻值不得大于 4Ω。

4）通信线连接

单台逆变器的通信连接，只需将逆变器的 RS485 通信口 A1、B1 接 RS485/RS232 转换器，再连接到监控 PC 机即可。多台逆变器通信连接，逆变器通过 RS485/RS232 转换器与上位机 PC 机通信。通信线连接步骤如下。

（1）将需要连接到同一个接线端子的两根线缆末端剥掉绝缘皮。

（2）将裸露的铜线部分插入冷压端子，用压线钳压紧。

（3）将冷压端子接到通信端子上。

（4）两根线缆的屏蔽层拧成一束，用热缩套好后插入冷压端子压好。

为了保证通信质量，RS485 通信线缆需采用双绞屏蔽线。屏蔽线的屏蔽层连接后，在监控终端处采用单点接地的方式。

4. 安装完成检查

在试运行之前，应再次对设备的安装情况进行彻底检查，包括所有连接线缆均已连接牢固，所有螺钉均已紧固到位；直流侧电压符合逆变器要求且极性正确；交流侧电压符合逆变器要求；确保系统的所有连接均符合相关标准与规范的各项要求；确保系统已良好接地。接地电阻对整个系统安全具有决定意义，因此必须在首次试运行之前确保接地电阻符合要求。

1）检查线缆连接

对照系统接线原理图，再次仔细检查所有线缆连接是否正确、牢固和完好情况；检查逆变器交流侧的 PE 接地铜排已连接至电气操控室内的等电位连接点，并良好接地。

2）检查逆变器

在逆变器上电前，需确保交直流断路器都处于断开状态；启停旋钮旋于"START"位置，并可正常工作；紧急停机按钮已经放开，并可正常工作；逆变器及其前后级的各种电气开关、按钮操作灵活，符合规范要求。

3）检查光伏阵列

在逆变器开机之前，对现场的光伏阵列进行检查。各直流主电缆的电压应该相同，并且不得超过逆变器的最大直流允许电压。同时，应仔细检查各条直流主电缆的极性，只要其中一条直流主电缆的极性出现错误，都有可能导致光伏组件的损坏。

4）检查逆变器直流侧

检查逆变器 DC 端的正负极与光伏阵列正负极是否正确；测量每一个 DC 输入的（开路）电压；在稳定天气条件下，检查电压偏差，若偏差大于 3%，可能是出现了光伏阵列线路故障、电缆损坏或接线松动。

5）检查逆变器交流侧

精确测量交流电网侧三组线电压，测量值应不超过逆变器交流侧的允许电网电压范围，且三相平衡；精确测量交流电网侧频率，测量值应不超过逆变器交流侧的允许电网频率范围；如果有条件的情况下，测量每相电压的 THD（总谐波失真）。若畸变情况严重，逆变器可能无法运行。

6）检查通信及附件

检查 RS485 通信线缆的连接是否正确、牢固，屏蔽层是否良好接地。

任务六　交流配电柜

在上一任务中我们学习了光伏系统中的逆变器，按照光伏并网系统中电力的传输，逆变出的交流电需要进入交流配电柜进行汇总与分配。那么交流配电系统由哪些组成？交流配电柜的作用和原理是什么？交流配电柜是如何进行安装与接线的？带着这些问题我们来完成本任务的学习。

1.6.1 认识交流配电柜

1. 光伏电站交流配电系统构成

交流配电系统是用来接收和分配交流电能的电力设备，主要由控制电路（断路器、隔离开关、负荷开关等）、保护电器（熔断器、继电器、避雷器等）、测量电器（电流互感器、电压互感器、电压表、电流表、电度表、功率因素表等），以及母线和载流导体等组成。在内部构成上，可分为一次主接线回路和二次仪表显示测量回路，作为动力、照明及配电设备的电能转换、分配与控制之用，方便停、送电，起到计量、故障显示、判断停、送电的作用。

中小型光伏电站一般供电范围较小，采用低压交流供电基本可以满足用电需求。因此，低压配电系统即我们通常所说的低压交流配电柜在光伏电站中就成为连接逆变器和交流负载的一种接收和分配电能的电力设备。在并网型光伏系统中，通过交流配电系统（交流配电柜）为逆变器提供输出接口，配置交流断路器经变压器后直接并网或直接提供给交流负载使用。在光伏发电系统发生故障时，不会影响到自身与电网或负载的安全，同时可确保工作人员的安全。在并网光伏发电系统中的交流配电柜，除控制电器、测量仪表、保护电器以及母线和载流导体之外，还须配置电能质量分析仪。图1-6-1所示为三相并网光伏发电系统交流配电柜的构成示意图。

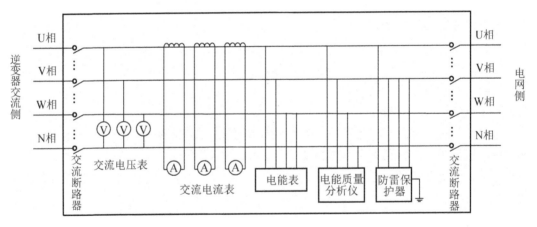

图1-6-1 三相并网光伏发电系统交流配电柜的构成示意图

2. 光伏电站交流配电系统主要功能、原理及分类

1) 交流配电系统功能与基本原理

由于投资有限，我国边远无电地区所建电站的规模还不能满足当地的用电需求，为增加光伏电站的供电可靠性，同时减少蓄电池的容量和降低系统成本，各电站都配有柴油或风光互补等多种形式的发电机组作为备用电源。后备电源的作用是：第一，当蓄电池亏电而光伏阵列又无法及时补充充电时，可由备用发电机组经控制器等设备给蓄电池充电，并同时经过交流配电柜直接向负载供电，以保证供电系统正常运行；第二，当逆变器或其他部件发生故障，光伏发电系统无法正常供电时，作为应急电源，可起动后备电源经交流配电柜直接为用户供电。因此,交流配电系统除在正常情况下将逆变器输出的电力提供给负载外,还应在特殊情况下具有将后备应急电源输出的电力直接向用户供电的功能。

由此可见,独立运行光伏电站交流配电系统至少应有两路电源输入,一路用于从逆变器输入,一路用于后备电源输入。在配有备用逆变器的光伏发电系统中,其交流配电系统还应考虑增加一路输入。为确保逆变器和备用电源的安全,杜绝逆变器与备用电源同时供电的危险局面出现,交流配电系统的输入电源切换功能必须有绝对可靠的互锁装置,只要逆变器供电操作步骤没有完全排除干净,备用电源机组供电便不可能进行;同样,在备用电源机组通过交流配电系统向负载供电时,也必须确保逆变器绝对接不进交流配电系统。

交流配电系统的输出一般可根据用户要求设计。通常,独立光伏电站的供电保障率很难做到百分之百,为确保某些特殊负载的供电需求,交流配电系统至少应有两路输出,这样就可以在蓄电池电量不足的情况下,切断一路普通负载,确保向主要负载继续供电。在某些情况下,交流配电系统的输出还可以是三路或四路的,以满足不同的需求。例如,有的地方需要远程送电,应进行高压输配电;有的地方需要为政府机关、银行、通信等重要单位设立供电专线等。

常用光伏电站交流配电系统主电路的基本原理结构,如图1-6-2所示。

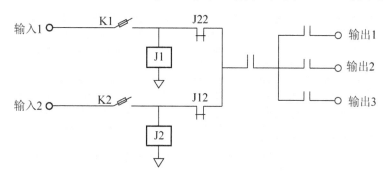

图1-6-2 交流配电系统主电路的基本原理结构示意图

图中所示为两路输入、三路输出的配电结构。其中,K1、K2是隔离开关。接触器J1和J2用于两路输入的互锁控制,即:当输入1有电并闭合K1时,接触器K1线圈有电、吸合,接触器J12将输入2断开;同理,当输入2有电并闭合K2时,接触器J22自动断开输入1,起到互锁保护的功能。另外,配电系统的三路输出分别由3个接触器进行控制,可根据实际情况及各路负载的重要程度分别进行控制操作。

2)交流配电系统的分类

交流配电系统按照设备场所不同,可分为户内配电系统和户外配电系统;按照电压等级,可分为高压配电系统和低压配电系统;按照结构形式,可分为装配式配电系统和成套式配电系统。

按柜体结构特征和用途分类如下。

(1)固定面板式开关柜,常称开关板或配电屏。它是一种有面板遮拦的开启式开关柜,正面有防护作用,背面和侧面仍能触及带电部分,防护等级低,只能用于对供电连续性和可靠性要求较低的工矿企业，作变电室集中供电用。

（2）防护式（即封闭式）开关柜，指除安装面外其他所有侧面都被封闭起来的一种低压开关柜。这种柜子的开关、保护和监测控制等电气元件，均安装在一个用钢或绝缘材料制成的封闭外壳内，可靠墙或离墙安装。柜内每条回路之间可以不加隔离措施，也可以采用接地的金属板或绝缘板进行隔离。通常门与主开关操作有机械联锁。另外还有防护式台型开关柜（即控制台），面板上装有控制、测量、信号等电器。防护式开关柜主要用作工艺现场的配电装置。

（3）抽屉式开关柜。这类开关柜采用钢板制成封闭外壳，进出线回路的电器元件都安装在可抽出的抽屉中，构成能完成某一类供电任务的功能单元。功能单元与母线或电缆之间，用接地的金属板或塑料制成的功能板隔开，形成母线、功能单元和电缆三个区域。

每个功能单元之间也有隔离措施。抽屉式开关柜有较高的可靠性、安全性和互换性，是比较先进的开关柜，目前生产的开关柜，多数是抽屉式开关柜。它们适用于要求供电可靠性较高的工矿企业、高层建筑，作为集中控制的配电中心。

（4）动力、照明配电控制箱。多为封闭式垂直安装。因使用场合不同，外壳防护等级也不同。它们主要作为工矿企业生产现场的配电装置。

按柜体结构分类的交流配电柜外观如图1-6-3所示。

(a) 固定面板式开关柜

(b) 防护式开关柜

(c) 抽屉式开关柜

(b) 照明配电控制箱

图1-6-3 按柜体结构分类的交流配电柜外观

3. 对交流配电柜的主要要求及保护功能

1）通用要求

（1）动作准确，运行可靠。

(2) 在发生故障时，能够准确、迅速地切断事故电流，避免事故扩大。

(3) 以一定的操作频率工作时，具有较高的机械寿命和电气寿命。

(4) 电器元件之间在电气、绝缘和机械等各方面的性能能够配合协调。

(5) 工作安全，操作方便，维修容易。

(6) 体积小，重量轻，工艺好，制造成本低。

(7) 设备自身能耗小。

2) 技术要求

(1) 选择成熟可靠的设备和技术。在光伏发电系统设计过程中，交流配电柜的功能设计、结构、性能、安装等方面的技术要求应符合相应的国家标准。为确保产品的可靠性，一次配电盒二次控制回路均应采用成熟可靠的电子线路。可选用符合国家技术标准的 PGL 型低压交流配电柜，这是用于发电厂、变电站交流 50Hz、额定工作电压不超过 380V 低压配电系统中的统一设计产品。目前国内常用交流配电柜技术规范引用标准见表 1-6-1。

表 1-6-1 技术规范引用标准

标准(文件)号	标准(文件)名称
GB 50054	低压配电设计协议
GB 998	低压电器基本试验方法
GB 1497	低压电器基本标准
GB 4942—2	低压电器外壳防护等级
GB 7251—1	低压成套开关设备和控制设备
GB/T 3859—1	半导体变流器基本要求的规定
GB/T 7261	继电器及继电器保护装置基本试验方法
GB/T 17626—2	电磁兼容试验和测量技术 静电放电抗扰度试验
GB/T 17626—12	电磁兼容试验和测量技术 振荡波抗扰度试验
DL/T 5136	火力发电厂、变电所二次接线设计技术规程
DL/T 5137	电测量及电能计量装置设计技术规程
生产输电［2003］95 号	国家电网公司电力生产设备评估管理办法
生产输电［2003］29 号	国家电网公司关于加强电力生产技术监督工作意见
国调［2005］222 号	《国家电网公司十八项电网重大反事故措施》(试行)继电保护专业重点实施要求

(2) 充分考虑高海拔地区的自然环境条件。按照有关电气产品的技术规定，通常低压电气设备的使用环境都限定在海拔 2000m 以下，而诸如高原地区的光伏电站大都位于海拔 4500m 以上，远远超出这一规定。高海拔地理位置的主要气候是气压低、温差大、太阳辐射强、空气密度低，随着海拔高度的增加，大气压力和相对密度下降，电气设备的外绝缘强度也随之下降。因此，在设计和选用配电系统时，必须充分考虑不同环境对电气设备的不利影响。按照国家标准 GB 311—2005 的规定，安装在海拔高度超过 1000m

（但未超过3500m）的电气设备，在平地进行试验时，其外部绝缘的冲击和工频试验电压U应等于国家标准规定的标准状态下的试验电压U_0再乘以一定的系数，即式(1-1)。其中，H为安装地点的海拔高度，例如以5000m代入公式，则$U=1.667U_0$。

$$U = U_0 \frac{1}{1.1 - H \times 1000^{-1}} \tag{1-1}$$

我国低压电器设备的耐压试验电压通常取2000V，用在海拔5000m处的低压电器设备的耐压试验电压应当为2800～3333V。

绝缘试验电压之所以要求增高，是因为高海拔处空气相对密度下降，而使击穿电压下降，如式(1-2)所示。

$$U = U_0 \frac{K_d}{K_n} \tag{1-2}$$

式中：U_0——标准状态下外绝缘的击穿电压；

U——实际状态下外绝缘的击穿电压；

K_d——空气密度校正系数；

K_n——湿度校正系数。

K_n变化不大，通常为0.9～1；$K_d=\delta^m$，m通常取1。统计材料表明，我国海拔5000m处的平均大气压为415×133.3Pa，相当于大气压力的54%，而平均空气密度仅为0.594g/cm³，故$U=0.594U_0$。这表明，在海拔5000m高的地区，电气设备的绝缘强度下降40%，绝缘试验电压须提高50%～60%。因此，对配电系统中的所有电气元件必须严格考核其绝缘耐压强度，而且彼此间应有足够的绝缘距离，以免击穿。在这种条件下，当断开直流电路时极易产生拉弧现象，因此所有的直流开关、继电器、接触器的执行接点均应加装在耐压强度足够高的电容灭弧装置。

由于高原空气稀薄，散热条件比平原要差，凡发热部件均应采取良好的散热装置。

（3）交流配电柜面板电表。交流配电柜前面板应有：电流表，用于读出三相电流；电压表，用于监测各相电压；功率因数表，用于测量逆变器/柴油发电机组等备用电源的输出功率因数。另外，交流配电柜还应有电度表，以分别记录光伏电站的供电电量、柴油发电机组等的发电电量。电度表应安装在便于查看的位置。查电度表时应注意：实际电量应等于电度表的读数乘以互感器变比。例如，互感器变比为200：5，电度表读数为215，则实际计测的电量为215×40=8600(kWh)。

除上述电表外，交流配电柜还应有所有的输入、输出通断显示。

3）结构要求

（1）散热。高海拔地区气压低，空气密度小，散热条件差，对低压电气设备影响大，必须在设计容量时留有较大余地，以降低工作时的温升。充分考虑到西藏地区的环境条件，按照上述设计要求，交流配电系统在设计上对低压电气元件的选用都应留有一定余地，以确保系统的可靠性。

（2）维护和维修。交流配电柜多采用开启式的双面维护结构，采用薄钢板及角钢焊接组合而成。屏前有可开启的小门，屏面上方有仪表板，可装设各种指示仪表。总之，配电柜结构应便于维护和维修。

(3) 接地。交流配电柜要具有良好的接地保护系统，主要地点一般焊接在机柜下方的骨架上，仪表盘也应有接地点与柜体相连，以便构成完整的接地保护电路，可靠地防止操作人员触电。

4) 保护功能

交流配电柜本身具备多种线路故障的保护功能。一旦发生保护动作，用户可根据情况进行处理，排除故障，恢复供电。

(1) 输出过载和短路保护。当输出电路有短路或过载等故障发生时，相应断路器会自动跳闸，断开输出。当有更严重的情况发生时，甚至会发生熔断器烧断。这时，应首先查明原因，排除故障，然后再接通负载。

(2) 输入欠压保护。当系统的输入电压降低到电源额定电压的35%～70%时，输入控制开关自动跳闸断电；当系统的输入电压低于额定电压的35%时，断路器开关不能闭合送电。此时要检查原因，使配电装置的输入电压升高，再恢复供电。

交流配电柜在用逆变器输入供电时，具有蓄电池欠压保护功能。当蓄电池放电达到一定深度时，由控制器发出切断负载的信号，控制配电柜中的负载继电器动作，切断相应负载。恢复送电时，只须进行按钮操作即可。

(3) 输入互锁功能。光伏电站交流配电柜最重要的保护，是两路输入的继电器盒断路器开关双重互锁保护。互锁保护功能是当逆变器输入或柴油等发电机组输入只有一路有电时，另一路继电器就不能闭合，即按钮操作失灵。也就是说，断路器开关互锁保护是只允许一路开关合闸通电，此时，如果另一路也合闸，则两路将同时掉闸断电。

4. 光伏系统低压交流配电柜主要参数和技术指标

1) 电气参数

(1) 额定绝缘电压：在规定条件下，用来度量电器及其部件的不同电位部分的绝缘强度、电气间隙和爬电距离的标准电压值。电器的额定绝缘电压应高于或等于电源系统的额定电压。从标准的规定衡量一个电器产品如果有多种工作电压值，如380V（绝大多数产品的电压等级）和660V（常用于矿山），则其额定绝缘电压可定为660V。

(2) 额定频率：在单位时间内交流电重复变化的次数为频率，常用的市电频率是50～60Hz。

(3) 额定电流：在额定环境条件（环境温度、日照、海拔、安装条件等）下，电气设备的长期连续工作时允许电流。

(4) 额定峰值耐受电流：在规定的使用和性能条件下，开关设备和控制设备在合闸位置能够承载的额定短时耐受电流第一个大半波的电流峰值。额定峰值耐受电流应该等于2～5倍额定短时耐受电流。

(5) 额定短时耐受电流：在规定的使用和性能条件下，在规定的短时间内，开关设备和控制设备在合闸位置能够承载的电流的有效值。

2) 技术指标

光伏发电系统常用低压交流配电柜型号、技术参数见表1-6-2。

表1-6-2 常用低压交流配电柜型号、技术参数

技术参数\型号	GGD型	GCK(GCS)系列型	MNS型
额定绝缘电压	主电路：交流380V(660V)；辅电路：交流380V(220V)	额定绝缘电压660V；额定工作电压：380V、660V	额定绝缘电压660V；额定工作电压：380V、660V
额定频率	50Hz	50Hz	50Hz
额定电流	≤4000A	水平母线系统1600～3150A；垂直母线系统400～800A	水平母线系统630～5000A；垂直母线系统800～2000A（2000A不推荐）
额定短时耐受电流(1s)	50kA	水平母线80kA有效值/1s；垂直母线50kA有效值/1s	水平母线50～100/105～250kA；垂直母线系统60/130～150kA
环境温度	－5～＋40℃	－5～＋40℃	－20～＋50℃
相对湿度	95%（25℃）；＋20℃时可为90%	95%（25℃）；＋20℃时可为90%	95%（25℃）；＋20℃时可为90%
海拔高度	≤2000m	≤2000m	≤2000m

1.6.2 交流配电柜的安装与电气连接

1. 机械安装

1）整体安装接线工艺流程

交流配电柜的整体安装工艺流程如图1-6-4所示。

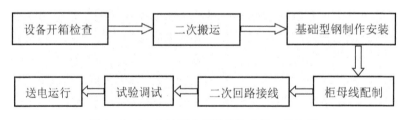

图1-6-4 交流配电柜的整体安装工艺流程

2）安装前准备

在安装前应先落实相关土建工作是否已经完成。

(1) 屋顶、楼板是否已施工完成，屋面、地面是否有渗漏现象。

(2) 配电房、设备房的室内装饰工程是否已全面完成。

(3) 各类预埋件是否已安装完成，是否符合设备安装条件。

(4) 房间门窗是否安装完成。

(5) 设备安装开始后不能再进行施工的其他工序是否全部完成。

3）设备开箱检查

(1) 设备和器材到达现场后。安装和建设单位应在规定期限内，共同进行开箱验收检

查,包装及密封应良好,制造厂的技术文件应齐全,型号、规格应符合设计要求,附件备件齐全。

(2)配电柜本体外观应无损伤及变形,油漆完整无损。配电柜内部电器装置及元件、绝缘瓷件齐全、无损伤及裂纹等缺陷。

以GGD型交流配电柜为例,其一般检查项目时具体内容见表1-6-3。

表1-6-3 交流配电柜设备检查项目

序号	检测项目	检测内容及方法	测试设备	标准要求			
1	零部件加工质量	① 按照设计图样及工艺文件检测零部件加工尺寸	直尺、钢卷尺、游标卡尺	① 设计图样未注公差时的允许偏差值			
				尺寸范围/mm	偏差值/mm		尺寸公差
					□	⊥	
				>100~400	±0.4	0.8	轴类用Ⅱ13 孔类用Ⅱ13 长度用Ⅱ14
				>400~100	±0.6	1.2	
				>1000~1600	±0.8	1.5	
				>1600~2500	±1.0	2.0	
				② 零部件边缘和开孔处应平整光滑、无裂口、毛刺高度<0~15mm			
2	结构外形尺寸	① 把柜体置于台上,高度测量四角,宽度和深度商量上、中、下三点,偏差尺寸按各部分最大值计算; ② 测量各平面垂直、平面度,平面度用1m钢直尺在任意位置测量。	直尺、钢卷尺、直角尺、塞尺	① 外形尺寸允许偏差值			
				尺寸范围/mm	偏差值/mm		
					高	宽	深
				>400~1000	±1.4	0~1.4	±1.4
				>1000~1600	±1.6	0~2.0	±1.6
				>1600~2500	±2.2	—	—
				② 柜体外形形状允许偏差值/mm			
				尺寸范围	400~1000	1000~1600	1600~2500
				偏差值 □		2.0	
				⊥	1.2	1.5	2.0
3	门面板	用直尺、塞尺测量门与门、门与挡板之间两两平行边的间隙	直尺、塞尺	① 两平行边之间允许偏差值			
				尺寸范围/mm	部位		
					同一缝隙均匀差	平行缝隙均匀差	
				<1000	1	2	
				>1000	1.5	2.5	
				② 门锁前后移动量<1.0mm			

续表

序号	检测项目	检测内容及方法	测试设备	标准要求
4	外观质量	① 检查柜体内外表面涂漆层质量； ② 检查所有电镀件的镀层质量； ③ 外壳防护等级 IP30	目测	① 涂漆层牢固、均称、在距产品 1m 处观察不应有明显的色差和反光； ② 电镀件的镀层均匀、牢固、不脱落、不生锈
5	电器元件	① 按设计图样核对柜内所装元器件型号、规格； ② 检查合格证明书	目测	① 柜内安装的所有电器元件必须为合格品，并附有合格证； ② 型号、规格符合设计图样要求； ③ 安装、调整符合有关技术文件要求
6	母线、绝缘导线	① 检查母线规格、导线型号、规格及加工质量； ② 检查母线、绝缘导线的安装配置质量		① 母线搭接面平整、自然吻合，连接紧密可靠，有防松措施，有防电化腐蚀措施； ② 安装配置层次分明，整齐美观，接线正确无误； ③ 符合设计图样及工艺文件要求
7	电气间隙及爬电距离	检测各导电回路带电部件之间及其与接金属构件之间的电气间隙和爬电距离	钢板尺	① 主回路各带电部件之间及其与接地金属构件之间的电气间隙和爬电距离应不小于 20mm； ② 符合 GB7251 第 6-1-2-1 规定
8	保护接地	① 检查接地符号是否明显； ② 检查接地电路的连续性		① 产品柜架、金属安装结构件，金属手动操作机构以及产品内主电路所装电器元件需接地的部件均应保证良好的接地连续性； ② 保护导体应有明显的标志； ③ 使用专用的保护接地螺栓或垫圈

4）配电柜的二次搬运

配电柜吊装时，柜体上有吊环时，吊索应穿过吊环；无吊环时，吊索应挂在四角主要承力结构处，不得将吊索挂在设备部件上吊装。吊索的绳长度应一致，以防受力不均，柜体变形或损坏部件。

在搬运过程中要固定牢靠，防止磕碰，避免元件、仪表及油漆的损坏。

5）配电柜组立

配电柜与基础型钢采取螺栓固定。

配电柜单独安装时，应找好配电柜正面和侧面的垂直度。

成列配电柜安装时，可先把每个配电柜调整到大致的位置上，就位后再精确地调整第一面配电柜，再以第一面配电柜的柜面为标准逐台进行调整。

配电柜组立安装后，盘面每米高的垂直度应小于 1.5mm，相邻两盘顶部的水平偏差应小于 2mm；成列安装时，盘顶部水平偏差应小于 5mm。

配电柜的安装可按安装示意图 1-6-5 进行，基础槽钢和螺栓由用户自备。主母线安装前应将搭接面修理平整，处理干净搪锡，然后用螺栓紧固。

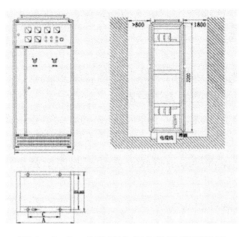

图 1-6-5 交流配电柜安装示意图举例

2. 交流配电柜的电气接线

1) 常用工具

台钻、手电钻、钻头、木钻、台钳、案子、冲击钻、电炉、电气焊工具、绝缘手套、铁剪子、点冲子、兆欧表、工具袋、工具箱、高凳等。

2) 空开连接

(1) 对于单相220V交流电源配电柜。

① 对于支路：空开选择小型断路器。

② 对于主路。

a. 无主空开不需连接。

b. 有主空开：选用塑壳式断路器。断路器的接线方式只有一种，如图1-6-6所示。

(2) 对于三相380V交流电源分配柜。

① 对于主路有主空开电路，选用塑壳式断路器。

② 对于分路：接线方式要根据输出连接的设备确定，分三种，接线图如图1-6-7所示。

a. 连接单相设备(空开选用平常所用的1P小空开)。

b. 连接三相设备(空开选用3P小空开)。

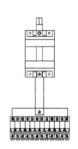

图 1-6-6 单相交流配电柜主空开线路连接方法

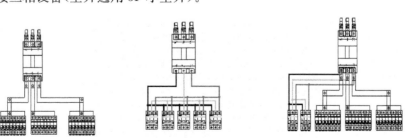

图 1-6-7 三相交流配电柜分路连接方法

c. 连接单相和三相设备(选用 1P 和 3P 小空开)。

3) 元器件安装与连接

(1) 安装前的准备。

① 所有元器件应按制造厂规定的安装条件进行安装。

② 确定元器件安装时所需要的灭弧距离。

③ 拆卸灭弧栅需要的空间等，对于手动开关的安装，必须保证开关的电弧对操作者不产生危险。

④ 检查产品型号、元器件型号、规格、数量等与图纸是否相符。

⑤ 检查元器件有无损坏。

⑥ 必须按图安装（如果有图）。

⑦ 元器件组装顺序应从板前视，由左至右，由上至下。

⑧ 同一型号产品应保证组装一致性。

⑨ 面板、门板上的元件中心线的高度应符合表 1-6-4 所示的规定。

表 1-6-4 面板门板元件中心线高度参考

元件名称	安装高度/m	元件名称	安装高度/m
指示仪表、指示灯	0.6~2.0	控制开关、按钮	0.6~2.0
电能计量仪表	0.6~1.8	紧急操作件	0.8~1.6

(2) 安装要求。

① 操作方便。元器件在操作时，不应受到空间的妨碍，不应有触及带电体的可能。

② 维修容易。能够较方便地更换元器件及维修连线。

③ 各种电气元件和装置的电气间隙、爬电距离应符合规定。

④ 保证一、二次线的安装距离。

⑤ 组装所用紧固件及金属零部件均应有防护层，对螺钉过孔、边缘及表面的毛刺、尖锋应打磨平整后再涂敷导电膏。

⑥ 对于螺栓的紧固应选择适当的工具，不得破坏紧固件的防护层，并注意相应的扭矩。

(3) 元器件接线。

① 主回路上面的元器件，一般电抗器、变压器需要接地，断路器不需要接地，图 1-6-8 所示中为电抗器接地图。

图 1-6-8 电抗器接地示意图

② 对于发热元件（例如管形电阻、散热片等）的安装应考虑其散热情况，安装距离应符合元件规定。额定功率为75W及以上的管形电阻器应横装，不得垂直地面竖向安装。

③ 所有电器元件及附件，均应固定安装在支架或底板上，不得悬吊在电器及连线上。

④ 接线面每个元件的附近有标牌，标注应与图纸相符。除元件本身附有供填写的标志牌外，标志牌不得固定在元件本体上，如图1-6-9(a)所示。

⑤ 标号应完整、清晰、牢固。标号粘贴位置应明确、醒目，如图1-6-9(b)所示。

⑥ 安装于面板、门板上的元件、其标号应粘贴于面板及门板背面元件下方，如下方无位置时可贴于左方，但粘贴位置尽可能一致，如图1-6-9(c)所示。

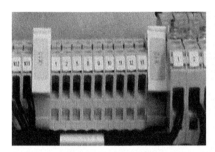
(a) 标志牌的粘贴

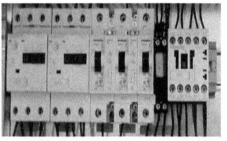
(b) 标号的粘贴

(c) 面板、门板上的标号的粘贴

图1-6-9 交流配电柜元件标牌、标号粘贴示意图

⑦ 保护接地的连续性。保护接地的连续性利用有效接线来保证。柜内任意两个金属部件通过螺钉连接时如有绝缘层均应采用相应规格的接地垫圈并注意将垫圈齿面接触零部件表面(红圈处)，或者破坏绝缘层。门上的接地处(红圈处)要加"抓垫"，防止因为油漆的问题而接触不好，而且连接线尽量短，如图1-6-10所示。

⑧ 母线、元件上预留端口接线得用螺栓拧紧。

⑨ 安装因振动易损坏的元件时，应在元件和安装板之间加装橡胶垫减震。

⑩ 对于有操作手柄的元件应将其调整到位，不得有卡阻现象，如图1-6-11所示。

4) 一次回路布线

(1) 一次配线应尽量选用矩形铜母线，当用矩形母线难以加工或电流小于等于100A时可选用绝缘导线。接地铜母排的截面面积＝电柜进线母排单相截面面积×1/2。模块化铜排接线如图1-6-12所示。

图1-6-10 交流配电柜的接地连接

图1-6-11 交流配电柜操作手柄调整

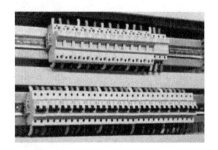

图1-6-12 交流配电柜模块化接线铜排

（2）铜母线载流量选择需查询有关文档，聚氯乙烯绝缘导线在线槽中，或导线成束状走行时，或防护等级较高时应适当考虑裕量。母线应避开飞弧区域。

（3）汇流母线应按设计要求选取，主进线柜和联络柜母线按汇流选取，分支母线的选择应以自动空气开关的脱扣器额定工作电流为准，如自动空气开关不带脱扣器，则以其开关的额定电流值为准。对自动空气开关以下有数个分支回路的，如分支回路也装有自动空气开关，仍按上述原则选择分支母线截面。如没有自动空气开关，比如只有刀开关、熔断器、低压电流互感器等则以低压电流互感器的一侧额定电流值选取分支母线截面。如果这些都没有，还可按接触器额定电流选取，如接触器也没有，最后才是按熔断器熔芯额定电流值选取。

（4）当交流主电路穿越形成闭合磁路的金属框架时，三相母线应在同一框孔中穿过。接线不规范，必须把进入线槽的大电缆外层都剥开，把所有导线压进线槽。

（5）电缆与柜体金属有摩擦时，需加橡胶垫圈以保护电缆。

（6）电缆连接在面板和门板上时，需要加塑料管和安装线槽。柜体出线部分为防止锋利的边缘割伤绝缘层，必须加塑料护套，如图1-6-13所示。

（7）柜体内任意两个金属零部件通过螺钉连接时如有绝缘层均应采用相应规格的接地垫圈，并注意将垫圈齿面接触零件表面，以保证保护电路的连续性。

（8）当需要外部接线时，其接线端子及元件接点距柜体底部距离不得小于200mm，且应为连接电缆提供必要的空间。

（9）提高柜体屏蔽功能，如需要外部接线、出线时，需加电磁屏蔽衬垫，柜体孔缝要求为缝长或孔径小于$\lambda/(10\sim100)$。如果需要在柜内开通风窗口，交错排列的孔或高频

图1-6-13 交流配电柜线路塑料护套的连接

率分布的网格比狭缝好,因为狭缝会在电柜中传导高频信号。柜体与柜门之间的走线,必须加护套,否则容易损坏绝缘层。

5) 二次回路布线

(1) 基本要求:按图施工、连线正确。

(2) 二次线的连接(包括螺栓连接、插接、焊接等)均应牢固可靠,线束应横平竖直,配置坚牢,层次分明,整齐美观。同一合同的相同元件走线方式应一致。

(3) 二次线截面积要求见表1-6-5。

表1-6-5 二次侧接线的截面积要求

接线名称	截面积大小	接线名称	截面积大小
单股导线	不小于1~5mm²	电流回路	不小于2~5mm²
多股导线	不小于1~0mm²	保护接地线	不小于2~5mm²
弱电回路	不小于0~5mm²		

(4) 所有连接导线中间不得有接头。

(5) 每个端子的接线点一般不宜接二根导线,特殊情况时如果必须接两根导线,则连接必须可靠。

(6) 每个电器元件的接点最多允许接2根线。

(7) 二次回路接线应远离飞弧元件,并不得妨碍电器的操作。

(8) 电流表与分流器的连线之间不得经过端子,其线长不得超过3m。

(9) 电流表与电流互感器之间的连线必须经过试验端子。

(10) 二次回路接线不得从母线相间穿过。

6) 交流配电柜的检验检查

(1) 成套配电柜内设备的检验。

① 机械闭锁、电器闭锁是否满足动作准确、可靠。

② 动触头与静触头的中心线是否一致,触头是否接触紧密。

③ 二次回路辅助开关的切换接点是否动作准确,接触可靠。

(2) 配电柜内母线的检验。

① 柜内母线安装,是否符合设计要求。

② 母线应镀锌，表面是否光滑平整，不应有裂纹、变形和扭曲缺陷。

③ 金属紧固件及卡件，是否符合设计要求，是否是镀锌制品的标准件。

④ 绝缘材料及瓷件的型号、规格、电压等级是否符合设计要求。外观质量是否无损伤及裂纹、绝缘良好。

⑤ 母线采用螺栓连接时，螺栓、平垫、弹簧垫是否匹配齐全，是否满足螺栓紧固后丝扣应露出螺母外 5~8mm。

⑥ 母线相序排列是否符合规范要求，安装是否平整、整齐、美观。

（3）配电柜内二次回路接线的检验。

① 按配电柜工作原理图逐台检查柜内的全部电气元件是否相符，其额定电压和控制、操作电压必须一致。

② 按照电气原理图检查柜内二次回路接线是否正确。

③ 控制线校线后要套上线号，将每根芯线煨成圈，用镀锌螺钉、垫圈、弹簧垫连接在每个端子板上。并应严格控制端子板上的接线数量，每侧一般一端子压一根线，最多不超过两根，必须在两根线间加垫圈。多股线应刷锌，严禁产生断股缺陷。

任务七　电力变压器

在并网型光伏发电系统中，由光伏阵列输出的直流电，经并网逆变器后并入电力变压装置升压达到高压电网的电压等级，送至附近的变电所。升压变压是光伏发电系统实现发电后，进行输电前的重要环节，是该环节中的关键设备。

1.7.1　认识电力变压器

1. 电力变压器工作原理及在光伏发电系统中的功能

1) 电力变压器原理

电力变压器是利用电磁互感应现象，变换电压、电流和阻抗，将某一数值的交流电压（电流）变成频率相同的另一种或几种数值不同的电压（电流）的设备。当一次绕组通以交流电时，就产生交变的磁通，交变的磁通通过铁芯导磁作用，在二次绕组中感应出交流电动势，如图 1-7-1 所示。

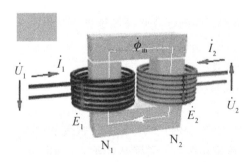

图 1-7-1　变压器的图形符号和文字符号

工作过程：工作时，绕组是"电"的通路，而铁芯则是"磁"的通路，且起绕组骨架的作用。一次侧输入电能后，因其交变故在铁芯内产生了交变的磁场（即由电能变成磁场）；由于匝链（穿透），二次绕组的磁感线在不断地交替变化，所以感应出二次电动势，当外电路沟通时，则产生了感生电流，向外输出电能（即由磁场能又转变成电能）。其图形符号与文字符号如图1-7-2所示。

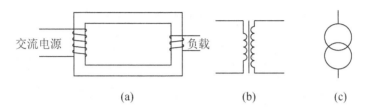

图1-7-2　变压器的图形符号和文字符号

2）电力变压器在光伏发电系统中的功能

在光伏发电系统中，由光伏阵列经逆变器后所产生的系统三相电压不可能很高，仅为0~4kV。而在电力系统中，输送同样功率的电能，电压越高，电流就越小，输电线路上的功率损耗也越小；输电线的截面积越小，导线的金属用量也越少。因此，在并网型光伏发电系统中，为了减少输电线路中出现的电能损耗，往往将逆变后的输出电压用升压变压器进行升压，采用高压输电将大量的电能送往远处的用电地区，如10kV、35kV、66kV、110kV、220kV、500kV等线路电压等级，如图1-7-3所示。另外，在用电负荷处，再用降压变压器将电压降低到适当的数值供用户电气设备使用。由此可见，电力变压器是传输电能而不改变其频率的静止的电能转换器。

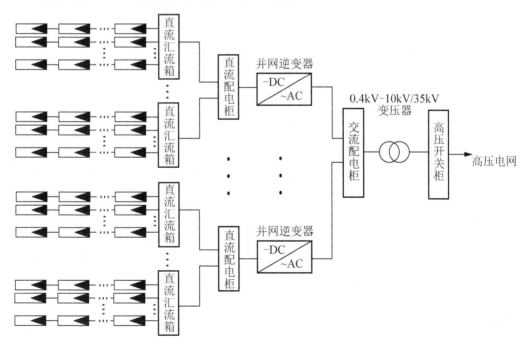

图1-7-3　并网型光伏发电系统的原理构架

3) 电力变压器分类

根据电力变压器的用途和结构等特点可分如下几类。

(1) 按用途分有：升压变压器(使电力从低压升为高压，然后经输电线路向远方输送)；降压变压器(使电力从高压降为低压，再由配电线路对近处或较近处负荷供电)。

(2) 按相数分有：单相变压器；三相变压器。

(3) 按绕组分有：单绕组变压器(为两级电压的自耦变压器)；双绕组变压器；三绕组变压器。

(4) 按绕组材料分有：铜线变压器；铝线变压器。

(5) 按调压方式分有：无载调压变压器；有载调压变压器。

(6) 按冷却介质和冷却方式分有如下两类。

①油浸式变压器。冷却方式一般为自然冷却，风冷却(在散热器上安装风扇)，强迫风冷却(在前者基础上还装有潜油泵，以促进油循环)。此外，大型变压器还有采用强迫油循环风冷却、强迫油循环水冷却等。

②干式变压器。绕组置于气体中(空气或六氟化硫气体)，或是浇注环氧树脂绝缘。它们大多在部分配电网内用作配电变压器。目前已可制造到35kV级，其应用前景很广。

2. 电力变压器的型号与技术参数

电力变压器的各项技术参数一般都标在铭牌上，反映了变压器的工作性能。按照国家标准，铭牌上除标出变压器名称、型号、产品代号、标准代号、制造厂名、出厂序号、制造年月以外，还需标出变压器的技术参数数据。

1) 型号

变压器的型号分两部分，前部分由汉语拼音字母组成，表示其结构特点；后一部分由数字组成，表示其额定容量(kVA)和高压侧的电压等级(kV)。汉语拼音字母含义如下：

第1部分表示相数。D—单相(或强迫导向)；S—三相。

第2部分表示冷却方式。J—油浸自冷；F—油浸风冷；FP—强迫油循环风冷；SP—强迫油循环水冷。

第3部分表示电压级数。S—三级电压；无S表示两级电压。

其他：O—全绝缘；L—铝线圈或防雷；O—自耦(在首位时表示降压自耦，在末位时表示升压自耦)；Z—有载调压；TH—湿热带(防护类型代号)；TA—干热带(防护类型代号)。

2) 相数

变压器分为单相和三相两种，一般均制成三相变压器以直接满足输配电的要求。小型变压器有制成单相的，特大型变压器由于运输条件限制，做成单相后组成三相变压器组。

3) 额定频率

变压器额定频率是所设计的运行频率，我国为50Hz。

4) 额定电压

变压器的主要作用就是改变电压，因此额定电压是重要参数之一。额定电压是指变压器长时间运行所能承受的工作电压。它是指线电压，且均以有效值表示。变压器的额定电压应与所连接的电力线路电压相符合。变压器的额定电压分为一次额定电压和二次额定电压。

变压器一次额定电压分两种情况：①当变压器直接与发电机相连时，如图1-7-4所示的变压器T_1，其额定电压与发电机额定电压相同，即高于同级电网额定电压的5%；②当变压器连接在线路上时，如图1-7-3所示的变压器T_2，成为电网上的一个负荷，其一次绕组额定电压与电网额定电压相同。

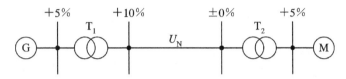

图1-7-4 变压器一次额定电压

变压器的二次额定电压也分两种情况：①当变压器二次侧供电线路较长时，如图1-7-4所示的变压器T_2，其额定电压应高于同级电网额定电压的10%，5%用来补偿变压器二次绕组的内阻抗压降，5%用来补偿线路上的电压损失；②当变压器二次侧供电线路不太长时，如图1-7-5所示的变压器T_1，其额定电压只需高于电网额定电压的5%即可，用于补偿变压器内部的电压损耗。

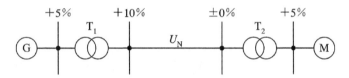

图1-7-5 变压器二次额定电压

5) 额定容量

变压器的主要作用是传输电能，因此额定容量是它的主要参数，表示传输电能能力的大小。变压器额定容量是指在变压器铭牌所规定的额定状态下，变压器二次侧的输出能力(kVA)。对于三相变压器，额定容量是三相容量之和。

变压器额定容量与绕组额定容量有所区别：双绕组变压器的额定容量即为绕组的额定容量；多绕组变压器应对每个绕组的额定容量加以规定；其额定容量为最大的绕组的额定容量；当变压器容量由冷却方式而变更时，则额定容量指最大的容量。

6) 额定电流

变压器在额定容量下，允许长期通过绕组线端的电流，即为线电流(有效值)。对于单相变压器的一、二次额定电流$I_N = \dfrac{S_N}{U_N}$，其中S_N为变压器额定容量；U_N分别为一、二次额定电压。对于三相变压器的一、二次额定电流$I_N = \dfrac{S_N}{\sqrt{3}U_N}$，当采用Y联接时，线电流为绕组电流；D联接时，线电流为$\sqrt{3}$倍的绕组电流。

7) 变压器的极性

变压器绕组的极性是指变压器一次、二次绕组在同一磁通作用下所产生的感应电动势之间的相位关系。由于变压器一次、二次绕组交链着同一主磁通,当某一瞬间一次绕组的某一端为正电位时,在二次绕组上必有一个端点的电位也为正,则这两个对应的端点称为同名端(同极性端),用符号星号"*"或黑点"·"标记。

如图1-7-6(a)所示,当一次、二次绕组的绕向相同时,电流由1和3流入,它们所产生的磁通方向相同,一次和二次绕组的感应电动势的相位差0°,因此1、3端是同名端;2、4端也是同名端。如图1-7-6(b)所示,当一次、二次绕组的绕向相反时,电流由1和4流入,它们所产生的磁通方向相同,一次和二次相位差180°,因此1、4端是同名端;2、3端也是同名端。在使用变压器时,要注意绕组的正确连接方式,否则变压器不仅不能正确工作,甚至会烧坏变压器。如在图1-7-6(a)中,将1和3接电源,2和4短接,则两个绕组在铁芯中产生的磁通就会相互抵消,绕组中没有感应电动势,将流过很大的电流,把变压器烧毁。

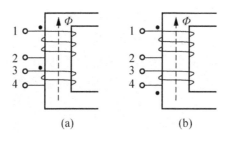

图1-7-6 变压器极性

8) 三相变压器的联接组

三相变压器可以是由三个单相变压器通过外部连线组成,也可以制成一个整体的三相变压器。根据三相变压器一、二次绕组对应线电压之间的相位关系,把变压器绕组的连接分成不同的组合称为绕组的联接组。三相变压器绕组的连接形式有星形接法和三角形接法两种接法。星形联接是三相绕组中有3个同名端相互连在一个公共点(中性点)上,而把其他三个线端引出,便形成星形结构,以符号Y表示,如图1-7-7(a)所示。三角形连接是三个绕组相邻相的异名端串接成一个三角形的闭合回路,在每两相连接点上,即三角形顶点上分别引出三根线端,接电源或负载,如图1-7-7(b)所示。

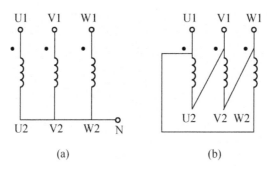

图1-7-7 三相变压器的联接组

9) 调压范围

变压器接在电网上运行时,变压器二次侧电压将由于种种原因发生变化,影响用电设备的正常运行，因此要求变压器应具备一定的调压能力。根据变压器的工作原理，当一、二次绕组的匝数比变化时，变压器二次侧电压也随之变动，采用改变变压器匝数比的方法即可达到调压目的。变压器调压方式通常分为无励磁调压和有载调压两种方式。当二次侧不带负载，一次侧又与电网断开时的调压为无励磁调压，在二次侧带负载下的调压为有载调压。

10) 空载电流

当变压器二次绕组开路，一次绕组施加额定频率的额定电压时，一次绕组中所流过的电流称空载电流，变压器空载合闸时有较大的冲击电流。

11) 阻抗电压和短路损耗

当变压器二次侧短路，一次侧施加电压使其电流达到额定值，此时所施加的电压称为阻抗电压。变压器从电源吸取的功率即为短路损耗，通常以阻抗电压百分数表示，以阻抗电压与额定电压之比的百分数。

12) 电压调整率

变压器负载运行时，由于变压器内部阻抗压降，二次电压将随负载电流和负载功率因数的改变而改变。电压调整率即说明变压器二次电压变化的程度大小，是衡量变压器供电质量好坏的数据，在给定负载功率因数下(一般取0.8)用二次空载电压和二次负载电压之差与二次空载电压的比表示，通常以百分数表示。

13) 效率

变压器的效率 η 为输出的有功功率与输入的有功功率之比的百分数。通常中小型变压器的效率为 90% 以上，大型变压器的效率在 95% 以上。

3. 变压器允许运行方式

1) 允许温度和温升

变压器在运行中，电能在铁芯和绕组中的损耗转变为热能，引起各部位发热，使变压器温度升高。当热量向周围辐射传导，发热和散热达到平衡状态时，各部分的温度趋于稳定。

变压器运行时各部分的温度是不相同的，绕组温度最大，其次是铁芯，绝缘油的温度最低。为了便于监视运行中变压器各部分温度的情况，规定以上层油温来确定变压器运行中的允许温度。变压器的允许温度主要决定于绕组的绝缘材料。我国电力变压器大部分采用 A 级绝缘。对于 A 级绝缘的变压器在正常运行中，当周围空气温度最高为 40℃ 时，变压器绕组的极限工作温度为 105℃。由于绕组的平均温度比油温高 10℃，同时为了防止油质劣化，所以规定变压器上层油温最高不超过 95℃，在正常情况下，为使绝缘油不致过速氧化，上层油温不应超过 85℃。对于采用强迫油循环水冷和风冷的变压器，上层油温不宜经常超过 75℃。

变压器温度与周围空气温度的差值叫变压器的温升。对 A 级绝缘的变压器，当周围最高温度为 40℃ 时，国家标准规定绕组的温升为 65℃，上层油温的允许温升为 55℃。只要上层油温及其温升不超过规定值，就能保证变压器在规定的使用年限内安全运行。

2) 变压器的过负荷能力

在不损害变压器绝缘和降低变压器使用寿命的前提下，变压器在较短时间内所输出的最大容量为变压器的过负荷能力。一般以过负载倍数(变压器所输出的最大容量与额定容量之比)表示。变压器的过负荷能力,可分为在正常情况下的过负荷能力和事故情况下的过负荷能力。变压器正常过负荷能力可以经常使用,而事故过负荷能力只允许在事故情况下使用。

(1) 正常情况下过负载能力。变压器在正常运行时,允许过负载是因为变压器在一昼夜内的负载有高峰、有低谷。高峰时就可能造成变压器的过负载。有关规程规定,室外变压器,总的过负载不得超过30%,室内变压器为20%。

(2) 在事故时过负载能力。当电力系统或用户变电站发生事故时,为保证对重要设备的连续供电,允许变压器短时过负载的能力。

(3) 允许电压波动。变压器的一次侧接在电力网上,由于电网系统电压会因种种原因发生波动,因此,变压器的二次电压也要相应波动,而影响用电设备的正常运行。接在变压器二次侧的负载,由于用电设备负荷的大小或负荷功率因数的不同,也会影响变压器二次电压的变化,给用电设备的正常运行带来影响。因此需要变压器有一定的调压能力,以适应电力网运行及用电设备的需要。变压器调压方式可分为无激磁调压及有载调压两种。无激磁调压分接开关的作用是在变压器的一次侧和二次侧均与网络开断的情况下,用以变换一次或二次线圈的分接,改变其有效匝数,进行分级调压。有载调压分接开关是在变压器负载运行中,用以变换一次或二次线圈的分接,改变其有效匝数,进行分级调压。

4. 变压器并列运行

将两台或多台变压器的一次侧及二次侧同极性的端子之间,通过同一母线分别互相连接,这种运行方式叫变压器的并列运行,如图1-7-8所示。

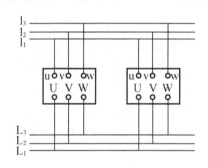

图1-7-8 变压器并行运行接线

1) 变压器并列运行的目的

(1) 提高运行经济性。当负荷增加到一台变压器容量不够用时,则可并列投入第二台变压器,而当负荷减少到不需要两台变压器同时供电时,可将一台变压器退出运行。特别是在农村,季节性用电特点明显,变压器并联运行可根据用电负荷大小来进行投切,这样,可尽量减少变压器本身的损耗,达到经济运行的目的。

(2) 提高供电可靠性。当并列运行的变压器中有一台损坏时,只要迅速将之从电网中切除,另一台或两台变压器仍可正常供电;检修某台变压器时,也不影响其他变压器正常运行从而减少了故障和检修时的停电范围和次数,提高供电可靠性。

(3) 实现节电增效。减小备用容量，为了保证供电，必需设置备用容量，变压器并列运用可使单台变压器容量较小，从而做到减小备用容量。

以上几点说明了变压器并列运行的必要性和优越性，但并列运行的台数也不宜过多。变压器并列运行时，通常希望它们之间无平衡电流；负荷分配与额定容量成正比，与短路阻抗成反比；负荷电流的相位相互一致。

2) 变压器并列运行的条件

为了达到理想的运行效果，变压器并列运行时必须满足下面 4 个条件。

(1) 各台变压器的电压比(变比)应相同。

如果电压比不相同，两台变压器并列运行将产生环流，影响变压器的出力。当电压比相差很大时，可能破坏变压器的正常工作，甚至使变压器损坏。为了避免因电压比相差过大产生循环电流过大而影响并列变压器的正常工作，规定电压比相差不宜大于 0.5%。

(2) 各台变压器的阻抗电压应相等。

当两台阻抗电压不等的变压器并列运行时，阻抗电压大的分配负荷小，当这台变压器满负荷时，另一台阻抗电压小的变压器就会过负荷运行。变压器长期过负荷运行是不允许的，因此，只能让阻抗电压大的变压器欠负荷运行，这样就限制了总输出功率，能量损耗也增加了，也就不能保证变压器的经济运行。所以，为了避免因阻抗电压相差过大，使并列变压器负荷电流严重分配不均，影响变压器容量不能充分发挥，规定阻抗电压不能相差 10%。

(3) 各台变压器的接线组别应相同。

变压器的接线组别反映了高低侧电压的相应关系，一般以钟表法来表示。当并列变压器电压比相等，阻抗电压相等，而接线组别不同时，就意味着两台变压器的二次电压存在着相位差和电压差。在电压差的作用下，引起的循环电流有时与额定电流相当，但其差动保护、电流速断保护均不能动作跳闸，而过电流保护不能及时动作跳闸时，将造成变压器绕组过热，甚至烧坏。因此，接线组别不同的变压器不能并列运行。

一般情况下，如果需将接线组别不同的变压器并列运行，就应根据接线组别差异，采取将各相异名、始端与末端对换等方法，将变压器的接线转化为相同接线组别才能并列运行。

(4) 根据运行经验，两台变压器并列，其容量比不应超过 3∶1。

因为不同容量的变压器阻抗值较大，负荷分配极不平衡；同时从运行角度考虑，当运行方式改变、检修、事故停电时，小容量的变压器将起不到备用的作用。

1.7.2 变压器容量与数量选择原则及安装

1. 并网电压等级

光伏电站的装机容量为数千瓦至数十千瓦，并网电压等级为 0.4kV；数十千瓦至 8MW，并网电压等级为 10kV；8～30MW，并网电压等级 35kV、66kV；30～50MW，并网电压等级 66kV、110kV。综合考虑不同电压等级电网的输配电容量、电能质量等技术要求，根据光伏电站接入电网的电压等级，可分为小型、中型或大型光伏电站。一般情况下定义为：小型光伏电站——通过0.4kV电压等级接入电网的光伏电站；中型光伏电站——通过10~35kV电压等级接入电网的光伏电站；大型光伏电站——通过66kV及以上电压等级接入电网的光伏电站。

变压器额定容量大小与电压等级也是密切相关的，电压低、容量大时电流大，损耗增大；电压高、容量小时绝缘比例过大，变压器尺寸相对增大。因此，变压器额定容量与电压等级要有合理的匹配。

2. 变压器容量与数量选择原则

变压器容量和台数是影响电网结构、供电安全可靠性和经济性的重要因素。在供电设计时，选择变压器台数和容量，实质上就是确定其合理的备用容量。变压器容量与台数的选择原则：一是满足负荷类型对供电的要求，即台数的确定；二是满足经济性要求，即容量的确定。如果容量选择过大，增加变压器本身和相关设备购置和安装、运行维护的投入，造成资金浪费；容量选择过小，不能满足供电的需求，使变压器过载运行，造成设备损坏，影响变电站对外安全可靠供电；而数量偏少不能满足接线方式和供电可靠性的要求，影响检修和缺少必要的备用；数量太多，增加配套设施投入，变电站布置困难，增加检修维护工作量，变压器容量和数量选择得当，不仅节约建设的一次性投资，而且能够有利于变压器的安全经济运行，减少运行、维护的费用。

1) 变压器台数的确定

变压器的台数一般根据负荷等级、用电容量和经济运行等条件综合考虑确定。当符合下列条件之一时，宜装设两台及以上变压器。

(1) 当有大量一级或二级负荷时，在变压器出现故障或检修时，多台变压器可保证一、二级负荷的供电可靠性。当仅有少量二级负荷时，也可装设一台变压器，但变电所低压侧必须有足够容量的联络电源作为备用。

(2) 对季节性负荷或昼夜负荷变动较大时，可将这些负载采用单独的变压器供电，以使这些负荷不投入使用，切除相应的供电变压器，减少空载损耗。

(3) 三级负荷一般设置一台变压器，但当集中负荷容量较大时，考虑现有开关设备开断容量的限制，所选单台变压器的额定容量一般不大于1250kV·A；当用电负荷所需的变压器容量大于1250kV·A时，通常应采用两台及以上的变压器。

(4) 当有较大的冲击性负载时，为避免对其他负荷供电质量的影响，可单独设变压器对其供电。

当备用电源容量受到限制时，宜将重要负荷集中并且与非重要负荷分别由不同的变压器供电，以方便备用电源的切换。

2) 变压器容量的确定

(1) 主变压器容量一般按变电站建成后5~10年的规划负荷选择，并适当考虑到远期10~20年的负荷发展。

(2) 对于有重要负荷的变电站，应考虑当一台主变压器停运时，其余变压器容量在设计及过负荷能力后的允许时间内，应保证用户的一、二级负荷；对一般性变电站停运时，其余变压器容量就能保证全部负荷的60%~70%。

3. 变压器安装

1) 变压器基础施工

在变压器运到安装地点前,应完成变压器安装基础墩的施工。变压器基础墩一般采用砖块砌筑而成,基础墩的强度和尺寸应根据变压器的质量和有关尺寸而定。有防护罩的变压器还应配备金属支座,变压器、防护罩均可通过金属支座可靠接地。

2) 设备检查

设备检查应由安装单位、供货单位会同建设单位代表共同进行,并做好记录。按照设备清单、施工图纸及设备技术文件核对变压器本体及附件、备件的规格型号是否符合设计图纸要求,是否齐全,有无丢失及损坏。变压器本体外观检查无损伤及变形、油漆完好无损伤。油箱封闭是否良好,有无漏油渗油现象,油标出油面是否正常,绝缘瓷件及环氧树脂铸件有无损伤、缺陷及纹裂。发现问题应立即处理。

3) 变压器的二次搬运

变压器的二次搬运应有起重工作业,电工配合,最好采用汽车吊吊装,也可采用吊链吊装。距离较长时最好采用汽车运输,运输时必须用钢丝绳固定牢固,并应行车平稳,尽量减少震动;距离较短且道路良好时,可用卷扬机、滚杠运输。变压器吊装时,索具必须检查合格,钢丝绳必须挂在油箱的吊钩上,上盘的吊环仅作吊芯用,不得用此环吊装整台变压器。变压器搬运时,应注意保护瓷瓶,最好用木箱或纸箱将高低压瓷瓶罩住,使其不受损伤。变压器搬运过程中不应有冲击或严重震荡情况,利用机械牵引时,牵引的着力点应在变压器重心以下,以防倾斜,运输倾斜角不得超过15°,防止内部结构变形。用千斤顶顶升大型变压器时,应将千斤顶放置在油箱专门部位。大型变压器在搬运或卸装前,应核对高低压侧方向,以免安装时调换方向发生困难。

4) 变压器稳装

变压器就位可用车吊直接甩进变压器室内,或用道木搭设临时轨道,用三步搭、吊链吊至临时轨道上,然后用吊链拉入室内合适位置。变压器就位时,应注意其方位和距墙尺寸应与图纸相符,若图纸无规定时,应符合设计规范的要求。变压器基础的轨道应水平,轨距与轮距应配合,装有气体继电器的变压器,应使其顶盖沿气体继电器气流方向有1%~1.5%的升高坡度。变压器宽面推进时,低压侧应向外;窄面推进时,油枕侧一般应向外。在装有开关的情况下,操作方向应留有1200mm以上的宽度。装有滚轮的变压器,滚轮应能转动灵活,在变压器就位后,应将滚轮用能拆卸的制动装置加以固定,并采取抗震措施。

5) 附件安装

变压器有许多附件,如散热器、气体继电器、防潮呼吸器、温度计、风扇、高压套管和电压切换装置等,应根据相关规范和产品说明书的要求安装附件。

6) 变压器吊芯检查与干燥

变压器经过长途运输和装卸,内部铁芯常因震动和冲击使螺栓松动或掉落以及存在一些外观检查不出来的缺陷,因此,安装变压器时一般应进行器身检查。器身检查应遵守以下条件。

(1) 检查铁芯一般在干燥清洁的室内进行,如条件不允许而需要在室外检查时,最好在晴天无风沙时进行;否则应搭篷布,以防临时雨雪或灰尘落入,但雨雪天或雾天不宜在室外进行吊芯(吊器身)检查。

(2) 冬天检查铁芯时,周围空气温度不低于零摄氏度。变压器铁芯温度不应低于周围空气温度,如果铁芯温度低于周围空气温度时,可用电炉在变压器底部加热,使铁芯温度高于周围空气温度10℃,以免检查铁芯时线圈受潮。

(3) 铁芯在空气中停放的时间,干燥天气(相对湿度不大于65%)不应超过16h,潮湿天气(相对湿度不大于75%)不应超过12h。计算时间应从开始放油时开始算起,到注油时为止。

(4) 雨天或雾天不宜吊芯检查,如特殊情况时应在室内进行,而室内的温度应比室外温度高10℃,室内的温度也不应超过75%,变压器运到室内后应停放24h以上。

7) 变压器接线

变压器的一二次连线及地线、控制线均应符合相应的规定。变压器一二次引线的施工,不应使变压器的套管直接承受应力。变压器的工作零线与中性点接地线应分别敷设,工作零线宜用绝缘导线。变压器中性点的接地回路中,靠近变压器处宜做一个可拆卸的连接点。油浸变压器附件的控制导线应采用具有耐油性能的绝缘导线。靠近箱壁的导线应用金属软管保护,并排列整齐,接线盒应密封良好。

8) 变压器的交接试验

变压器的交接试验应由当地供电部门许可的实验室进行,试验标准应符合《电气装置安装电气设备交接试验标准》、当地供电部门规定及产品技术资料的要求。

9) 变压器送电前的检查

变压器试运行前,必须由质量监督部门检查合格后方可运行。变压器试运行前的检查内容包括以下几个方面。

(1) 各种交接试验单据齐全,数据符合要求。

(2) 变压器应清理、擦拭干净,顶盖上无残留杂物,本体及附件无残损,且不渗油。

(3) 变压器一二次引线相位正确,绝缘良好。

(4) 接地线良好。

(5) 通风设施安装完毕,工作正常,事故排油设施完好,消防设施齐备。

(6) 油浸变压器油系统油门应打开,油门指示正确,油位正常。

(7) 油浸变压器的电压切换装置置于正常电压挡位。

(8) 保护装置整定值符合规定要求,操作及联动试验正常。

(9) 变压器保护栏安装完毕,各种标志牌挂好,门装锁。

10) 送电试运行验收

(1) 送电试运行过程包括以下几方面内容。

① 变压器第一次投入时,可全压冲击合闸时一般可由高压侧投入。

② 变压器第一次受电后,持续时间不应少于10min,并无异常情况。

③ 变压器应进行3~5次全压冲击合闸,情况正常,励磁涌流不应引起保护装置误动作。

④ 油浸变压器带电后，检查油系统是否有渗油现象。

⑤ 变压器试运行要注意冲击电流，空载电流，一、二次电压及温度，并做好详细记录。

⑥ 变压器并列运行前，应检查是否满足并联运行的条件，同时核对好相位。

⑦ 变压器空载运行 24h，无异常情况时方可投入负荷运行。

(2) 验收。变压器开始带电起，24h 后无异常情况，应办理验收手续。验收时应移交下列资料和文件：变更设计证明；产品说明书、试验报告单、合格证及安装图纸等技术文件；安装检查及调整记录。

项目小结

本项目以太阳能光伏发电系统的功能、原理、分类、结构组成及应用为统领，引出光伏发电系统的常用组成设备，包括光伏汇流箱、光伏控制器、光伏逆变器、交直流配电柜、变压器等。项目分为 7 个任务，内容上以光伏发电系统常用设备的实际应用为主线，分别从上述光伏设备的功能原理、结构组成、在光伏系统中的电气连接位置、设备的安装、内部线路连接、技术参数、选型配置等层次展开，翔实介绍了光伏发电系统常用设备，并侧重实践操作，每一任务都配有具体的实训环节。在理解理论概念的同时，重点掌握相关光伏设备的应用和实操。

思考练习题

1. 光伏发电有哪些具体的应用？
2. 光伏发电系统有哪些组成部分？简单阐述各部分作用。
3. 太阳电池与光伏组件、光伏阵列、汇流箱的关系是怎样的？在光伏发电系统中起到什么作用？
4. 现需要对光伏电站用汇流箱进行线路连接，请制定出详细的计划与实施过程。
5. 充电控制器的基本工作原理是什么？有哪些基本类型？
6. 控制器如何实现光伏组件的最大功率点跟踪（MPPT）？
7. 光伏控制器是如何进行配置选型的？现有在建 800W 的北方某家用太阳能光伏供电系统，考虑连续阴雨天 3～4 天，请根据实际应用场合选择出合适的控制器。
8. 直流配电柜在光伏发电系统中的作用是什么？其工作原理是怎样的？
9. 直流配电柜在线路连接过程中应注意哪些问题？
10. 逆变器的基本工作原理是什么？有哪些组成元器件？
11. 逆变器输出电压波形是如何进行转换的？逆变器都有哪些基本类型？
12. 逆变器的基本技术参数有哪些？
13. 光伏电站交流配电系统构成是怎样的？其工作原理是如何实现的？

14. 光伏系统低压交流配电柜主要参数和技术指标包括哪些方面？配置选型时需要重点考虑哪些参数？

15. 交流配电柜在进行电气连接时是怎样的步骤？安全使用注意事项有哪些？

16. 电力变压器在光伏发电系统中的作用是什么？其容量与数量选择原则是什么？

太阳能光伏发电系统相关术语

大气质量 AM(Air Mass)：太阳光通过大气层的路径长度，简称 AM，外层空间为 AM 0，阳光垂直照射地球时为 AM1(相当春/秋分阳光垂直照射于赤道上之光谱)，太阳电池标准测试条件为 AM 1.5(相当春/秋分阳光照射于南/北纬约 48.2°上之光谱)。

日照强度(Irradiance)：单位面积内日射功率，一般以 W/m^2 或 mW/cm^2 为单位，AM 0 之日照强度超过 $1300W/m^2$，太阳电池标准测试条件为 $1000W/m^2$(相当于 $100mW/cm^2$)。

日射量(Radiation)：单位面积于单位时间内日射总能量，一般以百万焦耳/年·平方米($MJ/Y·m^2$)或百万焦耳/月·平方米($MJ/M·m^2$)，1J 为 1W 功率于 1s 累积能量(1J＝1W·s)。

太阳能电池(Solar Cell)：具有光伏效应(Photovoltaic Effect)将光(Photo)转换成电(Voltaic)的组件，又称为光伏电池(PV Cell)，太阳能电池产生的电皆为直流电。

太阳光电(Photo Voltaic)：简称 PV(photo＝light 光线，voltaics＝electricity 电力)，由于这种电力方式不会产生氮氧化物，以及对人体有害的气体与辐射性废弃物，被称为清净发电技术。PV System，则是将太阳光能转换成电能整套系统，称为太阳光电系统或光伏系统，依分类有独立型、并联型与混合型。

PV 模板(PV Module)：将多只太阳电池串联提升电压，并以坚固外材封装以利应用，又称为模块(PV Pannel 或 PV Module)。

PV 组列(PV String)：将模板多片串联成一列，组列的目的在于提高电压，将 10 片模板电压 20V5A 串联成组列，组列电压即有 200V、电流为 5A。

PV 数组(PV Array)：将多个组列并联即为数组。数组目的在于提高电流，将 5 串组列电压 200V5A 并联成数组，数组电压为 200V、电流为 25A。由 1 个组列构成的数组，数组就相当于组列。

独立型系统(Stand Along System)：将多只太阳电池串联提升电压，并以坚固外材封装以利应用，又称为模块(PV Pannel 或 PV Module)。

并联型系统(Grided System)：PV 数组输出经换流器转换成交流与市电或自备发电机并联，系统无须配置蓄电装置。

混合型系统(Hybrid System)：独立型与并联型混合体，在天灾市电停止供电时，并联型系统会停止运作，混合型可切换于独立型继续供电，因此又称为防灾型。

瓩(kW)千瓦：发电设备容量的计算单位；1瓩＝1000 瓦(Watt)。

峰瓩(kWp)：P 代表 peak，代表峰值，指装设的太阳电池模板在标准状况下，(即模板温度 25℃、转换转换效率 15％)最大发电量总和。通常 1 峰瓩可发 3.5 度电。

瓩时(kWh)：为衡量发电用量的单位，指使用 1000W 的电器设备 1h 所消耗的电力，俗称"度"。

MW(Mega Watt)百万瓦：在衡量太阳光电公司产能时通常采用单位。

安培小时 Ah (Ampere Hour)：另一种电能量表示方式，通常用于蓄电池容量，50Ah 表示 5A10h 容量或 1A50h 容量，唯蓄电池容量不能全部利用。

负载(Load)特定时间内，每单位时间输出的电力或电流。

建材一体太阳电池模板(BIPV, Building Integrated Photo Voltaics)：将太阳光电系统结合建筑设计的一种节能建材产品,可直接取代传统屋顶、窗户、外墙及遮阳(雨)棚等。可大幅改善传统太阳光电系统笨重外形,不但美观还可以增加空间效益,打造另一个太阳光电建筑产业的市场商机。

电力调节器(Power Conditioner):负责电力调节功能设备的统称,对蓄电池充电/放电调节的控制器,或将直流转换交流调节的换流器皆是。

充电控制器(Charger):具蓄电池充电控制功能,可控制充电电流大小,当蓄电池电压达饱和电压时能予切断充电功能的控制器,这是独立型配置蓄电池必要设备。

放电控制器(Discharger):蓄电池放电控制功能,可限制放电电流大小或时间,当蓄电池于截止电压时能予切断放电功能的控制器,这是独立型配置蓄电池必要设备。

充/放电控制器(Charger/Discharger):具充电与放电功能的控制器,常用于独立型系统。

变流器(Inverter):将直流电转换成交流设备,又称为逆变器,用于并网型 PV 系统,换流器是专属规格。

项目二

光伏配套系统工程设备

太阳能光伏发电站除了必备的光伏组件、控制器、逆变器等设备外，还要具有配套的工程设备，才能可靠、稳定和安全地进行电力传输，配套设备包括备用发电设备——柴油发电机组，电力传输设备——低压架空线路及电力配电线路，监控设备——电站微机监控系统，雷电保护设备——电站雷电接地与防雷系统等。

任务一 柴油发电机组

柴油发电机作为离网光伏系统的备用电源是光伏系统的重要组成部分，它可确保一年四季 24 小时供电，保护电瓶组正常工作，避免过放电导致使用寿命缩短，可以提供三相动力电。备用电源有着无可替代的作用，它能够在电压不稳定、供电停止时为设备继续提供电源，为完成具体应用提供了条件。

2.1.1 柴油发电机组结构及功能介绍

发电机是将其他形式的能源转换成电能的机械设备，而以柴油机为动力驱动发电机的机械设备我们称之为"柴油发电机"。一般由柴油机、发电机、控制箱、燃油箱、起动和控制用蓄电瓶、保护装置、应急柜等部件组成。

对于混合型光伏发电系统，通常会采用柴油发电机组作为备用电源，离网型光伏发电系统的备用电源目前也多采用柴油发电机组，下面对这一部分内容做简单介绍。

1. 功能特点

柴油发电机组是以柴油为主燃料的一种发电设备，以柴油发动机为原动力带动发电机发电，把动能转换成电能。在电网不及或电力不足的农村、小城镇以及边远地区，柴油发电机组可作照明、广播电视、电影放映、医疗卫生、教学、农副产品加工机械、排灌机械以及乡镇企业生产等的备用电源；也可以作为风力电站备用电源，为蓄电池补充充电，或在光伏电站或混合电站发生故障的情况下直接供电。这是一种起动迅速、操作维修方便、投资少、对环境的适应性能较强的发电装置。

柴油发电机组具有效率高、体积小、重量轻、起动及停机时间短、成套性好、结构紧凑、建站速度快、操作使用方便、维护简单等优点；但也存在着电能成本高、消耗油料、机组振动大、噪声大、操作人员工作条件差等缺点。

2. 组成

柴油发电机组由柴油机、交流同步发电机、联轴器、散热器、底盘、控制屏、燃油箱、蓄电池以及备件工具箱等组成，有的机组还装有消音器和外罩。为方便移动和在野外条件下使用，也可将柴油发电机组固定安装在汽车或拖车上，作为移动电站使用。柴油发电机组的组成如图 2-1-1 所示。

3. 柴油发电机的基本结构

柴油发电机由柴油机和发电机组成，由柴油机作动力带动发电机发电。

1) 柴油机的基本结构

柴油机的基本结构组成如图 2-1-2 所示。

柴油机由气缸、活塞、气缸盖、进气门、排气门、活塞销、连杆、曲轴、轴承和飞轮等构件构成。柴油发电机的柴油机，一般是单缸或多缸四行程的柴油机。

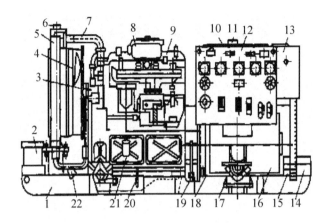

图2-1-1 常规柴油发电机组结构图

1—底盘；2—蓄电池盒；3—水泵；4—风扇；5—水箱；6—加水口；7—连接水管；8—空气滤清器；9—柴油机；
10—柴油箱；11—柴油箱加油口；12—控制屏；13—励磁调压器；14—备件箱；15—支架；
16—同步发电机；17—减震器；18—橡胶垫；19—支承螺钉（安装时用）；
20—油标尺；21—机油加油口；22—放水阀

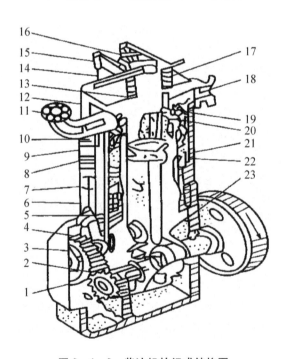

图2-1-2 柴油机的组成结构图

1—曲轴；2—曲轴齿轮；3—凸轮轴齿轮；4—凸轮轴；5—挺柱；6—连杆；7—活塞销；8—活塞；9—气缸套；
10—气缸盖；11—进气管；12—进气门；13—气门弹簧；14—推杆；15—摇臂；16—摇臂轴；
17—喷油器；18—排气管；19—排气门；20—燃烧室；21—气缸体；22—水锤；23—飞轮

2）发电机的基本结构

发电机的构成如图2-1-3所示。柴油机带动发电机转动从而产生电能，发电机有直流发电机和交流发电机之分。

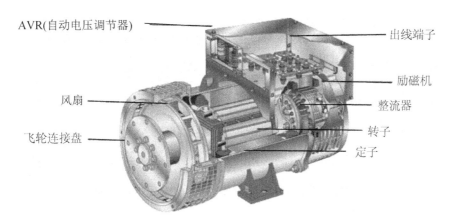

图2-1-3 发电机的构成

直流发电机主要由发电机壳、磁极铁芯、磁场线圈、电枢和炭刷等组成。交流发电机主要由转子和定子组成，转子是由磁性材料制造、多个南北极交替排列的永磁铁组成，定子是由硅铸铁制造、并绕有多组串联线圈的电枢组成。转子由柴油机带动，轴向切割磁感线，定子中交替排列的磁极，在线圈铁芯中形成交替的磁场，转子旋转一圈，磁通的方向和大小变换多次，由于磁场的变换作用，在线圈中将产生大小和方向都变化的感应电流，并由定子线圈输送出电流。

构成：定子、转子、励磁系统、自动电压调节器等。

为了保护用电设备并维持其正常工作发电机发出的电流还需要调节器进行调节控制等等。

2.1.2 柴油发电机组工作原理

柴油发电机组工作原理简单地说，就是柴油发动机驱动发电机运转，由发电机转子旋转切割磁感线产生电流。

柴油机是压缩的空气产生高热，喷入雾化的柴油后燃烧膨胀，压力直接作用在活塞上，推动活塞沿气缸作不等速的高速直线往复运动，经活塞销，连杆和曲轴等组成的曲柄连杆机构，将活塞的直线运动变为曲柄的旋转运动，将交流发电机与柴油机曲轴同轴安装，就可以利用柴油机的旋转带动发电机的转子，利用"电磁感应"原理，发电机就会输出感应电动势，经闭合的负载回路就能产生电流。产生的电流经过一系列的控制、保护器件和回路，才能产生可使用的、稳定的电力输出。

1. 柴油发动机工作原理

四行程柴油机包括：进气冲程、压缩冲程、膨胀冲程和排气冲程。柴油机是通过人力或其他动力起动，使活塞在顶部密闭的气缸中做上下往复运动。活塞在运动中完成4个行程，当活塞由上向下运动时，进气门打开，经滤清器过滤的新鲜空气进入气缸，完成进气行程。活塞向上运动时，进排气门都关闭，空气被压缩，温度和压力增高，完成压缩过程。活塞将要到达最顶点时，喷油器把燃油以雾状形式喷入燃烧室，与高温高压的空气混合，立即自行着火燃烧，形成的高压，推动活塞向下做功，活塞带动曲轴旋转，完成做功行程。做功行程结束，活塞向下移动，排气门打开，完成排气行程。柴油机通过4个行程带动曲轴旋转，从面对外输出动力。

柴油机是柴油发电机组的动力设备，主要采用是往复式活塞发动机。燃油在气缸内部燃烧产生热量，使燃气膨胀推动活塞对外做功，把燃油的热能转换为机械能。

柴油机分类方法很多。

(1) 按冷却系统分：风冷、水冷、开式、闭式。

(2) 按调速方式分：机械离心、机械液压、电子调速、电子燃油喷射。

(3) 按结构分：直列式、V形。

柴油机由曲柄连杆机构、配气机构、供油系统、润滑系统、冷却系统、起动系统和监测保护系统等几部分组成。

2. 发电机

其工作发电原理是当柴油机带动发电机电枢旋转时，由于发电机的磁极铁芯存在剩磁，所以电枢线圈便在磁场中切割磁感线，根据电磁感应原理，由磁感应产生电流，并经炭刷输出电流。发电机的分类包括以下几种。

(1) 按有无电刷分：有刷；无刷。

(2) 按励磁系统分：相复励；可控相复励；三次谐波可控硅励磁；基波（辅绕组）可控硅励磁；脉宽调制；永磁机可控硅励磁。

目前，无刷发电机，基波（辅绕组）可控硅励磁是主流产品。近年来，永磁机可控硅励磁开始受到市场的接受。

3. 控制系统

控制系统作用：柴油发电机组工作过程的监视和控制，包括柴油机工作参数的测量显示、发电机电量测量显示、发电机输出主回路控制、柴油机、发电机保护及发电组过程控制。

控制系统分类包括以下几种。

(1) 按结构分：一体化控制箱；分体控制屏。

(2) 按功能分：手动型；自动化型；并联型。

并联型又可分力：手动并联、自动并联、自动调频调载。

2.1.3 柴油发电机组的操作使用与维修保养

1. 柴油发电机保养维护周期

1) 日维护

检查燃油、冷却液、润滑油是否有泄漏。

检查发动机冷却液加热器。若温度过低，加热器未工作，将导致发动机起动失败。

检查电池组充电器。

2) 周维护

检查发动机润滑油和冷却液标高。

检查电池组充电器。

3）月维护

检查空气滤清器阻力值。

检查运行时机组是否有异常振动、过多废气、过大噪声或冷却液、燃油泄漏。经常性试运行可润滑发动机部件，可以提高起动可靠性，防止电路接头氧化，防止燃油变质。备用机组空载运行时间在10～15min即可，每月应至少试运行2次。

检查散热器是否有渗漏或连接松动。

检查燃油标高和输送泵状况。

检查排气系统是否有泄漏或过大阻力，排放冷凝液。

检查电池组线路连接情况，电池液比重低于1.26时应充电。

检查发电机组进气口通风阻力；检查保养工具是否备齐。

4）半年维护

检查发动机润滑油及支路滤清器。

清洁或更换曲轴箱通风滤清器。

排出油箱沉淀，检查输油软管有无擦伤状况，检查电气安全控制设备和报警器。

清除机组油脂、滑油、灰尘等沉积物。

检查输电线接头、断路器和切换开关。

模拟市电停电，验证机组起动性能和预期的额定承载能力，检查自动切换开关及备用电源相关配置。

5）年维护

检查风扇叶片、皮带轮、水泵和紧固机组紧固件。

清洁发电机输出与控制盒，检查并紧固所有线路接头，测量并记录发电机绕组绝缘电阻，检查发电机加热器。

手动操作检查发电机主回路断路器，根据制造商说明书验证自动跳闸机构。

如果机组通常仅空载或轻载试运行，负载在额定负载加5%以上，一年应至少开机4h。

机房进水或太潮湿时，开机前应测试发电机绝缘状况。最终负荷加载前应做初步测试。并以此作为例行测试的基准。

备用机组，一年应进行一次较彻底的保养，包括更换机油、机油滤清器、清洁空气滤清器，更换水滤清器、柴油滤清器等。

2.柴油、机油及冷却液的使用

1）燃油

系列柴油发电机组应使用符合GB 252—1994标准规定的柴油，根据季节和当地气温按表选用。为了减少故障，延长使用寿命，要严格遵守使用清洁柴油的原则。盛油容器必须清洁，专用；加入油箱内的柴油必须经过48h以上的沉淀，并选取容器上部清洁的柴油使用；在燃油的运输、添加、使用等每个环节上都要注意清洁，防止污染。

冬季柴油特点：低凝固点，低积蜡点，低热值（柴油机功率下降；燃油效率低）。积蜡点是柴油开始变得浑浊(蜡结晶),浓度加大,流动阻力增大,造成柴油滤消系统阻塞,冬季要加装预热起动,油箱和油路加热,冷却水加热装置时,可以使用0号柴油。

2) 机油

质量等级:使用符合 GB 11122—1997 规定的柴油机机油。

粘度:由于润滑油粘度很大程度上取决于温度,选择最适当的机油,不要长时间内超过温度界限,旨在减少磨损。机油必须清洁,不能以低代高,否则拉缸抱瓦,机油中不得含有杂质和水,严禁不同牌号不同生产厂家机油混用,严禁新旧机油混合使用。

润滑脂:发电机,起动机,水泵轴,风扇应用锂基润滑脂。

3) 冷却液

柴油机冷却液最好是防冻液(温度高于4℃,可以使用清洁的软水)使用含有大量矿物质的硬水,在高温作用下矿物质会从水中沉析出来形成水垢,阻塞柴油机冷却水道,引起过热。化学防蚀剂可以与蒸馏水混合使用,但不能与防冻液混用避免产生过多泡沫。温度低于−20℃时,必须使用防冻剂,防冻剂的浓度不低于33%,以防止腐蚀损害,两年更换一次。

3. 柴油发电机组的起动及运行

正确使用柴油发电机组是延长设备寿命,保证设备正常运行的重要措施。柴油发电机组在起动时及运行中注意事项见表 2-1-1。

表 2-1-1 柴油发电机组在起动时及运行中的注意事项

项 目	工 作 内 容
起动前准备	1. 加入经过沉淀和过滤的柴油; 2. 检查机油油位是否在规定范围内,冬季应预热机油; 3. 检查蓄电池或压缩空气瓶是否正常; 4. 检查机油压力表、充电电流表是否正常,指针应在0位; 5. 加足冷却水,冬季加热水; 6. 检查传动装置、离合器是否正常,皮带松紧是否适当; 7. 清扫现场,擦拭机器
柴油发电机组起动	1. 打开燃油箱的供油阀门; 2. 盘车数圈,监听有无杂音,用压缩空气起动机组应盘车到起动位置; 3. 用手摇油泵压油,润滑各运转部件; 4. 将油门放在中速位置按下起动开关或打开压缩空气阀门,使机组迅速起动; 5. 检查机油压力表、充电电流表,观察指示是否正常,监听运转声音是否正常,检查冷却水泵工作是否正常; 6. 柴油机预热至60℃以上,各部分工作正常时,方可带负荷
柴油发电机组运行中的监视	1. 应检查机油的压力、蓄电池充电电流、水温等仪表指示是否正常; 2. 监听机器运转声音是否正常; 3. 冷却水的出口温度应保持在75~85℃,机油出口温度不允许超过90℃; 4. 观察排气烟色,如有异常,应查明原因; 5. 与电气值班员密切配合,应保证供电频率在49.5~59Hz,电压在(1%±5%) V_m 之间,负荷应不超过柴油机的额定频率; 6. 应严格防止低温低速运转、高温超转速或长期超负荷运转

4. 柴油发电机组的停车

柴油发电机组的停车注意事项见表 2-1-2。

表 2-1-2 柴油发电机组停车时的注意事项

项 目	工 作 内 容
正常停车	1. 逐步解除负荷，把调速操作手柄移向怠速位置，降低转速，让柴油机在低速空载下运转 3～5min，待柴油机温度降低后停车； 2. 把调速操作手柄移向停车位置，停止供油，柴油机即可停车； 3. 检查蓄电池的电压或压缩空气瓶的气压是否充足，如不足，应补足； 4. 冬季停车后应将冷却水排尽
事故停车	1. 开车后若发现不正常响声，应立即停车检查； 2. 当主轴承或连杆轴瓦烧损坏时，油温水温会突然升高，呼吸器冒白烟，应停车检查； 3. 冷却水滴漏或冷却风中带有水雾时，应停车检查冷却系统是否有故障； 4. 排气冒黑烟或突然发出敲缸响声，应停车检查； 5. 运转中转速猛增，应立即关闭油门，打开减压手柄
封存停车	1. 柴油机如准备长期停止使用，停车时应趁热放净机油、冷却水及燃油，并用清洁柴油滤清器； 2. 拆下排气管，从气道注入脱水的干净机油少许，转动飞轮，使机油均匀的附在气门、气缸套、活塞等零件表面； 3. 擦净油污、水迹及灰尘，未涂漆的零件上要涂防锈油； 4. 放松风扇皮带的张紧轮，或取下风扇皮带另行保管； 5. 用塑料布包好空气滤清器口和消声器，防止杂物落入； 6. 将柴油机存放在通风良好、干燥清洁的场所

5. 柴油发电机组的技术保养

要使柴油发电机组工作正常可靠，减少零件磨损，延长使用寿命，必须执行柴油发电机组技术保养制度。柴油发电机组技术保养的项目、周期和保养内容见表 2-1-3。

表 2-1-3 柴油发电机组技术保养的项目、周期和保养内容

保养项目	保养周期	保 养 内 容
新机或大修后保养	新机或大修后	1. 先在轻负荷下试运转 50h，然后更换机油；在运转 50h 后，第二次换机油；以后每工作 100h 更换一次机油； 2. 检查气门间隙，如不符合要求，应进行调整
日常保养	每班工作后	1. 检查柴油、机油、冷却水是否足够，不够时应及时补足； 2. 检查各部件装置的正确性，地脚螺栓及各部件连接螺栓的紧固程度； 3. 检查柴油机与被带动设备的连接情况、连轴器的中心位置及螺栓紧固程度及皮带的接头是否可靠； 4. 检查喷油泵至各喷油嘴管路的连接是否松动； 5. 清除漏油、漏气、漏水； 6. 擦拭设备，消除油污、水迹及尘土，保持设备整洁

续表

保养项目	保养周期	保养内容
一级技术保养	累计运行100时后	1. 完成日常保养内容； 2. 检查蓄电池电压及电解液密度、当气温为15℃时，电解液的密度应保持在1.28～1.29g/cm³，最低不小于1.27g/cm³，电解液应高出极板10～20mm； 3. 检查并调整风扇和发电机的传动皮带的松紧程度； 4. 清洗粗滤网，每200h清洗精滤器一次，并更换机油； 5. 检查喷油泵机油油位，不足时添注机油6 检查调数器机油平面，不足时应添加。加油时拧开检查塞，加油至塞口有油漏出，等停时再拧紧检查塞； 6. 清洗空气滤清器，并更换机油； 7. 清洗柴油滤清器，清洗气缸盖板上通气管的滤芯，浸上机油、重新装好； 8. 试车，检查运转情况，消除存在的缺陷
二级技术保养	累计运行500时后	1. 完成一级技术保养内容； 2. 检查喷油泵、喷油嘴的喷油压力和雾化情况，必要时应对其进行清洗和调整； 3. 检查配气正时及喷油提前角是否正确，必要时要进行调整； 4. 检查进气排气门的密封情况，必要时进行研磨； 5. 检查水泵溢水孔的滴水情况，如滴水成流时，应更换水封； 6. 从缸套下端检查气缸套水封是否有漏水现象，必要时更换； 7. 检查、清除机油冷却器及散热器的漏水、漏油现象； 8. 检查连杆螺栓、主轴承螺钉的紧固及锁定情况，必要时重新紧固、锁定或更换； 9. 清洗油底壳、机油冷却器芯子； 10. 检查冷却系统的结垢情况，如结垢严重，可放进冷却系统存水，加入清洗液(清洗液由每千克水加入0.15kg苛性钠配成)，静置8至12小时后起动柴油机。水温达到工作温度后，停车放出清洗液，并用清水清洗(用铝合金制作的机体禁用)； 11. 按规定顺序重新拧紧气缸盖螺母； 12. 每累计运行1000h后，再增添下列保养： (1) 检查并检量气缸套活塞塞的磨损情况及配合间隙； (2) 检查曲轴各轴劲、轴瓦孔的磨损情况及配合间隙； (3) 检查机油泵平面磨损情况，调整机油泵齿轮与泵体的端面间隙，调整机油压力

6. 柴油发电机组在高原地区使用时应注意的问题

由于高原地区自然条件的特殊性，高原使用柴油发电机组和平原使用柴油发电机组是不一样的，这就给柴油发电机组在性能和使用上带来了很多变化。分析高原使用柴油发电机组应注意以下几个方面。

(1) 由于高原地区的气压低，空气稀薄，含氧分量小，特别对自然吸气的柴油机，因进气量不足而燃烧条件变差，使柴油机不能发出原规定的标定功率。即使柴油机基本结构相同，但各型柴油机标定功率不同，因此它们在高原的能力是不一样的。考虑到在高原条件下着火延迟的倾向，为了提高柴油机的运行经济性，一般推荐自然吸气柴油机供油提前角应适当提前。

项目二 光伏配套系统工程设备

由于海拔升高,动力性下降,排气温度上升,因此用户在选用柴油机时也应该考虑柴油机的高原工作能力,严格避免超负荷运行。

根据近年来的试验证明,对高原地区使用的柴油机,可采用废气涡轮增压的方法作为高原的功率补偿。通过废气涡轮增压不但可弥补高原功率的不足,还可改善烟色、恢复动力性能和降低燃油消耗率。

(2) 随着海拔的升高,环境温度亦比平原地区的要低,一般每升高 1000m,环境温度下降约 0.6℃,外加因高原空气稀薄,因此,柴油机的起动性能要比平原地区差。用户在使用时,应采取与低温起动相应的辅助起动措施。

(3) 由于海拔的升高,水的沸点降低,同时冷却空气的风压和冷却空气质量减小,以及每 kW 在单位时间内热量的增加,因此冷却系统的散热条件要比平原差。一般在高海拔地区不宜采用开式冷却循环,可采用加压的闭式冷却系统以提高高原使用时冷却液的沸点。

2.1.4 柴油发电机组常见故障及处理方法

(1) 柴油发电机组总体常见故障的处理方法见表 2-1-4。

表 2-1-4 柴油发电机组总体常见故障的处理方法

序号	故障	可能出现的原因	排除方法
1	油压报警并停机	压力传感器坏	更换压力传感器
		润滑油品质差	更换润滑油
		机油滤清器脏	更换滤清器
		减压阀故障	修理或更换
		机油泵故障	更换
		机油量不足	添加机油
2	高水温报警并停机	冷却水不足	添加
		水温传感器坏	更换传感器
		节温器故障	更换节温器
		风扇故障	更换风扇
		进、排风不畅	改造机房
		散热器气流不畅	清除散热器上杂物
		风扇皮带松弛	调整
3	燃油低报警	燃油箱油位低	添加燃油
		油位传感器坏	更换同型号传感器
4	充电失败告警	控制系统无励磁输出	修理或更换
		充电机坏	更换充电机

续表

序号	故　障	可能出现的原因	排　除　方　法
5	发动机不能转动	急停按钮锁定	复位
		起动开关失效	维修或更换
		运动部件卡死	修理
6	发动机不能起动	油管有空气	排气
		油箱无油	添加燃油
		蓄电池电量不足	进行充电
		起动转速过低	检查电池电压 检查或更换起动马达
		空气滤清器堵塞	清洗或更换
		高压油泵故障	修理或更换
		燃油质量差	更换燃油
		发电机温度低	进行预热
7	冒白烟或蓝烟	机油过多	排放至不超过油尺上限
		机油粘度过低	更换机油
		节温阀故障（水温过低）	更换
		喷油嘴故障	清洗或更换
		喷油正时不正确	修理或更换
		缸压不足（气缸、活塞环磨损）	修理或更换
		润滑油品质差	更换
8	冒黑烟或灰烟	燃油品质差	更换燃油
		高压油泵故障	修理或更换
		喷油正时不正确	调整
		空气滤清器堵塞	清洗或更换
		气门间隙不正确	调整
		发动机过载	降低负载
		缸压不足（气缸、活塞环磨损）	修理或更换
		喷油嘴故障	清洗或更换
9	燃油消耗过高	燃油质量差	更换燃油
		高压油泵故障	修理或更换
		喷油嘴故障	清洗或更换
		喷油正时不正确	调整
		空气过滤堵塞	清洗或更换
		缸压不足（气缸、活塞环磨损）	修理或更换

续表

序号	故　障	可能出现的原因	排　除　方　法
10	机油消耗过高	机油过多	排放至不超过油尺上限
		机油粘度太低	更换机油
		润滑系统泄漏	坚固或更换
		气缸与活塞环磨损，气门座密封圈磨损	修理或更换
11	无电压输出	电压调节器接线松脱	检查并处理
		调节器E+、E—无励磁输出	进行充磁
		二极管或压敏电阻故障	检查并更换

（2）除有效的排除故障外，还要制定完善的管理办法。

① 平时发电机房应上锁。在未经主管部门同意，非工作人员禁止进入。这样可避免闲杂人员进入机房因好奇改变发电机的设置状态，如把自动状态改成手动或无意中碰了某个阀门改变阀门状态带来不必要的麻烦，甚至在市电中断时影响生产。

② 部门管理人员必须熟悉发电机的基本性能及操作，平时应做例行性的检查工作。

管理人员对发电机的熟悉及做例行性的检查工作，这样才能及时地发现问题，消除故障隐患。在发电机故障时能及时、准确地做出故障定位，提出解决方案，缩短故障解决时间，保证用电设备尽快恢复正常运作。

③ 管理人员须随时了解柴油油量的储备情况是否正常，以及冷却水，机油的液位是否正常。保证发电机能在任何时候市电中断的情况下能及时投入运行，避免不必要的时间延误。

④ 发电机开关平时置于自动起动状态，争取电力中断时第一时间发电运行，缩短停电时间。

⑤ 发电机每月的空载试验时间不得超过15min。

由于发电机在空载运行时机身温度较低，活塞与气缸壁的配合密封性低，容易出现润滑机油的泄漏，不利于发动机的使用。

⑥ 发电机一旦投入运行，管理人员应立即前往机房检查机组是否运转正常，有无报警情况，使发电机的报警或故障得到及时的解决，避免电力的中断影响生产。

⑦ 确实做好发电机的保养工作，并保存完整的运行记录和保养记录。

做好发电机的保养工作才能让发电机处于良好的备用状态，而运行记录和保养记录有利于对隐患的及时发现，也可为解决故障提重要的参考资料。

⑧ 要做好机房的环境管理工作，保持机房清洁，禁止机房内堆放杂物。

机房内的风力较大，机组在运行时温度高，杂物不仅影响发电机的运行状态，一些易燃的物品很容易在高温下发生火灾，后果不堪设想。

⑨ 做好机房的人员出入登记工作。这是管理机房的重要手续。在光伏发电系统中，备用发电机的投入使用，具有重要作用，为生产的备用电源提供了有力保障。了解发电机的常见故障可帮助我们在日常维护和管理中更具有针对性，认识潜在的危险情况，避免不必要的事故发生。

任务二　低压架空线路及电力电缆线路

光伏发电系统逆变器输出的 380V/220V 交流电必须经过电力设备输送到用户。连接逆变器和交流负载，输送 380V/220V 交流电能的线路，由低压架空线路来完成。架空电力线路是用电杆和绝缘子等材料把导线架在空中用来输送电力。电压在 380V/220V，由配电变压器引至用户进线处的线路，叫低压配电线路。低压配电线路采用三相四线制，三相三线制和单相两线制。

2.2.1　低压架空线路的结构组成

低压架空配电线路主要由电杆、导线、横担、绝缘子、金具和拉线等组成。基本结构如图 2-2-1 所示。

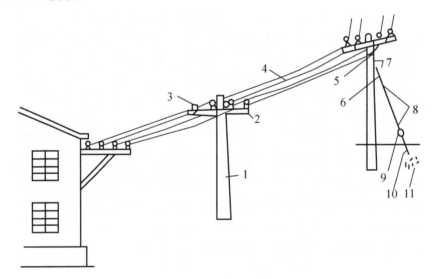

图 2-2-1　低压架空线路的组成
1—电杆；2—横担；3—绝缘子；4—导线；5—拉线抱箍；6—拉线绝缘子；
7—上把；8—中把；9—花篮螺栓；10—拉杆；11—拉盘

1. 电杆

电杆主要作用是支持导线、绝缘子和横担等，并使导线与地面或与其他跨物保持规定的安装距离，目前广泛应用钢筋混凝土电杆。电杆按用途的不同，可分为直线杆、耐张杆、转角杆、终端杆和分支杆等，如图 2-2-2 所示。电杆必须具有足够的机械强度，才能承受导线等的重量。

2. 导线

导线传输电能，一般采用铝绞线。对于负荷较大、机械强度要求较高的线路，则采用钢芯铝绞线。

低压配电线路的架空导线，有绝缘导线和裸导线两种。架空导线一般均采用裸导线。

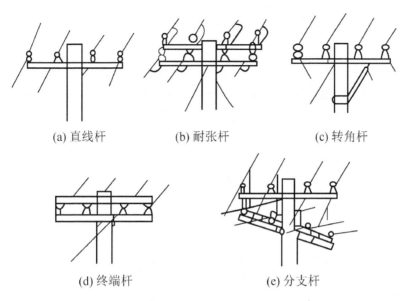

图 2-2-2 电杆的形式

这是因为裸导线比绝缘导线散热好,允许通过较大的电流,也较轻。裸导线有铝纹线、铜绞线和钢芯铝绞线等类,架空线路一般采用钢芯铝绞线。架空导线禁止使用单股铝线和铁线。在导线的型号中,L 表示铝,G 表示钢,T 表示铜,J 表示绞,其后的数字表示导线的截面积。如 LJ-35,为铝绞线,导线截面积为 35 mm^2;LGJ-50,为钢芯铝绞线,导线截面积为 50mm^2(仅为铝绞线的截面积,不包括钢芯的截面积)。对于单相两线制的架空铝绞线,零线和相线的截面积应相同;对于三相四线制的架空铝绞线,其零线的截面积不宜小于相线截面积的一半。

3. 绝缘子

绝缘子主要用于固定导线,并使导线与电杆绝缘,因此,绝缘子要有一定的电气强度,又要有足够的机械强度。常用的绝缘子有针式、蝴蝶形和拉紧绝缘子等。

4. 横担

横担是绝缘子的安装架,也是保持导线间距的排列架,低压架空线路中常用木横担和角钢横担。

5. 金具

金具用于连接导线,固定横担和绝缘子等金属附件。金具包括半圆夹板、U 形抱箍、穿心螺栓、扁铁垫块、支撑和花篮螺钉等。

6. 拉线

拉线一般用 3.2~4.0mm 镀锌铁丝或铁线绞成,用于稳固电杆。当负载超过电杆的安全强度时,利用拉线可减小弯曲力矩,当电杆强度很好但基础较差,不能维持电杆的稳固时,也用拉线来补强。

2.2.2 架空线路的技术数据及运行管理

1. 送电线路的运行保养

(1) 投运一年的线路杆塔的连接部位，铁附件连接部件，全部进行复紧一次。

(2) 零值瓷瓶的测试，每三年测试一次，可根据劣化程度作适当延长或缩短。

(3) 杆塔接地电阻测试，每五年一次，新线路投运一年后复测一次，发电厂、变电站1～2km每两年一次。

2. 送电线路的运行标准

1) 接地电阻

杆塔工频接地电阻，在雷季干燥时遥测，其接地电阻值不宜大于表2-2-1中的数据。

表2-2-1 接地电阻的有类数据

土壤电阻率/Ω·m	≤100	100～500	500～1000	1000～2000	≥2000
工频接地电阻/Ω	10	15	20	25	30

杆塔接地电阻的要求：进出2km接地电阻不大于10Ω；接地引线截面不应小于8mm圆钢或扁铁。接地体埋深山区不小于40cm。水田、旱土、居民区深度不小于60cm。

接地装置作用有两种：一是保护接地，二是工作接地。送电线路的接地装置主要是起保护作用。

2) 杆塔部分

(1) 杆塔倾斜度（包括翘度）允许范围。铁塔10/1000，砼杆15/1000，铁塔主材弯曲度不大于5/1000，横提歪斜度不大于10/1000。

(2) 预应力水泥杆不得有横裂、纵裂、钢筋外露，裂纹宽度不应超过0.2mm。

(3) 杆塔警告牌及杆号标示应齐全清晰，耐张杆换位杆应有明显的相位标志。

3) 导线部分

(1) 导线铜芯允许断股，铝断股截面超过铝股总截面积25%，即LGT-50-70断2股，LGT-95-185断7股应切断重接。烧伤截面小于25%可根据情况予以缠绕或补修处理。导线钢芯不允许严重生锈，否则要更换。

(2) 钢绞线断面积超过总面积17%，即钢绞线7股断1股，19股钢绞线断3股应切断重接、损伤截面小于17%，可根据情况予以补强处理。

(3) 跳线并接一般采用三个并沟线夹，不允许采用元宝螺钉或铝绞线代替。

(4) 导地线弧垂偏差不超过+6%、-3%，三相不平衡值不超过0.5m。

3. 运行管理

1) 按季节加强线路的运行管理

由于配电线路为露天架设，因而要受到气候、环境等多方面因素的影响，尤其是我国幅员辽阔，各地一年四季的自然条件差别又很大，根据各地季节不同特点，可采取以下措施。

(1) 及时清扫绝缘子，紧固连接螺栓，检查接地装置，防止漏电引起的绝缘子表面闪络和木杆燃烧事故。

(2) 检查导线弧垂，尤其要检查交叉跨越处的弧垂情况，注意清除导线的覆冰，以防止断线等事故的发生。

(3) 加固拉线和电杆基础，清除沿线有妨碍的树木、杂物及电杆上的鸟窝等。

2）线路的巡视与检查周期

巡视检查线路的目的是掌握线路的运行情况，发现缺陷，及时处理，防止事故，保证安全供电。线路的巡视一般有定期巡视、特殊巡视和故障巡视三种。

(1) 定期巡视：一般一月一次。此外每隔一定时期要在夜间巡视一次，主要是检查导线的连接点有无跳线发红、打火花以及瓷瓶绝缘的闪络现象。

(2) 特殊巡视：在气候剧烈变化发生自然灾害（如台风、狂风、导线覆冰等自然灾害）或外力破坏、异常运行和其他特殊情况时进行特殊巡视，可及时发现线路的异常及部件的变形损坏情况。在特殊情况线路需要进行特殊巡视时，由检修组提出，生产运行部牵头，具体由检修组负责组织有关队伍及人员，开展特殊巡视。

(3) 当线路发生断线、接地或短路等故障时，应立即进行故障巡视，查明故障地点及故障原因，及时进行处理，尽快恢复供电。

3）线路巡视检查一般包括如下内容

(1) 线路情况。

① 线路周围有无倾倒损坏导线的树木等。

② 沿线周围有无会崩塌损坏电杆的土石方等。

③ 沿线附近的建筑工程是否会影响线路的正常运行。

(2) 导线和避雷线。

① 导线及避雷线应无断股、损伤以及锈蚀等情况。

② 导线尺度不能过大或过小。

③ 导线对地、对交叉设施及其他物体的距离应保持正常。

④ 线夹、连接器是否有过热现象，线夹、连接器与导线之间是否有滑动或拔出的迹象，针式绝缘子扎线应无松脱。

(3) 电杆。

① 电杆及金属不能歪斜变形，连接固定应正常。

② 电杆的基础不能歪斜或下沉。

③ 电杆的横担和金属的螺钉不能松脱。

④ 电杆上不能有鸟巢或其他杂物。

⑤ 电杆应无腐朽烧焦或开裂，混凝土杆应无裂缝、剥落和钢筋外露。

⑥ 电杆拉线的受力应均匀无断股、锈蚀；地锚不能松动或缺土；抱箍、线夹等应无锈蚀或松动。

(4) 绝缘瓷体。应无污垢、裂纹、破损或闪络痕迹，装置要牢固，无偏斜松脱现象。

4．维护与检修

在停电线路上工作，应有防止触电的安全技术措施。

停电、验电、挂地线。没有执行安全技术措施的线路，无论带电与否，均视为带电线路。

1）停电

（1）与停电线路连接的所有电源均应断开，交叉跨越线路，危及人身安全，应将所有线路断开停电。

（2）对交叉跨越、平行和同杆的线路，危及停电检修线路，应将该电源停电。

（3）断开可能从低压反送电的开关和刀闸。与停电检修线路同杆的路灯线和非同电源的低压线也应停电，确实不能停电的应采取安全措施。

（4）无论高低压线路停电检修，均应在已停电的开关，刀闸操作手把上悬挂"线路有人工作禁止合闸"标示牌。

2）验电

（1）在已停电线路装接地线前应验电，确认已无电压才能挂接地线。验电工作应戴绝缘手套，并有人监护。验电时，10kV及以下应用试电笔，低压线路应用低压试电笔，停低压看用户灯验电应同时看两条火线上的两户。

（2）同杆塔架设的多层线路验电，先验低压，后验高压，先验下层，后验上层。

（3）低压联络用开关、刀闸检修时，应在两侧验电；在变台上工作，应在二次验电；在同一线路工作范围内已挂好一组地线，其他组地线可不验电即行挂接。如在验电时发生疑问，应暂停挂地线，查明原因后，再行挂地线。

3）挂接地线

（1）线路验明已无电压后，应在监护人监护下挂第一组地线，挂地线时，地线不得碰触人体，并应先行放电。

（2）接地线时，应先接好接地端，再挂导电端，多层线路，先挂低压，后挂高压，先挂"地"后挂"火"，先挂下层，后挂上层。拆底线时与此相反。

（3）地线一般挂接在以下几处。

① 停电线路工作的各电源的停电。

② 凡有可能送电到停电线路的各分支线和用户进线侧。

③ 变压器高压母线侧。

④ 接地线应使用 25mm² 软铜线，使用接地扦子，埋入地下深度不小于0.6m，并不需缠绕。必须缠绕时，至少应缠绕100mm。

4）在检查线路时，应注意如下几点

（1）查明电源，执行停电联系制度。在检修工作开始之前，应查清哪些电源是必须停电和可能停电的，然后与光伏电站联系，待取得同意后再进行停电检修。

（2）要进行验电和挂地线，即在执行停电操作后，为防止线路上的设备带电或操作机构失灵带电和电路产生感应电流等，应在停电后用高压验电笔进行检查，待确定无电后，还应在工作范围线路的电源侧挂三相一组短路接地线，并在停电设备或断开导线的电杆上悬挂警告牌。做好这些后，才可开始检修工作。

（3）应检查杆根及工具，即在登杆前应认真检查杆根的情况，确认无倒杆危险时，才可登杆操作。对于各种工具和安全用具，在使用前应认真检查其有无机械损伤等问题，待检查合格后方可使用。

(4) 线路检修完毕后,应及时拆除临时接地短路线,并撤离检修人员,然后有检修负责人与光伏电站联系送电,严禁"约时送电"。

2.2.3 电力电缆配电线路

1. 直流输送电缆的选型

在太阳能光伏发电系统中低压直流输送部分使用的电缆,因为使用环境和技术要求的不同,对不同部件的连接有不同的要求,我们分别从影响因素、技术要求、遵循原则等方面展开介绍。

(1) 系统中电缆的选择主要考虑以下几方面因素。
① 电缆的绝缘性能。
② 电缆的耐热阻燃性能。
③ 电缆的防潮、防光。
④ 电缆的敷设方式。
⑤ 电缆芯的类型(铜芯、铝芯)。
⑥ 电缆的抗老化性能。
⑦ 电缆的线径规格等。

(2) 光伏系统中不同的部件之间的连接,因为环境和要求的不同,电缆选择也不同。以下分别列出不同连接部分的技术要求。

① 组件与组件之间的连接电缆。必须进行 UL 测试,要求耐热 90℃、防酸、防化学物质、防潮、防暴晒。一般情况下使用组件接线盒附带的连接电缆直接连接,长度不够时还可以使用专用延长电缆,如图 2-2-3 所示。依据组件功率大小的不同,该类连接电缆截面积为 $2.51mm^2$、$4.0mm^2$、$6.0mm^2$ 三种规格。这类连接电缆使用双层绝缘外皮,如图 2-2-4 所示,具有优越的防紫外线、水、臭氧、酸、盐的侵蚀能力,优越的全天候能力和耐磨损能力。

② 方阵内部与方阵之间的连接。可以露天或者埋在地下,要求防潮、防暴晒。此部分电缆最好进行穿管安装,导管必须耐热 90℃。

③ 电池方阵与控制器或直流接线箱之间的连接电缆,也要求使用通过 UL 测试的多股软线,截面积规格根据方阵输出最大电流而定。

④ 蓄电池与逆变器之间的连接电缆,要求使用通过 UL 测试的多股软线,尽量就近连接,或者使用通过 UL 测试的电焊机电缆。选择短而粗的电缆可使系统减小损耗,提高效率,增强可靠性。

⑤ 室内接线(环境干燥),电缆的截面积规格应根据线路输出最大电流而定,采用较短的导线连接。

(3) 电缆规格大小的设计必须遵循以下原则。

① 方阵内部与方阵之间的连接。选取的电缆额定电流应为计算所得电缆中最大连续电流的 1.56 倍。

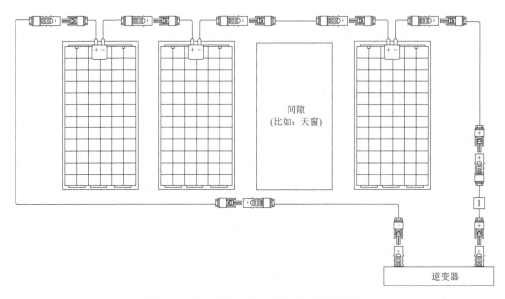

图 2-2-3 组件延长电缆使用示意说明图

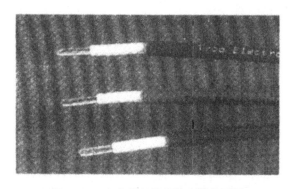

图 2-2-4 光伏组件连接电缆外形图

② 蓄电池到内部设备的短距离连接。选取的电缆额定电流应为计算所得电缆中最大连续电流的 1.25 倍。

③ 逆变器的连接。选取的电缆额定电流应为计算所得电缆中最大连续电流的 1.25 倍。

④ 交流负载的连接。选取的电缆额定电流应为计算所得电缆中最大连续电流的 1.25 倍。

⑤ 考虑温度对电缆性能的影响。

⑥ 考虑电压降不要超过 2%。

⑦ 适当的电缆规格选取基于两个因素：电流强度与电路电压损失。线损的计算公式为

$$线损 = 电流 \times 电路总线长 \times 电缆电压因子$$

式中，电缆电压因子由电缆制造厂家提供。

2. 直流输送电缆的铺设与连接

1) 太阳能光伏发电系统连接线缆铺设注意事项

(1) 不得在墙和支架的锐角边缘铺设电缆，以免切割、磨损伤害电缆绝缘层引起短路，或切断导线引起断路。

(2) 应为电缆提供足够的支撑和固定，防止风吹等对电缆造成机械损伤。

(3) 布线的松紧度要适当，过于张紧会因热胀冷缩造成断裂。

(4) 考虑环境因素影响，线缆绝缘层应能耐受风吹、日晒、雨淋、腐蚀等。

(5) 电缆接头要特殊处理，要防止氧化和接触不良，必要时要镀锡或锡焊处理。

(6) 同一电路馈线和回线应尽可能绞合在一起。

(7) 线缆外皮颜色选择要规范，如火线、零线和地线等颜色要加以区分。

(8) 线缆的截面积要与其线路工作电流相匹配，截面积过小，可能使导线发热，造成线路损耗过大，甚至使绝缘外皮熔化，产生短路甚至火灾。特别是在低电压直流电路中，线路损耗尤其明显。截面积过大，又会造成不必要的浪费。因此系统各部分线缆要根据各自通过电流的大小进行选择确定。

(9) 当线缆铺设需要穿过楼面、屋面或墙面时，其防水套管与建筑主体之间的缝隙必须做好防水密封处理，建筑表面要处理光洁。

2) 线缆的铺设与连接

电缆敷设前根据电缆盘的尺寸、重量，设置电缆架，将放盘的中轴处抹上一定量的黄油润滑，以便于转动。一般直流侧电缆为小线，盘不大，可多人一起用力将电缆盘架设在电缆架上。

电缆敷设前，应将桥架内清扫干净。在桥架端口处垫上一层布料防止电缆划伤。放电缆时，电缆盘处应有一人松盘，其余人随松盘的节奏拉动电缆至接线处。将放到位的电缆用断线钳断掉，电缆端头用电工胶带包起来，同时在端头处贴好电缆标识牌。将放到位的电缆梳理排列整齐，该绑扎的地方用扎带绑好。倾斜敷设的电缆每隔 2m 处设固定点；水平敷设的电缆，首尾两端、转弯两侧及每隔 5~10m 处设固定点。敷设于垂直桥架内的电缆固定点间距应不大于 2m。

太阳能光伏发电系统的线缆铺设与连接主要以直流布线工程为主，而且串联、并联接线场合较多。因此施工时要特别注意正负极性。在进行光伏电池方阵与直流接线箱之间的线路连接时，所使用导线的截面积要满足最大短路电流的需要。各组件方阵串的输出引线要做编号和正负极性的标记，然后引入直流接线箱。线缆在进入接线箱或房屋穿线孔时，要做个防水弯，以防积水顺电缆进入屋内或机箱内。

接线前，将电缆线头梳理整齐后按照接线需要将线切齐。线头剥线时，长度按接线孔的深度进行剥线，不宜剥线过长而露出铜线。

压接电缆连接器的电缆线头剥线长度要与连接器压线护套长度一致，不能过长，剥好的线头需要进行上锡处理。

压线前将每路线头上好码管，将上好锡的电缆接到汇流箱端子排上，连接器套好护套。

3) 线缆末端的接头处理

去掉电缆被覆绝缘层的电缆间相接时,接头部分的绝缘性能必须要比电缆本身的还要好。否则经过数年后绝缘体发生裂口、老化变碎会引起绝缘不良,严重会漏电或短路。为防止这些,可使用性能良好的绝缘带和保护带缠绕绝缘体,提高其耐候性。

任务三 微机监控系统

在光伏电站中,包括光电池阵列、汇流箱、低压直流柜、逆变柜、交流低压柜、升压变压器,直到最后产生的高压交流并入电网,在这每个环节电力参数都需要检测和控制,光伏电站微机监控系统,可实现对分布在不同区域的光伏发电站的监控,可对太阳能光伏电站里的电池阵列、汇流箱、逆变器、交直流配电柜、太阳跟踪控制系统等设备进行实时监测和控制,提供设备数据采集、解析、处理、事件产生、存储,并通过各种样式的图表、趋势、报表呈现电站的运行情况,确保客户远程对电站数据的监控需求。光伏电站微机监控系统强大的分析功能、测控功能、完善的故障报警确保了太阳能光伏发电系统的完全可靠和稳定运行。

2.3.1 远程监控技术在光伏系统中的应用

由于太阳能光伏电站是一个个分散的发电系统,将这些分散式的能源系统进行集中调度管理,达到大电网的调峰、分配、计量和有效的使用,光伏电站运行状态的实时监控就显得越来越重要。监控系统对光伏电站进行状态监控、故障检测、数据采集、能源调度与分配、计量等已成为光伏发电系统的关键技术。

随着科技的发展,远程监控技术融入了当今最先进的 IT 技术、通信技术、自动控制技术,使远程监控技术的应用范围更广、数据传输量更大、智能化程度更高、系统可靠性更好。

光伏电站系统的运行一般都是在无人值守的情况下进行的,要对地域上广泛分散的光伏系统进行监测维护是十分困难、繁琐的,需要大量的人力、物力。采用远程监控技术对光伏发电系统进行实时监控,其意义在于:可对光伏系统的运行状况进行实时监测与控制。因为光伏系统大都无人值守,人们很难做到经常保持监测维护、不可能对系统的运行状况做到实时监控;另外很多相对比较集中的应用系统(如光伏电站、光伏水泵等)也需要集中监控。远程监控技术可以减少人为干扰、节省人力、降低维护费用等,实现智能监测与控制。对光伏系统的实时监测,可以获得原始测量数据,为系统的改进与优化、科学研究提供有用数据。远程监控由于没有人为干预因素,所获得的数据资料是最原始、最准确的,同时也是最方便和快捷的方式。

今后,太阳能光伏建筑一体化、光伏并网系统是太阳能光伏发电的最终发展趋势。要将地域上广泛的、分散的太阳能光伏并网系统联系起来,构成一个安全的、智能化的能源调度管理系统,光伏系统远程监控技术具有重要作用。

1. 有线远程监控技术应用

有线远程监控技术主要采用工业总线，如 485 总线、CAN 总线等来实现下位机（单片机、DSP、工控机等）与监控主 PC 机间的通信。采用调制解调器（Modem）通过公用电话网来实现网络连接。通过公用电话网和 Modem 实现的有线远程监控系统，借助公用电话网，通过 Modem 的链接实现点对点有线远程监控。

图 2-3-1 所示是一个采用 485 工业总线及 Internet 实现的太阳能光伏发电有线远程监控系统，485 总线可以实现多个本地光伏系统的联网监控，然后通过转换接口与本地入网计算机连接，再通过 Internet 实现异地监控。

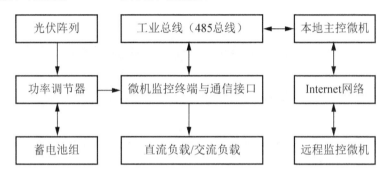

图 2-3-1　485 总线及 Internet 的光伏电站有线远程监控系统

2. 无线远程监控技术应用

无线远程监控技术主要借助于微波站或人造卫星的中继传输技术，如利用移动通信基站上专用的通信信号频段进行传输，目前我国很多移动基站上的太阳能光伏电站就是以此方式实现远程监控的。

基于 GSM/GPRS 无线移动通信网络的远程监控系统，它通过申请移动通信 GSM/GPRS 的数据通信业务或 SMS（ShortMessage Service）短信息业务等实现远程监控，图 2-3-2 所示是基于 GSM/GPRS 无线通信网络的光伏电站监控系统。随着移动通信 3G 技术的不断成熟与应用，无线远程监控还可以实现声频、视频数据的海量传输。在不便布线且有 Internet 覆盖的地方，主要采用 Modem 与 Internet 结合实现远程监控。随着 IT 信息技术的发展，三网（互联网、通信网、有线电视网）合一技术的实现，通过三网合一技术实现远程监控会十分方便、快捷，这也是太阳能光伏电站远程监控技术发展趋势。

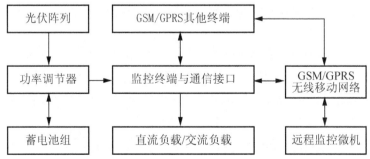

图 2-3-2　GSM/GPRS 无线通信网络的光伏电站监控系统

太阳能光伏电站远程监控技术，对于实现对光伏电站完整、统一的实时监测和控制是非常重要的。

2.3.2 光伏电站远程监控系统组成

1. 监控系统的基本结构

大型光伏电站监控系统由监控中心、光纤环网、监控子网、通信单元、测控终端、安保技防单元等部分组成，系统整体拓扑结构如图2-3-3所示。

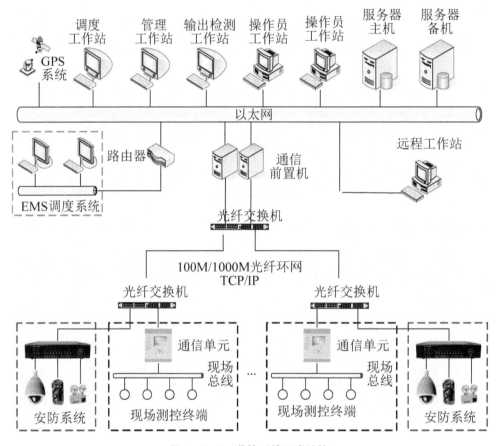

图2-3-3 监控系统组成结构

监控中心是整个监控系统的核心。监控中心通过通信系统与各现场系统进行信息交互，完成运行监测、命令下达、数据分析、状态显示、统计分析等功能，并接受调度指令，进行光伏电站的有功/无功功率控制。

光纤环网是监控系统的骨干通信网，物理介质采用100M或1000M单模光纤，通信协议为TCP/IP协议，具有速度快、实时性好、可靠性高的优点，可配置为单环网或双环网形式，监控中心和各现场系统通过工业以太网交换机接入光纤环网。

监控子网是指由各种测控终端、现场通信网络以及安保技防单元组成，并一同接入工业以太网交换机的监控子系统。大型光伏电站一般以500kW或1MW容量为一个光伏发电单元，监控子网的功能范围就是以光伏发电单元为依据来界定的。监控子网的拓扑结构如图 2-3-4 所示，其中光伏汇流箱的测控终端以电力线载波方式通过直流电缆通信，直流防雷配电柜内的测控终端接收载波信号，并通过双绞线将光伏汇流箱与自身的监测数据一起发送到现场总线上。

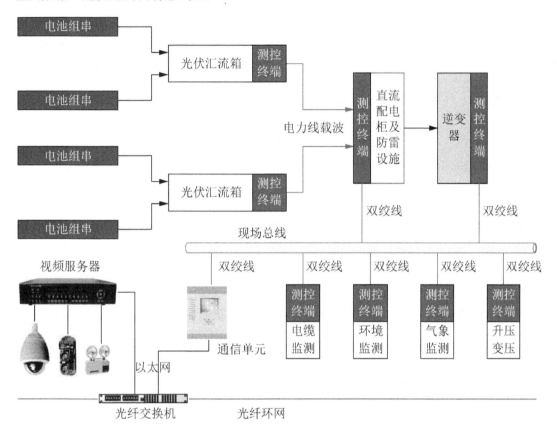

图 2-3-4　监控子网组成结构

通信单元负责完成数据预处理和规约转换，是信息上传下达的关键设备。监控子网的现场总线协议和其他通信协议将通过规约转换和隧道技术在 TCP/IP 网络上完成传送。

测控终端是监控系统中最基本的设备，负责完成末端的数据采集与命令下达，并与通信单元进行交互。根据测控对象、处理能力和通信介质的不同，测控终端也分为不同类型，以达到灵活部署、降低成本的目的。

2. 监控系统的关键部件

1）测控终端

测控终端直接面向测控对象完成数据采集上传与控制命令下达的任务。测控终端的核心器件是微处理器和智能收发器，根据应用环境的不同，微处理器可以采用 ARM7、ARM9 或 PowerPC，智能收发器可以选择电力线或双绞线物理层。具体的，微处理器承担数据采集、预处理以及控制命令辨识等功能，而智能收发器负责在总线上收发数据。测控终端的基本结构如图 2-3-5 所示。

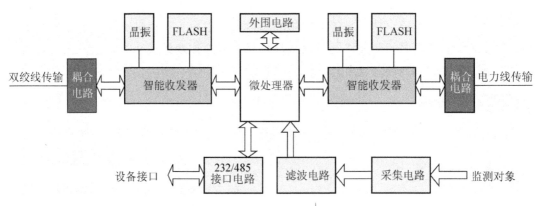

图2-3-5 测控终端的基本结构

2) 通信单元

通信单元采用高性能嵌入式系统,支持LonTalk协议和IEC60870-5-101、IEC50870-5-103、IEC50870-5-104、CDT等通信规约,具备多个LonWorks双绞线、以太网、RS232、RS485接口,可以同时与多台不同通信介质的测控终端进行信息交互,并能正确接收、识别、处理、执行监控中心的遥控命令。

3) 监控系统软件

监控系统软件采用分层分布的跨平台开放式系统架构,如图2-3-6所示。支撑平台系统由消息/服务软总线、系统管理服务、安全防护服务、实时数据服务、历史数据服务、业务运算服务和公共服务构成,其中公共服务包括数据服务、模型服务、文件服务、画面服务、告警服务、权限服务、报表服务、日志服务等组件。数据采集与控制等应用功能在支撑平台系统上运行。

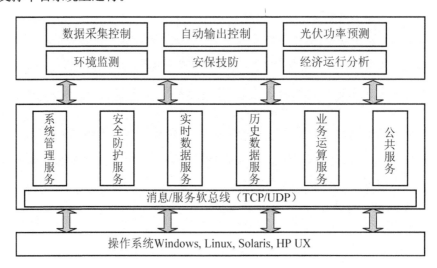

图2-3-6 监控系统软件架构

2.3.3 微机监控系统实例

1. 微机监控系统的主要功能

1) 数据采集与控制功能

大型光伏电站监控系统的 SCADA 功能可以分为操作类和管理类两大类。数据采集、状态监测、设备控制、事件记录等属于操作类功能；而用户管理、安全管理、系统设置、时间同步等属于管理类功能。下面列出几种较为重要的功能。

（1）数据采集与处理。系统通过前置通信服务器接收来自各通信单元的实时数据。对于实际测点，根据模拟量、状态量、电度量等不同数据类型分别进行预处理；对于计算测点，通过计算引擎和计算规则在线完成计算任务。

（2）状态监测与评估。监控中心能通过显示器对光伏电站主要设备运行参数和运行状态进行监测，通过系统配置图、电气接线图、过程曲线图、统计报表等画面展示系统的各个细节，并评估系统的生产运行状态。

（3）设备操作与控制。监控中心能够对光伏电站主要设备进行远程控制，控制命令通过通信单元下达。使能远程控制功能后，监控中心可以在画面上对逆变器进行起机、停机、限制出力等基本控制，以及对各电压等级断路器、隔离开关等进行遥控操作。

（4）系统报警与诊断。系统报警可分为两种类型，一种是事故报警，另一种是预警报警。前者一般包括逆变器主动上报故障信息，以及非计划性断路器跳闸等；后者包括一般设备变位、采集数据异常、趋势报警等。报警信号以图形、文字、语音等形式发出，并提供辅助诊断信息。

（5）事件记录与追忆。当光伏电站或电网发生事故时，监控系统自动提取故障前后指定时间段内的有关信息以供分析，事故追忆可通过关键故障条件自动触发，也能够以用户指定的方式起动。

2) 应用功能

（1）有功/无功自动联合控制。有功自动联合控制是指根据电网调度指令或系统运行状态，对系统总有功输出以及系统内各逆变器的有功输出进行联合调控分配，以满足电网调度要求，并优化系统运行效率。无功自动联合控制是指根据电网调度指令或接入电网状态，利用逆变器可以在 0.95（超前）～0.95（滞后）功率因数范围内平滑输出无功功率的能力，对系统内 SVC/SVG 和各逆变器的无功输出进行联合调控分配，从而满足电网对接入点电压的要求。

（2）光伏功率预报。监控系统中设计了与光伏功率预报系统的信息接口，预报系统可以从监控系统中获取运行数据和气象数据，也可以通过监控系统将短期光伏功率预报数据发往调度中心。

3) 环境监测功能

大型光伏电站占地面积大、工作人员少、维护难度大，特别是当光伏电池组件表面存在污染或遮挡时对系统发电量影响非常大。将环境监测功能纳入监控系统体系中，对电站内光伏电池表面污染状况、空气质量、蓄水池水量(用于清洗光伏电池)等环境数据进行连续监测,可以有效提升系统发电效率,减少维护工作量。

4) 安保技防功能

安保技防功能包括视频监视、红外探测、声光报警以及应急照明4个主要环节,对光伏电站完成无盲区覆盖,工作人员通过该功能可以提高安保水平、降低工作强度,该功能同时也为环境监测和设备运行监视提供了技术手段。

2. 国产 DMP317 微机线路光纤纵差保护测控装置实例

1) 主要功能

(1) 保护功能。本套装置成套使用,分为主从两台装置,可分别设置主从两机。

① 线路差动保护(带差流越限报警)。

② 通信报警功能并闭锁比率差动保护。

③ 三相(或两相)式三段电流保护(速断、限时电流速断、过流),(带后加速、低压闭锁、方向保护)。

④ 三相一次重合闸(不对应起动、保护起动、检无压、检同期)。

⑤ 低频减载(带欠流闭锁,滑差闭锁)。

⑥ 零序方向保护。

⑦ 低压减载(带加速功能)。

⑧ 检同期。

⑨ 过负荷报警。

⑩ PT、CT 断线,线路 PT 断线报警。

以上保护均有软件开关,可分别进入和退出。

(2) 远动功能。

① 遥测:Ia、Ib、Ic、P、Q、COS θ、Ula

② 遥信。开关量遥信:1 个断路器(双位置遥信),6 个状态遥信,弹簧未储能。压力异常报警,压力异常闭锁。事件遥信:保护事件信息遥信上送,保护动作时相应的遥信为"1",保护返回时相应的遥信为"0"。定值遥信:保护定值状态遥信上送,保护投入时相应的遥信为"1",保护退出时相应的遥信为"0"。

③ 遥脉:有功、无功积分电度,选配一组有功、无功脉冲电度。

④ 遥控。遥控开关:一组遥跳、遥合。遥控定值:实现遥控投退定值,遥控合闸为定值投入,遥控跳闸为定值退出。

(3) 录波功能。装置具有故障录波功能,记忆最新 8 套故障波形,记录故障前 10 个周波,故障后 10 个周波,返回前 10 个周波,返回后 5 个周波,可在装置上查看、显示故障波形,进行故障分析,也可上传当地监控或调度。

(4) 通信功能。装置配置 1 个 CAN 口和 1 个 RS485 口,CAN 为主网,RS485 为备网,双网热备用。正常运行时,CAN 网实现数据交互,当 CAN 网通信中断时,装置自动切换为 RS485 网通信。

(5) 积分电度:装置配置积分电度功能。

2) 技术指标

(1) 额定数据。

交流电流: 5A、1A。

交流电压: 100V。

交流频率: 50Hz。

直流电压: 220V、110V。

(2) 功率消耗。

交流电流回路: $I_N=5A$, 每相不大于 0.5VA。

交流电压回路: $U=U_N$, 每相不大于 0.2VA。

直流电源回路: 正常工作, 不大于 10W, 保护动作, 不大于 20W。

(3) 过载能力。

交流电流回路: 2 倍额定电流, 连续工作。

10 倍额定电流, 允许 10s。

40 倍额定电流, 允许 1s。

交流电压回路: 1.2 倍额定电压, 连续工作。

直流电源回路: 80%~110%额定电压连续工作。

(4) 测量误差。

测量电流电压: 不大于±0.3%。

有(无)功功率: 不大于±0.5%。

保护电流: 不大于±3%。

(5) 积分电度。

电度精度: 不少于 1 级。

(6) 通信配置。

通信接口: 1 个 CAN 口、1 个 RS485 口。

CAN 网通信速率: 5k/10k/20k/50k/60k/100kbps 可选。

RS485 网通信速率: 2400/4800/19200/38400bps 可选。

(7) 温度影响。

正常工作温度: −10~55℃。

极限工作温度: −25~75℃。

装置在−10~55℃温度下动作值因温度变化而引起的变差不大于±1%。

(8) 安全与电磁兼容。

① 脉冲干扰试验。能承受频率为 1MHz 及 100kHz 电压幅值共模 2500V, 差模 1000V 的衰减震荡波脉冲干扰试验。

② 静电放电抗扰度测试。能承受 IEC61000-4-2 标准Ⅳ级、试验电压 8kV 的静电接触放电试验。

③ 射频电磁场辐射抗扰度测试。能承受 IEC61000-4-3 标准Ⅲ级、干扰场强 10V/M 的辐射电磁场干扰试验。

④ 电快速瞬变脉冲群抗扰度测试。能承受 IEC61000-4-4 标准Ⅳ级的快速瞬变干扰试验。

⑤ 浪涌（冲击）抗扰度试验。能承受 IEC61000-4-5 标准Ⅳ级、开路试验电压 4kV 的浪涌干扰试验。

⑥ 供电系统及所连设备谐波、谐间波的干扰试验。能满足 IEC61000-4-7 标准 B 级、电流和电压最大允许误差不大于测量值的 5%。

⑦ 电源电压暂降、短时中断和电压变化的抗扰度试验。能承受 IEC61000-4-11 标准 70%UT 等级的电压暂降、短时中断干扰试验。

⑧ 振荡波抗扰度试验。能承受 IEC61000-4-12 标准Ⅳ级阻尼振荡波干扰试验，以及电压幅值共模 4kV、差模 2kV 的Ⅳ级振铃波干扰试验。

⑨ 工频磁场抗干扰度试验。能承受 IEC61000-4-8 标准Ⅳ级持续工频磁场干扰试验。

⑩ 阻尼振荡磁场抗干扰度试验。能承受 IEC61000-4-10 标准Ⅳ级阻尼振荡磁场干扰试验。

（9）绝缘耐压。

交流输入对地：大于 100MΩ。

直流输入对地：大于 100MΩ。

信号及输出触点对地：大于 100MΩ。

开关量输入回路对地：大于 100MΩ。

3）保护逻辑原理

（1）线路差动保护。本装置对通信回路实行长期监视，当误码率大于一定值时装置将发通道故障信号，并闭锁差动保护，一旦通信恢复正常差动保护自动投入，而无须人为干预。线路通信采用异步方式，以光纤作为通信介质，传输三相电流的实时采样数据。从机数据传输至主机，由主机结合自身的数据进行判断，动作指令由主机发出，通过主从两机的出口继电器发出。

采用带比率制动的差动保护，提高对区外故障的避越能力。装置可用在两端有源或一端有源的系统中，如图 2-3-7 所示。

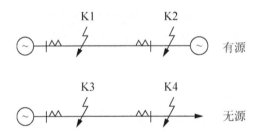

图 2-3-7 有源与无源线路差动保护

K1，K3 处故障为区内故障，能迅速动作；K2，K4 处故障为区外故障，能可靠不动作。

（2）保护动作方程。该保护采用分相式，即 A，B，C 任一相保护动作均出口，以下判据均以一相为例。当式(1)成立时，比率差动元件保护动作，如图 2-3-8 所示。

其中：I_{cd} 为差动电流；I_{cdqd} 为差动保护门坎定值；I_{zd} 为制动电流，取两侧同相电流绝对值之和，电流乘了 CT 平衡系数；I_{gd} 为拐点电流，K 为比率制动特性斜率，固化为 1/2。

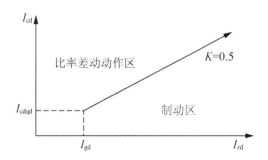

图 2-3-8 比率差动元件保护动作

CT 断线判据如下。

判据 1：产生的负序电流大于 0.1A，并且断线侧负序电流是非断线侧负序电流的 2 倍以上。MAX {I2(高)，I2(中)，I2(低)} > 2 * MIN {I2(高)，I2(中)，I2(低)}。

判据 2：断相侧的三相电流绝对值之和小于非断相侧的三相电流绝对值之和。

当判据 1、判据 2 同时满足时发"CT 断线闭锁"信号。互感器一般额定为 5A 或 1A，考虑 1.2 倍的过负荷运行，当二次相电流超过 6A 或 1.2A 时，认为是不正常运行状态，CT 断线不闭锁比率差动保护，差流如过动作值就动作，反之可靠闭锁，防止误动。

4）动作参数设定

（1）动作参数设定值见表 2-3-1。

表 2-3-1 动作参数设定值

序号	保护类型	保护投退	定值名称	整定范围	整定步长
1	线路差动保护	比率差动保护 ON/OFF	门坎电流	0.05～100A	0.01A
		CT 断线闭锁比率差动 ON/OFF	拐点电流		
		低电压闭锁 ON/OFF	低电压定值	0.5～400	0.01V
			负序电压		
		负序电压闭锁 ON/OFF	CT 平衡系数	0.01～1.0	0.01
2	差流告警	差流告警 ON/OFF	差流定值	0～10A	0.01A
			差流延时	0～10s	0.01s
3	电流速断	电流速断 ON/OFF 速断后加速 ON/OFF 低电压闭锁 ON/OFF 方向保护 ON/OFF	速断电流定值	0.5～100A	0.01A
			速断延时	0～10s	0.01s
			后加速延时	0～10s	0.01s
			低电压定值	0.5～100V	0.01V
4	限时速断	限时速断 ON/OFF 限速后加速 ON/OFF 低电压闭锁 ON/OFF 方向保护 ON/OFF	限速电流定值	0.5～100A	0.01A
			限时速断延时	0～10s	0.01s
			后加速延时	0～10s	0.01s
			低电压定值	0.5～100V	0.01V

续表

序号	保护类型	保护投退	定值名称	整定范围	整定步长
5	过流保护	过流保护 ON/OFF 过流后加速 ON/OFF 低电压闭锁 ON/OFF 方向保护 ON/OFF	过流定值	0.5～100A	0.01A
			过流延时	0～10s	0.01s
			后加速延时	0～10s	0.01s
			低电压定值	0.5～100V	0.01V
6	重合闸	不对应起动 ON/OFF 保护起动 ON/OFF 检无压 ON/OFF 检同期 ON/OFF	重合闸延时	0.2～10s	0.01s
			无压定值	0～100V	0.01V
7	低频减载	低频减载 ON/OFF 欠流闭锁 ON/OFF 滑差闭锁 ON/OFF	减载频率定值	45～50Hz	0.01Hz
			动作延时	0～20s	0.01s
			ΔF 定值	0～2Hz	0.01Hz
			ΔT 定值	0.04～0.20s	0.01s
			低压定值	20～9V	0.01V
			欠流定值	0～5A	0.01V
8	零序方向保护	零序方向保护 ON/OFF	零序电流	2～200mA	0.01mA
			零序电压	5～60V	0.01V
			动作延时	1～300s	0.01s
9	低压减载	低压减载 ON/OFF 减载加速 ON/OFF	电压定值	0～100V	0.01V
			动作延时	0.1～300s	0.01s
			滑差闭锁	0～100V/s	0.01V/s
			低压闭锁定值	0～100V	0.01V
			故障恢复电压	0～100V	0.01V
			故障恢复滑差	0～100V/s	0.01V/s
			减载加速延时	0.1～300s	0.01s
			加速滑差	0～100V/s	0.01V/s
10	检同期	频差闭锁 ON/OFF 频差滑差闭锁 ON/OFF 压差闭锁 ON/OFF	频差闭锁定值	0～1Hz	0.01Hz
			频差滑差闭锁	0～1Hz/s	0.01Hz/s
			低压闭锁定值	0.5～100V	0.01V
			压差闭锁定值	0.5～100V	0.01V
			允许检同期延时	1～300s	0.01s
			导前角	0.5～100°	0.01°
			合闸时间	0～30s	0.01s
			无压定值	0～100V	0.01V

续表

序号	保护类型	保护投退	定值名称	整定范围	整定步长
11	过负荷告警	过负荷告警 ON/OFF	过负荷电流	0.5~10A	0.01A
			动作延时	0~50s	0.01s
12	CT断线告警	CT断线告警 ON/OFF	CT断线无流定值	0~10A	0.01A
13	PT断线告警	PT断线告警 ON/OFF	检无压定值	0~30V	0.01V
			检无流定值	0~2A	0.01A
14	线路PT断线告警	线路PT断线告警 ON/OFF			

(2) 动作参数设定说明如下。

① CT平衡系数的计算说明。CT平衡系数是为了保证两台装置在一次侧CT变比不一致的情况下，保证二次侧计算电流与一次侧电流有相同的变比，根据实际情况调节。

如果两侧CT变比不一致，并且CT1>CT2，则CT变比大的那一侧CT平衡系数整定为1，即CT1侧的平衡系数整定为1；CT变比小的那一侧CT平衡系数整定为K，K为小CT变比除以大CT变比，即CT2侧的平衡系数$K=CT2/CT1$。

例如，被保护线路两侧CT变比分别为CT1=3000/5，CT2=1500/50，则CT1侧的平衡系数整定为1，CT2侧的平衡系数整定为CT2/CT1=0.5。如果两侧CT变比一致，则两侧CT平衡系数都整定为1。

② CT接线方式。主机和从机两端线路一次侧CT要求相同的接线方式，同名端接入，两侧均以流入线路为同名端。

③ 差动保护整定说明。被保护线路的两端分别装设主机和从机。从机将本端的采样电流和U_{ab}、U_{bc}以及负序电压传送给主机，主机结合自身的采样电流和电压进行差动保护判断。主机将差动判断结果传送给从机，从机接收主机跳闸指令执行指令。从机不进行差动判断，只接受主机的跳闸指令。

注意，线路纵差保护作为一个系统，必须设置为一个主机，一个从机。禁止将系统内的两台保护装置同时设置为主机或从机。

④ 低压减载。低压减载的起动必须具备以下条件：低压减载投入；电压滑差(du/dt)不大于低压减载滑差闭锁定值，一般不能大于$0.9U_n/s$；运行电压小于低压起动值(一般$0.9U_n$)；运行电压不小于低压闭锁值。

在输入电压满足以下条件之一时，低压减载被闭锁。

a. 低电压闭锁，软件低压闭锁值U_{bs}由用户通过定值设定。

b. 电压下降速率过快，其速率$du/dt>(du/dt)s1$时，此时视为系统短路。

当系统短路切除后，电压回升到$U>U_{set2}$时，且变化率$du/dt>(du/dt)s3$时，装置重新开放低压减载。

$(du/dt)s1$：低压滑差闭锁值；$(du/dt)s2$：低压加速滑差值；$(du/dt)s3$：电压恢复滑差闭锁值。

⑤ PT断线告警。PT断线检无压的电压定值，一般设定为30V；PT检无流定值，推荐整定为0.1A。

⑥ CT断线告警。CT断线检无流的电流定值，一般设定为0.3A。

⑦ 检同期。频差闭锁整定值，一般整定为0.5Hz，视频差波动情况而定。

频差滑差闭锁定值，防止频差不稳定而设定，如果待并网线路相对于系统容量较小，可整定为0.5Hz/s；反之，整定为0.8Hz/s。

低压闭锁定值推荐整定为额定电压的85%。

差压闭锁定值推荐整定为额定电压的10%~20%。

允许检同期延时，是以检同期触发起动开始计时，如果在该时段内，捕捉到同期条件即开放同期合闸出口，超出该时间范围，本次同期捕捉结束，等待下一次触发方可起动。为了避免在两个系统频率相同的情况下，相差永不满足条件，同期捕捉等待时间太长，推荐整定为200s。

导前角定值是指断路器合闸时，系统电压与待并线路电压之间的相角差，建议整定为15°；合闸时间是指开关从合闸触发到开关触点闭合所需的固有时间，由开关厂家提供参数或现场测定，合闸时间接近0.1s；无压定值推荐整定为30V。

⑧ 通信设置。主板上光纤通信部分元件J1跳线设置，用以调节光发送器的驱动电流，以改变光信号的强度。

任务四 接地与防雷

雷电是一种大气中的放电现象。云雨在形成过程中，它的某些部分积聚起正电荷，另一部分积聚起负电荷，当这些电荷积聚到一定程度时，就会产生放电现象，形成雷电。带电的云雨直接通过线路或电力设备而对地放电，称为直接雷击。如果带电的云雨在线路或电力设备附近放电，由于电磁的作用，产生很大的磁场，使附近金属导体感应出很高的电势，称为间接雷击。

在雷击的过程中，除了产生闪光和巨大的响声外，还会形成强大的电压和电流。由于光的速度是30×10^4km/s，而声的速度却只有330m/s，所以人们总是先看到闪光，然后才听到雷声。虽然雷电的时间短，只有几十微秒，但雷电的电压却可达几十万伏到几百万伏，电流可达几千甚至一二十万安培。线路不论是受到直接雷击还是间接雷击，都将产生过电压，若不能使雷电流迅速流入大地，雷电就会侵入设备，损坏建筑物或用电器具，甚至会引起火灾，造成人身伤亡事故。因此，光伏发电系统必须采取有效措施防止雷击。通常可以采用避雷线、避雷器和角型保护间隙等办法进行防雷。

2.4.1 光伏系统接地技术

1. 接地及接地电阻

将电气设备或金属部件与大地之间作良好的电气连接，称为接地。接地系统由被接地的设备、接地引入线、接地电极（接地体）和大地组成，如图2-4-1所示。接地电阻是指被接地的设备接地引出点开始到大地所构成的回路的总电阻。一般情况下接地引入线、接地电极的电阻值很小，可以忽略不计，接地电阻阻值的主要部分为流散电阻。接地体的对地电压与通过接地体流入大地中的接地电流之比，称为流散电阻。流散电阻实际上即为接地电极周围的土壤电阻。由于接地电极、接地引入线等金属导体的电阻相对于土壤电阻是可以忽略不计的，下面将主要介绍土壤电阻率。土壤的温度与其电阻率的关系，随着温度的降低，土壤的电阻率将急剧增大。另外压力对土壤电阻率的影响也较大，当土壤受压后，内部颗粒较以前紧密，土壤密度增大，其电阻率也就减小。

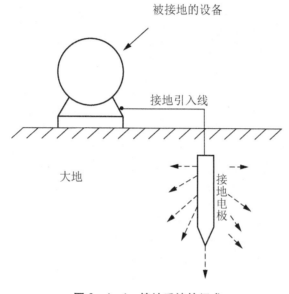

图 2-4-1 接地系统的组成

1) 系统接地的目的

(1) 将低压电气设备的中性点接地可降低电气设备的绝缘水平要求，抑制因系统故障接地而引起的过电压。

(2) 防止用电设备由于绝缘老化、损坏引起触电、火灾等事故。

(3) 保证防雷器件在电气设备遭受雷击时更有效地保护设备。

(4) 降低系统的电磁干扰。

2) 接地系统的要求

(1) 所有接地都要连接在一个接地体上，接地电阻满足其中的最小值，不允许设备串联后再接到接地干线上。

(2) 光伏电站对接地电阻值的要求较严格，因此要实测数据，建议采用复合接地体，接地机的根数以满足实测接地电阻为准。

3) 光伏电站接地接零的要求

(1) 电气设备的接地电阻 $R \leqslant 4\Omega$，满足屏蔽接地和工作接地的要求。

(2) 在中性点直接接地的系统中，要重复接地，$R \leqslant 10\Omega$。

(3) 防雷接地应该独立设置，要求 $R \leqslant 30\Omega$，且和主接地装置在地下的距离保持在 3M 以上。

2. 光伏系统的接地

1) 防雷接地

包括避雷针、避雷带以及低压避雷器、外线出线杆上的瓷瓶铁脚还有连接架空线路的电缆金属外皮。

2) 工作接地

逆变器、蓄电池的中性点、电压互感器和电流互感器的二次线圈。

3) 保护接地

光伏电池组件机架、控制器、逆变器、配电屏外壳、蓄电池支架、电缆外皮、穿线金属管道的外皮。

4) 屏蔽接地

电子设备的金属屏蔽。

5) 重复接地

低压架空线路上，每隔 1km 处接地。

接闪器可以采用 12mm 圆钢，如果采用避雷带，则使用圆钢或者扁钢，圆钢直径≥48mm，厚度不应该小于等于 $4mm^2$。引下线采用圆钢或者扁钢，宜优先采用圆钢，圆钢直径≥8mm，扁钢的截面不应该小于 $4mm^2$。

接地装置：人工垂直接地体宜采用角钢、钢管或者圆钢、水平接地体宜采用扁钢或者圆钢、圆钢的直径不应该小于 10mm，扁钢截面不应小于 $100mm^2$，角钢厚度不宜小于 4mm，钢管厚度不小于 3mm。人工接地体在土壤中的埋设深度不应小于 0.5mm，需要热镀锌防腐处理，在焊接的地方也要进行防腐防锈处理。

2.4.2 常见接地防雷设备

1. 防雷

太阳能光伏电站为三级防雷建筑物，按照 GB 50057—1994《建筑防雷设计规范》，防雷和接地涉及以下的方面。

1) 电站站址的选择

尽量避免将光伏电站建筑在雷电易发生的和易遭受雷击的位置；尽量避免避雷针的投影落在光伏电池组件上。

2) 防止雷电感应

控制机房内的全部金属物包括设备、机架、金属管道、电缆的金属外皮都要可靠接地，每件金属物品都要单独接到接地干线，不允许串联后再接到接地干线上。

3) 防止雷电波侵入

在出线杆上安装阀型避雷器，对于低压 220/380V 可以采用低压阀型避雷器。要在每条回路的出线和零线上装设。架空引入室内的金属管道和电缆的金属外皮在入口处可靠接地，冲击电阻不宜大于 30Ω。接地的方式可以采用电焊，如果没有办法采用电焊，也可以采用螺栓连接。

2. 太阳能光伏并网电站防雷

太阳能光伏并网发电系统的基本组成为太阳电池方阵、直流配电柜、交流配电柜和逆变器等。太阳电池方阵的支架采用金属材料并占用较大空间,一般放置在建筑物顶部或开阔地,在雷电发生时,尤其容易受到雷击而毁坏,光伏电池组件和逆变器比较昂贵,为避免因雷击和浪涌而造成经济损失,有效的防雷和电涌保护是必不可少的。太阳能光伏并网电站防雷的主要措施如图2-4-2所示。

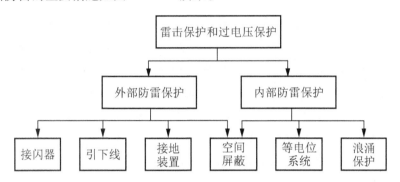

图2-4-2 综合防雷的主要措施

外部防雷装置主要是避雷针、避雷带和避雷网等,通过这些装置可以减小雷电流流入建筑物内部产生的空间电磁场,以保护建筑物和构筑物的安全。防直击雷装置应严格按照国标GB 50057—1994《建筑物防雷设计规范》的要求进行设置,其中避雷针必须按滚球法计算其保护范围和高度。

1)用滚球法计算保护范围公式

(1)单避雷针保护范围如图2-4-3所示。

当 $h \leqslant h_r$ 时

$$R_x = [h(2h_r - h)]^{1/2} - [h_x(2h_r - h_x)]^{1/2}$$

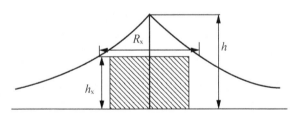

图2-4-3 单避雷针保护范围示意图

(2)双避雷针保护范围如图2-4-4所示。

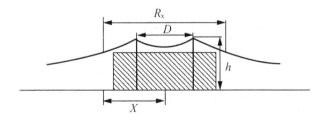

图2-4-4 双避雷针保护范围示意图

当 $h \leqslant h_r$ 时

$D \geqslant 2[h(2h_r-h)]1/2$ 时在两针间 $R_x = h_r - [(h_r-h)2+(D/2)2-X2]1/2$

表 2-4-1 确定接闪器高度的依据

建筑物防雷类别	滚求半径 h_r/m	建筑物防雷类别	滚求半径 h_r/m
第一类防雷建筑物	30	第三类防雷建筑物	60
第二类防雷建筑物	45		

2）接地措施

当光伏设备放置在已经建成的建筑物顶部时，应考虑到原有的外部防雷系统。如果光伏设备处于保护范围内，可以不用另加外部防雷系统，反之则要另加外部防雷系统。避雷针的布置既需要考虑光伏设备在保护范围内，又要尽量避免阴影投射到光伏组件上。

良好的接地使接地电阻减小，才能把雷电流导入大地，减小地电位，各接地装置都要通过接地排相互连接以实现共地防止地电位反击。

独立避雷针（线）应设独立的集中接地装置，接地电阻必须小于10Ω。低压电力设备接地装置的接地电阻，不宜超过4Ω。光伏设备的接地系统设计为环形接地极（水平接地电极），建议网络大小为20m×20m。固定的金属支架大约每隔10m连接至接地系统。

太阳能光伏发电设备和建筑的接地系统通过镀锌钢相互连接，在焊接处也要进行防腐防锈处理，这样既可以减小总接地电阻又可以通过相互网状交织连接的接地系统形成一个等电位面，显著减小雷电作用在各地线之间所产生的过电压。

水平接地极铺设在至少0.5m深的土壤中（距离冻土层深0.5m），使用十字夹相互连接成网格状。同样，在土壤中的连接头必须用耐腐蚀带包裹起来。

等电位连接，实现各金属物体之间等电位，防止互相之间发生闪络或击穿。防雷系统的关键部分是太阳能光伏并网发电系统的所有金属结构和设备外壳连通并接地。具体的做法是：光伏电池组件和支架及设备的外壳直接接到等电位系统上，直流和交流电缆通过安装电涌保护器间接接到等电位系统上。为防止部分雷电流侵入建筑物，等电位连接应尽可能靠近系统的入口或建筑物的进线处。

屏蔽，实现建筑物、线路和设备对外界的电磁屏蔽隔离，防止电磁脉冲和感应高电压。屏蔽是当雷电在系统附近的大地放电雷云在附近经过时，通过降低电磁场与系统输电线路的相互作用对系统提供保护。屏蔽可以采用密封的导电壳层、同轴外套或内通电缆的电缆管，或者在电缆沟中电缆上面敷设裸露保护线等方式。屏蔽装置的外壳应连接到设备地线上。

浪涌保护，通过在带电电缆上安装浪涌保护器实现，减少电涌和雷电过电压对设备造成损坏。

3. 太阳能光伏并网发电系统防雷电浪涌

太阳能光伏并网发电系统的雷电浪涌入侵途径，除了光伏阵列外，还有配电线路、接地线等，所以太阳能光伏并网发电系统需要采取以下防护措施。

(1) 在逆变器的每路直流输入端装设浪涌保护装置。

(2) 在并网接入控制柜中安装浪涌保护器,以防护沿连接电缆侵入的雷电波。为防止浪涌保护器失效时引起电路短路,必须在浪涌保护器前端串联一个断路器或熔断器,过电流保护器的额定电流不能大于浪涌保护器产品说明书推荐的过电流保护器的最大额定值。当光伏阵列架设在接闪器保护范围内时,光伏阵列置于 LPZ0B 区内,配电设备和逆变器必须置于 LPZ1 区内,为此应在逆变器的直流输入端配置直流电源浪涌保护器如图 2-4-5 所示,直流电源浪涌保护器可选用专门用于直流配电系统的浪涌保护器,也可选用交流配电系统的浪涌保护器,并按换算公式 $V_{dc}= 1.414\ V_{ac}$ 计算。

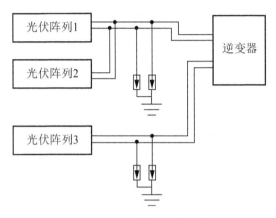

图 2-4-5 直流浪涌保护器安装示意图

作为第一级浪涌保护应该选择开关型浪涌保护器以泄放大的雷电流,直流浪涌保护器的主要技术参数应满足如下要求。

额定放电冲击电流 $I_{imp} \geqslant 5kA(10/350\mu s)$。

最大持续运行电压 $U_C \geqslant 1.15 U_{dc}$($U_C$ 为太阳电池方阵开路电压)。

电压保护水平 $U_P \leqslant 0.8 U_W$(U_W 为逆变器耐冲击过电压额定值,一般情况下 $U_W = 4000V$)。

为保护用电设备,在逆变器与并网点之间必须加装第二级电源防雷器,可选限压型浪涌保护器,具体型号应根据工作电压和现场情况确定。综合采用以上措施可以逐级将雷电流降低,最终控制在设备能承受的电压范围之内。大量实践证明这些措施是非常有效的。

4. 实例

通过以下实例将指出下列太阳能光伏并网发电系统防雷系统的存在的问题。太阳能光伏并网发电系统防雷接地示意图如图 2-4-6 所示。

本太阳能光伏并网发电系统主要由 288 块峰值功率为 175Wp 的单晶硅光伏组件、6 台额定功率为 6kW 小型集中逆变器和 3 台额定功率为 4kW 多组串逆变器组成。光伏组件与额定功率为 6kW 的逆变器的组串方式为 12 串 3 并,与额定功率为 4kW 的逆变器的组串方式为 8 串 3 并。系统主要组成部分的具体配置见表 2-4-2、表 2-4-3、表 2-4-4。

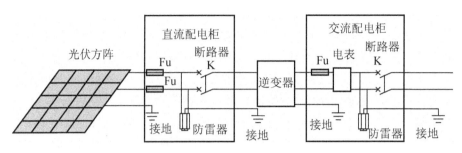

图 2-4-6　太阳能光伏并网发电系统防雷接地示意图

表 2-4-2　单晶硅光伏电池组件参数

型　　号	短路电流/A	最佳工作点电流/A	开路电压/V	最佳工作点电压/V
STP 175-24/Ac	5.16	4.95	44.20	35.20

表 2-4-3　SMA 光伏逆变器参数

型　　号	最大输入电压	最大输入电流	最佳工作点电压范围	输出电压
Sunny Boy SB 4200 TL HC	750V	22A	125～600V	230V
Sunny Mini Central 6000 TL	700V	19A	300～600V	230V

表 2-4-4　直流电源防雷器基本电气性能指标

技 术 参 数	M40-1000B
标称工作电压	1000V DC
最大持续工作电压	1200V DC
漏电流	<15μA
额定放电冲击电流 I_n(8/20)μs	20kA
最大放电冲击电流 I_{max}(8/20)μs	40kA
I_n 时的保护水平(8/20)μs	<3200V
响应时间 t_a	<25ns

经检查和分析发现此太阳能光伏并网发电系统的防雷保护系统有以下错误。

(1) 保险丝安装位置和选型错误。保险丝作为浪涌保护器的后备保护应位于浪涌保护器支路的前端，起过电流保护作用，其分断能力应等于或大于安装处的预期短路电流。根据计算可得，在太阳辐照度为 1000W/m^2 温度为 25℃ 时流过熔断器的可能最大电流约为 15.48A，而系统使用的熔断器的额定电流为 16A，即使浪涌保护器失效使电路短路，流过熔断器的电流也不会超过熔断器的额定电流，所以熔断器起不到短路保护的作用。

(2) 直流防雷器的标称工作电压太大。太阳电池方阵的直流输出端电压比较稳定，工作时此系统中 12 串 3 并的太阳电池方阵正常工作时输出电压约为 422.2V，开路时电压约为 530V，8 串 3 并的太阳电池方阵正常工作时输出电压约为 281.6V，开路时电压约为 353.6V。由于太阳电池方阵是由各个光伏电池组件连接起来的，容易出现因接线错误或其他原因导致直流输出电压超过逆变器最大输入电压的情况，为更好地保护逆变器，建议与 12 串 3 并的太阳电池方阵连接的浪涌保护器标称工作电压为 600～700V，与 8 串 3 并的太阳电池方阵连接的浪涌保护器标称工作电压为 400～750V。

（3）此系统的接地装置都直接与避雷带相连，当发生雷击时仍有部分电流流过导线，所以作为第一级防雷器必须选用开关型浪涌保护器，而不是限压型浪涌保护器。

（4）两级限压型浪涌保护器之间的间隔只有 4m，不符合要求。

为了保证多级浪涌保护器之间的能量配合问题，GB 50057—1994 规定，开关型浪涌保护器与限压型浪涌保护器之间的安装距离是 10m，限压型浪涌保护器与限压型浪涌保护器之间的安装距离是 5m。电源线路中安装了多级电源浪涌保护器时，由于各级浪涌保护器的标称导通电压和标称放电电流的不同、安装方式及接线长短的差异，如果设计和安装时不考虑间距问题，它们之间能量配合不当，就会出现某级浪涌保护器动作泄流的盲点。如果两级浪涌保护器的间距达不到要求，可以在线路中串联安装适当的退耦元件。

项目小结

本项目讲述了太阳能光伏发电配套系统工程设备，包括备用发电设备、低压架空线路及配电线路、微机监控系统及防雷与接地等配套设备。在备用发电设备中，简述了柴油发电机的结构与工作原理，注重柴油发电机的维护与保养；低压架空线路及电力配电线路，是连接逆变器到交流负载，输送 380V/220V 交流电能的线路，低压配电线路采用三相四线制，三相三线制和单相两线制；电站微机监控系统具有强大的分析功能、测控功能、完善的故障报警确保了太阳能光伏发电系统的完全可靠和稳定运行；光伏电站在防雷过程中，必须采取有效措施防止雷击，一般采用避雷线、避雷器和角型保护间隙等办法进行防雷。

思考练习题

1. 柴油发电机组起动、运行和停机过程，须注意哪些问题？
2. "三滤"对柴油机的正常运行有何意义？
3. 柴油机技术保养分几级？各级保养的重点是什么？
4. 低压架空配电线路主要由哪些组成？
5. 低压线路巡视检查的内容是什么？
6. 低压线路维护与检修有哪些内容？
7. 远程监控系统的基本结构是什么？
8. 微机监控系统的关键部件有哪些？
9. 国产 DMP317 微机线路光纤纵差保护测控装置的主要功能是什么？
10. 光伏发电系统接地的要求是什么？

11. 光伏发电系统的接地包括哪些方面？
12. 太阳能光伏电站防雷和接地包括哪些方面？
13. 太阳能光伏并网发电系统需要采取哪些防雷措施？

智能电网

智能电网（Smart Power Grids），就是电网的智能化，它是建立在集成的、高速双向通信网络的基础上，通过先进的传感和测量技术、先进的设备技术、先进的控制方法以及先进的决策支持系统技术的应用，实现电网的可靠、安全、经济、高效、环境友好和使用安全的目标，其主要特征包括自愈、激励和包括用户、抵御攻击、提供满足用户需求的电能质量、容许各种不同发电形式的接入、起动电力市场以及资产的优化高效运行。

1. 智能电网的概念

智能电网是以各种发电设备、输配电网络、用电设备和储能设备的物理电网为基础，将现代先进的传感测量技术、网络技术、通信技术、计算技术、自动化与智能控制技术等与物理电网高度集成而形成的新型电网，它能够实现可观测（能够监测电网所有设备的状态）、可控制（能够控制电网所有设备的状态）、完全自动化（可自适应并实现自愈）和系统综合优化平衡（发电、输配电和用电之间的优化平衡），从而使电力系统更加清洁、高效、安全、可靠。智能电网是一个完全自动化的电力传输网络，能够监视和控制每个用户和电网节点，保证从电厂到终端用户整个输配电过程中所有节点之间的信息和电能双向流动，它以充分满足用户对电力的需求和优化资源配置、确保电力供应的安全性、可靠性和经济性、满足环保约束、保证电能质量、适应电力市场化发展等为目的，实现对用户可靠、经济、清洁、互动的电力供应和增值服务。

智能电网由很多部分组成，可分为：智能发电系统、智能变电站、智能配电网、智能电能表、智能交互终端、智能调度、智能家电、智能用电楼宇、智能城市用电网、新型储能系统等。

智能电网技术大致可分为4个领域：高级智能电网测量体系、高级配电运行、高级输电运行和高级资产管理。高级测量体系主要作用是授权给用户，使系统同负荷建立起联系，使用户能够支持电网的运行；高级配电运行核心是在线实时决策指挥，目标是灾变防治，实现大面积连锁故障的预防；高级输电运行主要作用是强调阻塞管理和降低大规模停运的风险；高级资产管理是在系统中安装大量可以提供系统参数和设备（资产）"健康"状况的高级传感器，并把所收集到的实时信息与资源管理、模拟与仿真等过程集成，改进电网的运行和效率。智能电网是物联网的重要应用，《计算机学报》刊登的《智能电网信息系统体系结构研究》一文对此进行了详细论述，并分析了智能电网信息系统的体系结构。

2. 智能电网的先进性和优势

与现有电网相比，智能电网体现出电力流、信息流和业务流高度融合的显著特点，其先进性和优势主要表现在以下几个方面。

（1）具有坚强的电网基础体系和技术支撑体系，能够抵御各类外部干扰和攻击，能够适应大规模清洁能源和可再生能源的接入，电网的坚强性得到巩固和提升。

（2）信息技术、传感器技术、自动控制技术与电网基础设施有机融合，可获取电网的全景信息，及时发现、预见可能发生的故障。故障发生时，电网可以快速隔离故障，实现自我恢复，从而避免大面积停电的发生。

（3）柔性交流/直流输电、网厂协调、智能调度、电力储能、配电自动化等技术的广泛应用，使电网运行控制更加灵活、经济，并能适应大量分布式电源、微电网及电动汽车充放电设施的接入。

（4）通信、信息和现代管理技术的综合运用，将大大提高电力设备使用效率，降低电能损耗，使电网运行更加经济和高效。

(5) 实现实时和非实时信息的高度集成、共享与利用,为运行管理展示全面、完整和精细的电网运营状态图,同时能够提供相应的辅助决策支持、控制实施方案和应对预案。

(6) 建立双向互动的服务模式,用户可以实时了解供电能力、电能质量、电价状况和停电信息,合理安排电器使用;电力企业可以获取用户的详细用电信息,为其提供更多的增值服务。

3. 智能电网对新能源及供电质量的作用

(1) 在能源危机和全球气候变暖的大背景下,充分利用新能源和可再生能源以及节约能源是不二的选择,传统的电网是不能满足大量新能源接入的需要的,必须采用新的电网架构和技术来满足这一要求,同时支持能源的高效利用。

基于环境保护、节能减排和可持续性发展的要求,我们需要不断增加和吸纳可再生能源发电的份额,以达到减少全球变暖污染,保护我们的生存环境的目的。

目前,大规模可再生能源为太阳能和风能,它们都是间歇性的、常常是无法预测的。现有的电网在吸纳大规模的这些间歇性能源在技术上存在很大的挑战。智能电网技术可提高电网管理大量间歇性可再生能源发电的能力,从而使新能源革命成为可能。实际上,我们并不缺乏可再生能源,而是如何开发和利用的问题,以及解决大规模接入电网的技术性问题,这也是智能电网的首要任务。

(2) 在现代工业化和信息化产业的用电负荷不断增加的同时,对供电质量也提出越来越高的要求。

随着信息技术的飞速发展,在各行各业大量使用基于微处理器控制的智能化用电设备,这些设备对系统干扰比机电设备更为敏感,因此对电能质量的要求也更高。特别是那些连续生产的企业,一旦出现电能质量问题,轻则造成设备故障,重则造成整个系统的损坏,由此带来的损失是难以估量的。

在另一方面,近年来在工业化生产中为了提高生产效率、节约能源和减小环境污染,开始大量采用电力电子设备,现时电力电子装置的应用已覆盖了从发电、输电、配电以及用电的整个电力供应链。可以说,电力电子设备在带来用电效率提高的同时,也带来了严重的电能质量问题,成为电力系统中电能质量问题的主要来源。例如普通用户中大量使用的开关式电源,公共照明系统中荧光照明负荷,正逐渐成为配电系统中主要的谐波源。

电能质量对生产过程的影响是绝对不可忽视的。根据报道,1~2个周波的供电电压暂降,就可能破坏半导体生产线,导致上百万美元的损失。国内一家生产$0.25\sim0.5\mu m$硅晶片为主的高科技企业也曾对芯片生产过程进行测试。这家公司的其中一部分负荷对电压变动是十分敏感的,当电压跌至正常电压的80%、持续时间超过20ms时,其内部的部分设备就会停机,据粗略估计,每发生一次类似事件,造成的直接经济损失在200万元人民币以上。根据统计,美国因电能质量问题造成的损失每年高达260亿美元。2005年由国际铜业(中国)主持的一次"中国电能质量行业现状与用户行为调研报告"中,调查了32个行业,在共92个企业中有49个企业因电能质量问题在经济上损失人民币2.5~3.5亿元,每个企业年经济损失10~100万元,其中有4家损失在1000万元以上。

因此,信息社会对电能质量问题提出了新的挑战,智能电网采用新的技术和新的设备保证了电能的质量。

(3) 智能电网可有效地保证电网的安全性和供电可靠性,电网各级防线之间紧密协调,具备抵御突发性事件和严重故障的能力,能够有效避免大范围连锁故障的发生,显著提高供电可靠性,减少停电损失。

近年发生的多起电网大停电事故并造成非常巨大的经济损失,已使人们认识到其日逐老化的电网以及相对落后的监测手段对电网安全运行构成严重的威胁,迫切需要采用新技术进行改造以提供电网的安全运行水平。在过去30年间,虽然信息技术的发展和应用已发生了翻天覆地的变化,但有着100多年历史的电网发展虽然进入了跨国联网时代,并且电网的复杂程度越来越高,但在电网的运行和管理方面并没有根本性的改变,日逐老化的电网也没有跟上信息技术变革的步伐,电网新设备的采用以及监控手段相对落后,已不能满足现代大规模互联电网的安全和可靠运行的需要。

近十年来发生多次电网大停电事故并造成巨大的经济损失,已迫使电力和监管部门认识到迫切需要对现代电网的规划、设计、建设和运行多方面进行重新评估,以及采取基于新技术的相应措施。因此,现代电网迫切需要利用改善电网输电能力以及各种安全监控策略,以防止随时可能出现的大面积停电事故。

4. 我国智能电网的发展

"十二五"期间,国家电网将投资 5000 亿元,建成连接大型能源基地与主要负荷中心的"三横三纵"的特高压骨干网架和 13 回长距离支流输电工程,初步建成核心的世界一流的坚强智能电网。国家电网制定的《坚强智能电网技术标准体系规划》,明确了坚强智能电网技术标准路线图,是世界上首个用于引导智能电网技术发展的纲领性标准。国网公司的规划是,到 2015 年基本建成具有信息化、自动化、互动化特征的坚强智能电网,形成以华北、华中、华东为受端,以西北、东北电网为送端的三大同步电网,使电网的资源配置能力、经济运行效率、安全水平、科技水平和智能化水平得到全面提升。

(1) 智能电网是电网技术发展的必然趋势。通信、计算机、自动化等技术在电网中得到广泛深入的应用,并与传统电力技术有机融合,极大地提升了电网的智能化水平。传感器技术与信息技术在电网中的应用,为系统状态分析和辅助决策提供了技术支持,使电网自愈成为可能。调度技术、自动化技术和柔性输电技术的成熟发展,为可再生能源和分布式电源的开发利用提供了基本保障。通信网络的完善和用户信息采集技术的推广应用,促进了电网与用户的双向互动。随着各种新技术的进一步发展、应用并与物理电网高度集成,智能电网应运而生。

(2) 发展智能电网是社会经济发展的必然选择。为实现清洁能源的开发、输送和消纳,电网必须提高其灵活性和兼容性。为抵御日益频繁的自然灾害和外界干扰,电网必须依靠智能化手段不断提高其安全防御能力和自愈能力。为降低运营成本,促进节能减排,电网运行必须更为经济高效,同时须对用电设备进行智能控制,尽可能减少用电消耗。分布式发电、储能技术和电动汽车的快速发展,改变了传统的供用电模式,促使电力流、信息流、业务流不断融合,以满足日益多样化的用户需求。

在绿色节能意识的驱动下,智能电网成为世界各国竞相发展的一个重点领域。智能电网是电力网络,是一个自我修复,让消费者积极参与,能及时从袭击和自然灾害复原,容纳所有发电和能量储存,能接纳新产品,服务和市场,优化资产利用和经营效率,为数字经济提供电源质量。智能电网建立在集成的、高速双向通信网络基础之上,旨在利用先进传感和测量技术、先进设备技术、先进控制方法,以及先进决策支持系统技术,实现电网可靠、安全、经济、高效、环境友好和使用安全的高效运行。

它的发展是一个渐进的逐步演变,是一场彻底的变革,是现有技术和新技术协同发展的产物,除了网络和智能电表外还包含了更广泛的范围。建设以智能电网为骨干网架,各级电网协调发展,以信息化、自动化、互动化为特征的坚强智能电网,全面提高电网的安全性、经济性、适应性和互动性,坚强是基础,智能是关键。

项目三

太阳能光伏发电系统运行与维护

　　太阳能光伏发电系统涉及多种高科技专业领域，其不仅要进行合理可靠、经济实用的优化设计，选用高质量的设备、部件，还必须进行认真、规范的安装施工和检测调试。系统容量越大，电流电压越高，安装调试工作就越重要；否则，轻则会影响光伏发电系统的发电效率，造成资源浪费，重则会频繁发生故障，甚至损坏设备。另外还要特别注意在安装施工和检测全过程中的人身安全、设备安全、电气安全、结构安全及工程安全问题，做到规范施工、安全作业，安装施工人员要通过专业技术培训合格，并在专业工程技术人员的现场指导和参与下进行作业。

光伏发电系统的运行与维护

任务一 太阳能光伏发电系统管理制度

从目前太阳能光伏电站的运行管理工作实际经验看,要保证光伏发电系统安全、经济、高效运行,必须建立规范和有效的管理机制,建立合理的制度体系。

3.1.1 建立光伏系统的管理体系

1. 管理体系的建立

对于光伏系统,不论是小型化的离网光伏系统、大型并网光伏系统或者混合型光伏系统,其后期运营、维护需求远低于其他发电形式,但考虑到环境因素和人为因素,确保运行与维护的安全适用、技术先进、经济合理,还需要实行严格的管理,建立符合国际标准的管理体系。

1) 文件档案管理

首先要建立全面完整的技术文件档案,并设立专人负责技术文件的管理,为电站的安全可靠运行提供基础数据支持。电站的基本技术资料包括:设计方案、施工与竣工图纸,验收文件,各设备的使用手册,所有操作开关、旋钮、手柄以及状态和信号指示的说明,起动设备运行的操作步骤,电站维护的项目及内容,维护日程和所有维护项目的操作规程,电站故障排除指南,包括详细的检查和修理步骤等。

2) 信息化管理系统

利用计算机管理系统建立电站信息资料,对电站建立数据库,数据库内容包括两方面:一是电站的基本信息,主要有气象地理资料、交通信息、电站所在地的相关信息(如人口、户数、公共设施、交通状况等)、电站的相关信息(如电站建设规模、设备基本参数、建设时间、通电时间、设计建设单位等);二是电站的动态信息,主要包括电站供电信息(用电户、供电时间、负载情况、累计发电量等),电站运行中出现故障和相应处理情况的描述与统计。

3) 数据记录与采集

记录和分析电站运行状况并制定维护方案。日常维护工作主要是每日测量并在日志上记录不同时间系统的工作参数,主要记录内容有:日期,记录时间,天气状况,环境温度,蓄电池室温度,子方阵电流、电压,蓄电池放电电流、电压,逆变器直流输入电流、电压,蓄电池充电电流、电压,逆变器直流输入电流、电压,交流配电柜输出电流、电压及用电量,记录人等。当电站出现故障时,电站操作人员要详细记录故障现象,并协助维修人员进行维修工作,故障排除后要认真填写故障记录表,主要记录内容包括出现故障的设备名称、故障现象描述、故障发生时间、故障处理方法、零部件更换记录、维修人员及维修时间等。电站巡检工作应由专业技术人员定期进行,在巡检过程中要全面检查电站各设备的运行情况和运行现状,并测量相关参数。并仔细查看电站操作人员对日维护、月维护记录情况,对记录数据进行分析,及时指导操作人员对电站进行必要的维护工作。同时还应综合巡检工作中发现的问题,对本次维护中电站的运行状况进行分析评价，最后对电站巡检工作作出详细的总结报告。

4）运行分析制度

依据电站运行期的档案资料，组织相关部门和技术人员对电站运行状况进行分析，及时发现存在的问题，提出切实可行的解决方案。建立运行分析制度，一是有利于提高技术人员的业务能力，二是有利于提高电站可靠运行水平。

2. 应急机制的建立

为了确保光伏发电系统的运行稳定可靠，加强全网统一合作协调调度，各光伏电站都应设立专人负责与电站操作人员和设备厂家的联系工作。当电站出现故障时，操作人员能及时将问题提交给相关部门，确保能在最短的时间内通知设备厂家和维修人员到现场进行修理。同时必须结合自身实际拟定故障应急处理保障预案，并定期演练，作为处理突发事件及重大供电障碍的具体实施计划。其目的是统一领导、统一指挥、分级负责、密切协同、保障有力，能够在最短的时间内安全稳妥的处理突发事件，保证系统和设备的安全。

1）组织保障

故障应急处理预案通常要求建立4级应急保障组织：组织指挥、技术支持、现场抢修及厂家协同，如图3-1-1所示。

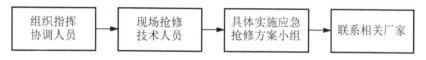

图3-1-1 故障应急处理组织

一般来讲，电站维护资源相对设备运行总量而言，总是略显薄弱，部分一线执勤运行维护人员还没有足够能力独立及时解决、排除各种故障。在此情形下，在一定范围内，建立一个包含技术专家组、技术骨干队伍、日常维护人员在内，并将厂商技术人员纳入其中的分级技术保障体系，通过逐级、实时申告的流程实施分级技术支持，对确保电站的维护保障工作正常展开将有十分重要的意义。

同时在支撑体系范围内，还应加强对典型故障的调研，完善对故障的分类统计和数据存档工作，积极采取信息资源共享等措施，努力为维护队伍技术水平快速提升提供良好的体系平台。

2）基本原则

为使故障应急处理预案充分发挥有效，在预案编制和实施过程中必须遵守如下基本原则。

（1）加强全局观念，密切协同配合，故障应急处理以组织调度协调为主、技术方案抢修调度为辅。

（2）确保人身和设备安全，抢修单位应准确无误执行调度方案。

（3）应科学有序组织调度抢修预案的执行，局部服从全局，个别服从整体。

（4）当遇到重大故障时，应以人身和设备的安全为前提，尽一切可能缩短故障历时。

(5) 当遇到设备或元器件损坏需立即更换时,应以保证系统恢复为首要原则,采取应急措施进行购置。

(6) 重大事故应按照相关规定向主管领导及相关部门逐级汇报。

(7) 在故障结束后 24 小时内应将故障分析报告提交上级技术管理部门。

3) 处理流程

承担故障应急处理的部门要培养维护人员对故障的分析、判断和解决能力,做好备品备件工作。在设备发生故障时,要精心组织好设备抢修工作,合理安排车辆,积极取得相关厂家的技术支持,努力缩短故障处理时间。同时还要根据故障应急处理流程,做到故障处理闭环化管理,图 3-1-2 所示为光伏电站设备发生重大事故后的故障处理流程。

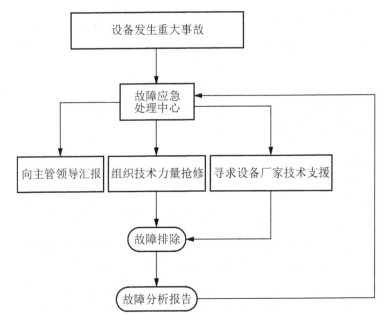

图 3-1-2 系统设备重大故障处理流程

3.1.2 光伏电站日常管理制度及运行总则

1. 光伏电站日常管理制度

大部分的光伏电站为无人值守电站,管理人员可通过远程通信监控电站设备的运行情况,同时根据实际情况制定现场巡视的制度。按照电站容量、设备数量及每天供电时间等具体情况,可设站长 1 名及技术人员若干名。电站工作人员必须牢记岗位职责并执行管理维护规程。电站操作技能的专门培训,经考核合格后方可上岗操作。

1) 值班制度

值班人员是值班期间电站安全运行的主要负责人,所发生的一切事故均由值班人员负责处理。值班人员值班时应遵守以下事项。

(1) 随时注意各项设备的运行情况,定时巡回检查,并按时填写各项值班记录。

(2) 值班时不得离开工作岗位，必须离开时，应有人代替值班，并经站长允许。

(3) 严格按照规章制度操作，注意安全作业，未经允许不得拆卸电站设备。

(4) 未经有关部门批准，不得放人进入电站参观，要保证经批准的参观人员的人身安全。

2) 交接班制度

两班以上运行供电时，交接班人员必须严格执行交接班制度。

(1) 按时交接班，交接班时应认真清点工具、仪表，查看有无损坏或短缺。

(2) 交班人员应向接班人员介绍运行情况，并填写运行情况记录。

(3) 在接班人员结清各项工作后，交班人员方可离开工作岗位。

(4) 交班时如发生事故，由交接班人员共同处理，严重事故应立即报告。

(5) 正式交班前，接班人员不得随意操作，交班人员不得随意离开岗位。

3) 生产管理制度

虽然光伏发电具有不确定性，但电站也应根据充分发挥设备效能和满足用电需要的原则，预测发电量和制定发供电计划。制定必要的生产检查制度，以保证发供电计划的完成。

同时电站应配合电网公司的要求，按规定的时间送电、停电，不随意借故缩短或增加用电时间。因故必须停电时，应尽可能提前通知电网和用户，在规定时间以外因故送电时，必须提前发出通知，不随意向外送电，以免造成事故。

2. 光伏电站运行总则

(1) 光伏电站的运行与维护应保证系统本身安全，以及系统不会对人员造成危害，并使系统维持最大的发电能力。

(2) 光伏电站的主要部件应始终运行在产品标准规定的范围之内，达不到要求的部件应及时维修或更换。

(3) 光伏电站的主要部件周围不得堆积易燃易爆物品，设备本身及周围环境应通风散热良好，设备上的灰尘和污物应及时清理。

(4) 光伏电站的主要部件上的各种警示标识应保持完整，各个接线端子应牢固可靠，设备的接线孔处应采取有效措施防止蛇、鼠等小动物进入设备内部。

(5) 光伏电站的主要部件在运行时，温度、声音、气味等不应出现异常情况，指示灯应正常工作并保持清洁。

(6) 光伏电站中作为显示和交易的计量设备和器具必须符合计量法的要求，并定期校准。

(7) 光伏电站运行和维护人员应具备与自身职责相应的专业技能。在工作之前必须做好安全准备，断开所有应断开开关，确保电容、电感放电完全，必要时应穿绝缘鞋，带低压绝缘手套，使用绝缘工具，工作完毕后应排除系统可能存在的事故隐患。

(8) 光伏电站运行和维护的全部过程需要进行详细的记录，对于所有记录必须妥善保管，并对每次故障记录进行分析。

光伏发电系统的运行与维护

任务二　光伏电站控制室的运行管理

3.2.1　控制室的工作制度

光伏控制室是光伏发电系统的中枢部分，其内部设备先进、可靠、集成度高，可以完成信息的采集、测量、控制、保护、计量和监测等功能。控制室相关工作人员需在经过严格培训后上岗，在控制室所进行的操作必须严格遵守操作规程。

1. 变配电室工作票制度

1) 工作票内容

工作票是允许在配变电控制设备上工作的书面命令，根据安全条件分别使用第一、第二工作票。其具体内容见表 3-2-1。

表 3-2-1　工作票制度

票种	工作内容	备注
第一种工作票	（1）高压设备上工作需要全部停电或部分停电。 （2）高压室内的二次线路或照明等回路上的工作，需将高压设备停电或做安全设施。 （3）配电站的扩充工作，需要停电做安全措施或安全距离不足需装设绝缘或一经合闸就送电到工作地点设备上的工作	
第二种工作票	（1）带电作业和在带电设备外壳上的工作。 （2）控制盘和低压配电盘、配电箱、电源干线上的工作。 （3）不需要高压设备停电的二次线路上的工作。 （4）用绝缘棒或核相器等高压回路上和带电设备外壳上工作。 （5）已投运的变配扩充工作，只需作简单的安全措施，向绝无触电危险的邻近有电处的工作	

2) 工作票的填写与使用

（1）紧急事故抢修可不填写工作票，但抢修设备上停电作业时，仍执行安全措施和工作许可。

（2）工作票一式两份，书写正确清楚，不得任意涂改，若有更改由签发人盖章。

（3）一个工作负责人只能持有一张工作票，并以一个电气连接部分为限。

（4）一个电气连接部分或一个配电装置全部停电，则有不同的工作地点，可以发一张工作票。

2. 配电室工作许可制度

执行工作许可任务，可由能胜任操作的人员担任，工作许可人在完成施工现场的安全措施后，还应做到以下几方面内容。

（1）工作负责人到现场再次检查安全措施，以手触试，验明无电。

（2）对工作负责人指明带电设备的位置和注意事项。

(3) 和工作负责人在工作票上分别签名。

(4) 必须完成上述工作许可手续后，工作班方可开始工作。

(5) 工作负责人、工作许可人任何一方不得擅自变更安全措施，不得变更有关检修设备运行接线方式，特殊需变更时，应事先取得对方同意。

3. 配电室工作监护制度

(1) 完成工作许可手续后，工作负责人(监护人)应向工作班所有人员交代现场安全措施带电部位和其他注意事项。监护人必须始终在工作现场，对工作班人员认真监护及时纠正违反安全的动作。

(2) 所有工作人员(包括监护人)不许单独留在高压区内，若工作需要现场条件许可的情况下，可准许一名具有实际经验或几人同时工作，监护人须将有关安全注意事项详尽指示。

(3) 监护人在全部停电时可以参加工作班工作。部分停电时，安全措施绝对可靠时，方能参加工作班。监护人可根据现场安全条件，施工范围等情况，增设专人监护，专职监护人不得兼做其他工作。

(4) 监护人因故离开现场，应指定能胜任者临时代替。若监护人长时间离开现场应由原工作票签发人更换新监护人，两监护人做好必要的交接。

(5) 任何人发现有违反安全规程和危及人身安全时，应向监护人提出整改意见，必要时可暂停工作，并立即报告上级。

4. 配电室工作间断、转移和终结制度

(1) 工作间断时，工作班人员应从现场撤出，安全措施保持不动，工作票仍由负责人执存。

(2) 间断后继续工作，不需通过工作许可人。每日工作完毕应清扫并开放已封闭的道路，并将工作票交回值班人，次日复工应得到值班人许可，取回工作票。工作负责人必须重新检查安全措施后，才能工作。若无负责人和监护人带领，工作人员不得进入现场。

(3) 在未办理工作票终结手续以前，不准将施工设备合闸送电。

(4) 工作间断期间，若紧急需要，可将工作班全体人员已经离开的工作地点的确切情况通知工作负责人，在得到明确可以送电的答复后方可执行，并应采取下列措施。

① 拆除临时遮拦，接地线和标识牌，恢复常设遮拦，摘掉"止步、高压危险"的标示。

② 所有通路必须有专人守候，以告诉工作值班人员"设备已经合闸送电，不得继续工作"。守候人员在工作票未收回以前，不得离开守候地点。

(5) 检修工作结束，若需将设备试加工作电压，应按下列条件进行。

① 全体工作人员撤离工作地点。

② 收回所有工作票，拆除临时遮拦，接地线和标志牌，恢复常设遮拦。

③ 工作负责人和操作人员全面检查无误后，才可进行加压实验。

④ 工作班若需继续进行工作时，应重新履行工作许可。

(6) 同一电气连接部分用同一工作表依次在几个工作地点转移工作时，全部安全措施开工前一次做完，不需再办转移手续，但负责人在转移工作地点时应清楚交代带电范围、安全措施和注意事项。

（7）全部工作完毕，应清扫、整理现场，负责人应先周密检查，然后交代发现的问题、试验结果和存在问题，并与值班员共同检查设备状况，然后在工作票上填明工作终结时间，经双方答复后，工作票方可终结。

（8）结束的工作票，保存三个月。

3.2.2 电器运行的倒闸操作

电气设备分为运行、备用（冷备用及热备用）、检修三种状态。将设备由一种状态转变为另一种状态的过程叫倒闸，通过操作隔离开关、断路器以及挂、拆接地线将电气设备从一种状态转换为另一种状态或使系统改变了运行方式，其所进行的操作即为倒闸操作。倒闸操作必须执行操作票制和工作监护制。

1. 倒闸操作规定

倒闸操作是项技术性较强的重要工作，操作人员必须充分了解有关电气设备相互之间的连接，运行情况以及保护整定值等情况，集中精力，谨慎操作。

（1）倒闸操作必须得到运行领导人的命令或同意后才能进行。紧急情况下（火灾、自然灾害、人身事故等）才允许不经同意，先行操作，但事后尽速汇报。

（2）倒闸操作设备必须获得各位运行现场负责人同意后进行，并应规定事故时和失去通信联系时的操作约定。

（3）倒闸操作不得在交接班时进行，尽可能在负荷最小时进行，紧急情况例外。

（4）倒闸操作须在模拟盘上除表示闸刀、开关分合闸位置外，还应表示出接地线的位置和临时编号，操作完毕后在模拟盘上标明清楚。

（5）必须遵照倒闸操作表的顺序进行，严禁凭想象、凭记忆。

（6）控制室内的操作范围包括下列各项。

① 开关、闸刀、熔丝的合上或拉开。

② 交直流操作回路的合上或拉开。

③ 继电保护、自动装置的起动或停用。

④ 临时接地线的拆除和撤出（包括验、放电）。

⑤ 有变压器分接头的调整。

⑥ 核项、核项序及用摇表测绝缘。

⑦ 保险管的挂上或取下。

（7）操作人员应严格遵守图3-2-1所示的步骤。

2. 电气运行倒闸操作规程

（1）控制室的值班人员，必须熟悉本工作室电气设备的运行情况，必须熟悉电气设备的操作方法。

（2）电气设备倒闸操作的技术要求规定如下。

送电时，先合隔离开关，后合负荷开关；停电时，先拉负荷开关，后拉隔离开关；

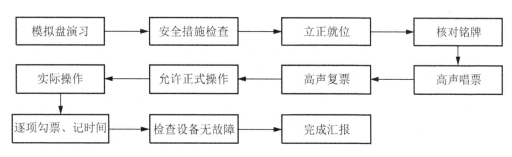

图 3-2-1 倒闸操作的执行步骤

严禁带负荷拉、合隔离开关。

（3）开关两侧的隔离开关操作顺序如下。

送电时，先合电源侧隔离开关，后合负荷侧隔离开关；停电时，先拉负荷侧隔离开关，后拉电源侧隔离开关。

（4）变压器两侧开关的操作顺序如下。

送电时，先合电源侧开关，后合负荷侧开关；停电时，先停负荷侧开关，后停电源侧开关。

（5）倒闸操作中，应注意防止通过电压互感器二次返回高压。

（6）当采用电动操作合高压开关时，应观察直流电流表的变化；合闸后电流应返回，连续操作高压开关时，应观察直流母线电压的变化。

3.2.3 控制室电气设备的巡视检查

1. 分类

变配电室值班人员对设备应经常进行巡视检查，巡视检查分为定期巡视、特殊巡视和夜间巡视三种。

1）定期巡视

值班人员每天按现场运行规程的规定时间和项目，对运行和备用的设备及周围环境进行定期检查。

对控制室的配电装置、设备每班巡视两次，光伏组件表面、线路每月巡视两次，每天记录配电室设备运行情况、发电情况，如发现运行不正常现象及时汇报，组织专家组会诊，及时解决。

2）特殊巡视

对特殊情况下增加的巡视。

如在设备过负荷或负荷有显著变化时，新装、检修或停运后的设备投入运行，运行中出现可疑现象及恶劣天气时的巡视。

电气设备发生重大事故又恢复送电后，对事故范围内的设备，应进行特殊巡视，每班不少于4次。

3）夜间巡视

其目的在于发现接点过热和绝缘污秽放电情况，一般在高峰负荷期。

2. 要求

(1) 巡视检查要精力集中，注意安全，不准进行其他工作。

(2) 巡视检查时，通过人的感觉器官仔细分析，发现异常现象时，要及时处理，并做好记录。重大设备缺陷应立即向主管领导汇报。无论电气设备带电与否，未得主管领导批准，值班人员不得擅自接近导体进行修理或维护工作。

(3) 建立设备运行记录，查出问题及时修理，不能解决的问题及时报告管理处和工程部。

(4) 巡视配电装置，应随手将门关上并锁好，巡视中应穿绝缘鞋。

(5) 电气设备存在缺陷或过负荷时，应适当增加巡视次数，每班不少于4次。

(6) 新投入运行或大修后投入运行的设备，在72小时内应对其加强巡视，每班不少于4次，无异常情况后可按正常周期进行巡视。

3. 每班巡查内容

(1) 房内是否有异味，记录电压、电流、温度、电表运行数、检查屏上指示灯、电气运行声音、补偿柜运行情况，发现异常，及时修理与报告。

(2) 供电器线路操作开关部位设明显标示。停电拉闸，检修停电，挂标示牌。

(3) 配电室出入口及电缆层夹层出入口应装设挡鼠板防止小动物进入，确保挡板无破损情况。

任务三　光伏发电系统运行与维护操作

虽然大部分的光伏电站系统并非跟踪式，组件支架等为固定没有活动的部件，不容易损坏，其维护也非常简便，但也需定期维护，否则可能影响正常使用，甚至缩短使用寿命。一般来说，光伏组件倾斜角应超过30°，灰尘可由雨水冲刷而自行清洁。在风沙较大的地区，应经常清除灰尘，保持光伏电池组件表面的清洁，以免影响发电量。定期检查所有安装部件的紧固程度，遇到冰雹、狂风、暴雨等异常天气，应及时采取保护措施。经常检查蓄电池的充电、放电情况，随时观察电极或接线是否有腐蚀或接触不良现象。在一些简单的系统中应根据储能情况，控制电量，防止蓄电池因过放电而损坏，发现有异常情况应立刻检查、维修。光伏系统的运行与维护应保证系统本身安全，以及系统不会对人员造成危害，并使系统维持最大的发电量，应对系统按规定进行定期巡检、预防性试验和检修。下面我们将从光伏电站的各个方面展开对光伏系统的运行维护内容介绍。

3.3.1 光伏发电系统直流侧的运行维护与保养

1. 光伏组件与支架的清洁保养

1) 光伏组件的清洁与要求

光伏电站中光伏组件的运行与维护应符合下列规定。

光伏组件表面应保持清洁，如采光面上落有灰尘或其他污垢物，应先用清水冲洗，再用干净纱布将水迹轻轻擦干,如图3-3-1所示。

图3-3-1 光伏组件的清理

清洗光伏组件时应注意以下几个问题。

(1) 应使用干燥或潮湿的柔软洁净的布料擦拭光伏组件,严禁使用腐蚀性溶剂或用硬物擦拭光伏组件。

(2) 应在辐照度低于$200W/m^2$的情况下清洁光伏组件,不宜使用与组件温差较大的液体清洗组件。

(3) 严禁在风力大于4级、大雨或大雪的气象条件下清洗光伏组件。

光伏组件应定期检查,若发现下列问题应立即调整或更换光伏组件:

(1) 光伏组件存在玻璃破碎、背板灼焦、明显的颜色变化。

(2) 光伏组件中存在与组件边缘或任何电路之间形成连通通道的气泡。

(3) 光伏组件接线盒变形、扭曲、开裂或烧毁,接线端子无法良好连接。

(4) 光伏组件上的带电警告标识丢失。

(5) 使用金属边框的光伏组件,边框和支架应结合良好,两者之间接触电阻应不大于4Ω。

(6) 使用金属边框的光伏组件,边框没有牢固接地。

(7) 在无阴影遮挡条件下工作时,在太阳辐照度为$500W/m^2$以上,风速不大于$2m/s$的条件下,同一光伏组件外表面(电池正上方区域)温度差异应小于20℃。装机容量大于$50kWp$的光伏电站,应配备红外线热像仪,检测光伏组件外表面温度差异。

(8) 使用直流钳型电流表在太阳辐射强度基本一致的条件下测量接入同一个直流汇流箱的各光伏组件串的输入电流,其偏差应不超过5%。

(9) 光伏组件的接线盒应定期检查以免风化。应每个季度检查一次各光伏组件的封装及接线接头,如发现有封装开胶进水,电池变色及接头松动、脱线、腐蚀等,应及时清理。

2) 电池组件支架的维护

(1) 所有螺栓、焊缝和支架连接应牢固可靠如图3-3-2(a)、图3-3-2(b)所示。

(2) 支架表面的防腐涂层,不应出现开裂和脱落现象,否则应及时补刷如图3-3-2(c)所示。

(a) 坚固的水泥地基

(b) 直接埋地

(c) 支架表面完好防腐涂层

图 3-3-2　光伏支架的紧固与防腐

2. 直流汇流箱与配电柜的运行与维护

（1）直流汇流箱的运行与维护应符合以下规定。

① 直流汇流箱不得存在变形、锈蚀、漏水、积灰现象，箱体外表面的安全警示标识应完整无破损，箱体上的防水锁启闭应灵活。

② 直流汇流箱内各个接线端子不应出现松动、锈蚀现象。

③ 直流汇流箱内的高压直流熔丝的规格应符合设计规定。

④ 直流输出母线的正极对地、负极对地的绝缘电阻应大于 $2M\Omega$。

⑤ 直流输出母线端配备的直流断路器，其分断功能应灵活、可靠。

⑥ 直流汇流箱内防雷器应有效。

（2）直流配电柜的运行与维护应符合以下规定。

① 直流配电柜不得存在变形、锈蚀、漏水、积灰现象，箱体外表面的安全警示标识应完整无破损，箱体上的防水锁开启应灵活。

② 直流配电柜内各个接线端子不应出现松动、锈蚀现象。

③ 直流输出母线的正极对地、负极对地的绝缘电阻应大于 $2M\Omega$。

④ 直流配电柜的直流输入接口与汇流箱的连接应稳定可靠。

⑤ 直流配电柜的直流输出与并网主机直流输入处的连接应稳定可靠。

⑥ 直流配电柜内的直流断路器动作应灵活，性能应稳定可靠。
⑦ 直流母线输出侧配置的防雷器应有效。

3. 控制器的运行与维护

控制器控制蓄电池充放电的预置电压阀值，不得任意调整，以防调乱，使控制失灵。只有在出现蓄电池充放电状态失常时，方可请有关生产厂进行检查和调整。控制器的运行与维护应符合下列规定。

（1）控制器的过充电电压、过放电电压的设置应符合设计要求。
（2）控制器上的警示标识应完整清晰。
（3）应定期检查控制器输出、输入接线及端子是否牢固，有无松动现象。
（4）控制器内的高压直流熔丝的规格应符合设计规定。
（5）直流输出母线的正极对地、负极对地、正负极之间的绝缘电阻应大于2MΩ。

3.3.2 光伏发电系统交流侧的运行维护与保养

1. 逆变器的运行与维护

逆变器的运行与维护应符合下列规定。

（1）逆变器结构和电气连接应保持完整，不应存在锈蚀、积灰等现象，散热环境应良好，逆变器运行时不应有较大振动和异常噪声。
（2）逆变器上的警示标识应完整无破损。
（3）逆变器中模块、电抗器、变压器的散热器风扇根据温度自行起动和停止的功能应正常，散热风扇运行时不应有较大振动及异常噪声，如有异常情况应断电检查。
（4）定期将交流输出侧（网侧）断路器断开一次，逆变器应立即停止向电网馈电。
（5）逆变器中直流母线电容温度过高或超过使用年限，应及时更换。
（6）定期检查逆变器输出、输入接线及端子是否牢固，线路的绝缘性能是否良好，有无松动现象，有无破损现象。如发生不易排除的事故，或事故的原因不清，应做好事故的详细记录，并及时通知生产厂给予解决。
（7）检查逆变器风扇是否工作良好。
（8）逆变器报警停机后，不能马上再次开机，仔细检查故障原因及有无器件损坏，功率模块是否有击穿炸裂现象，查明原因后再开机，检查过程应严格按照操作手册进行。开机仍无把握时，应上报有关领导或通知相关专家。

2. 交流配电柜及线路的运行与维护

交流配电柜的维护应符合下列规定。

（1）交流配电柜维护前应提前通知停电起止时间，并将维护所需工具准备齐全。
（2）交流配电柜维护时应注意以下安全事项。
① 停电后应验电，确保在配电柜不带电的状态下进行维护。
② 在分段保养配电柜时，带电和不带电配电柜交界处应装设隔离装置。
③ 操作交流侧真空断路器时，应穿绝缘靴，戴绝缘手套，并有专人监护。

④ 在电容器对地放电之前，严禁触摸电容器柜。

⑤ 配电柜保养完毕送电前，应先检查有无工具遗留在配电柜内。

⑥ 配电柜保养完毕后，拆除安全装置，断开高压侧接地开关，合上真空断路器，观察变压器投入运行无误后，向低压配电柜逐级送电。

(3) 交流配电柜维护时应注意以下项目。

① 确保配电柜的金属架与基础型钢应用镀锌螺栓完好连接，且防松零件齐全。

② 配电柜标明被控设备编号、名称或操作位置的标识器件应完整，编号应清晰、工整。

③ 母线接头应连接紧密，不应变形，无放电变黑痕迹，绝缘无松动和损坏，紧固连接螺栓不应生锈。

④ 手车、抽出式成套配电柜推拉应灵活，无卡阻碰撞现象；动静头与静触头的中心线应一致，且触头接触紧密。

⑤ 配电柜中开关，主触点不应有烧熔痕迹，灭弧罩不应烧黑和损坏，紧固各接线螺钉，清洁柜内灰尘。

⑥ 把各分开关柜从抽屉柜中取出，紧固各接线端子。检查电流互感器、电流表、电度表的安装和接线，手柄操作机构应灵活、可靠，紧固断路器进出线，清洁开关柜内和配电柜后面引出线处的灰尘。

⑦ 低压电器发热物件散热应良好，切换压板应接触良好，信号回路的信号灯、按钮、光字牌、电铃、电筒、事故电钟等动作和信号显示应准确。

⑧ 检验柜、屏、台、箱、盘间线路的线间和线对地间绝缘电阻值，馈电线路必须大于 $0.5M\Omega$；二次回路必须大于 $1M\Omega$。

3. 电线电缆的维护

(1) 电缆不应在过负荷的状态下运行，电缆的铅包不应出现膨胀、龟裂现象。

(2) 电缆在进出设备处的部位应封堵完好，不应存在直径大于 10mm 的孔洞，否则用防火堵泥封堵。

(3) 在电缆对设备外壳压力、拉力过大部位，电缆的支撑点应完好。

(4) 电缆保护钢管口不应有穿孔、裂缝和显著的凹凸不平，内壁应光滑；金属电缆管不应有严重锈蚀；不应有毛刺、硬物、垃圾，如有毛刺，锉光后用电缆外套包裹并扎紧。

(5) 应及时清理室外电缆井内的堆积物、垃圾。如电缆外皮损坏，应进行处理。

(6) 检查室内电缆明沟时，要防止损坏电缆，确保支架接地与沟内散热良好。

(7) 直埋电缆线路沿线的标桩应完好无缺；路径附近地面无挖掘；确保沿路径地面上无堆放重物、建材及临时设施，无腐蚀性物质排泄，确保室外露地面电缆保护设施完好。

(8) 确保电缆沟或电缆井的盖板完好无缺；沟道中不应有积水或杂物；确保沟内支架应牢固、有无锈蚀、松动现象；铠装电缆外皮及铠装不应有严重锈蚀。

(9) 多根并列敷设的电缆，应检查电流分配和电缆外皮的温度，防止因接触不良而引起电缆烧坏连接点。

(10) 确保电缆终端头接地良好，绝缘套管完好、清洁、无闪络放电痕迹；确保电缆相色应明显。

(11) 金属电缆桥架及其支架和引入或引出的金属电缆导管必须接地(PE)或接零(PEN)可靠；桥架与桥架间应用接地线可靠连接。

(12) 桥架穿墙处防火封堵应严密无脱落。

(13) 确保桥架与支架间螺栓、桥架连接板螺栓固定完好。

(14) 桥架不应出现积水。

3.3.3 系统其他环节运行维护

1. 光伏系统与基础结合部分

(1) 光伏系统应与基础主体结构连接牢固，在台风、暴雨等恶劣的自然天气过后应普查光伏阵列的方位角及倾角，使其符合设计要求。

(2) 光伏阵列整体不应有变形、错位、松动。

(3) 用于固定光伏阵列的植筋或后置螺栓不应松动；采取预制基座安装的光伏阵列，预制基座应放置平稳、整齐，位置不得移动。

(4) 光伏阵列的主要受力构件、连接构件和连接螺栓不应损坏、松动，焊缝不应开焊，金属材料的防锈涂膜应完整，不应有剥落、锈蚀现象。

(5) 光伏阵列的支承结构之间不应存在其他设施；光伏系统区域内严禁增设对光伏系统运行及安全可能产生影响的设施。

2. 蓄电池的维护与保养

蓄电池的维护对保证光伏系统的长期稳定运行，具有特殊的重要性。阀控式密封铅酸蓄电池的日常维护工作很少，主要是保持蓄电池清洁，注意室内温度不要过高或过低。在蓄电池开始投入运行的一段时间，当系统负荷处于高峰时段，蓄电池大电流放电时，注意观察端子和外壳有无过热痕迹。要定期检查蓄电池螺栓是否有松动现象。阀控式密封铅酸蓄电池定期详细的维护保养事项可查阅该蓄电池使用说明书或技术手册，具体如下。

(1) 蓄电池室温度宜控制在5~25℃，通风措施应运行良好，在气温较低时，应对蓄电池采取适当的保温措施。

(2) 在维护或更换蓄电池时，所用工具(如扳手等)必须带绝缘套。

(3) 蓄电池在使用过程中应避免过充电和过放电。

(4) 蓄电池的上方和周围不得堆放杂物。

(5) 蓄电池表面应保持清洁，如出现腐蚀漏液、凹瘪或鼓胀现象，应及时处理，并查找原因。

(6) 蓄电池单体间连接螺钉应保持紧固。

(7) 若遇连续多日阴雨天，造成蓄电池充电不足，应停止或缩短对负载的供电时间。

(8) 应定期对蓄电池进行均衡充电，一般每季度要进行2~3次。若蓄电池组中单体电池的电压异常，应及时处理。

(9) 对停用时间超过3个月以上的蓄电池，应补充充电后再投入运行。

(10) 更换电池时，最好采用同品牌、同型号的电池，以保证其电压、容量、充放电特性、外形尺寸的一致性。

3. 接地与防雷系统

防雷接地装置事关电站光伏系统的运行安全，必须加强巡视和维护。

（1）光伏接地系统与建筑结构钢筋的连接应可靠。

（2）光伏组件、支架、电缆金属铠装与屋面金属接地网格的连接应可靠。

（3）光伏阵列与防雷系统共用接地线的接地电阻应符合相关规定。

（4）光伏阵列的监视、控制系统、功率调节设备接地线与防雷系统之间的过电压保护装置功能应有效，其接地电阻应符合相关规定。

（5）光伏阵列防雷保护器应有效，并在雷雨季节到来之前、雷雨过后及时检查。

4. 数据通信系统的运行与维护

（1）监控及数据传输系统的设备应保持外观完好，螺栓和密封件应齐全，操作键接触良好，显示读数清晰。

（2）对于无人值守的数据传输系统，系统的终端显示器每天至少检查1次有无故障报警，如果有故障报警，应该及时通知相关专业公司进行维修。

（3）每年至少一次对数据传输系统中输入数据的传感器灵敏度进行校验，同时对系统的A/D变换器的精度进行检验。

（4）数据传输系统中的主要部件，凡是超过使用年限的，均应该及时更换。

任务四　光伏系统的测量和维护记录

3.4.1　太阳能光伏系统的测量

1. 电池方阵的测试

一般情况下，方阵组件串中的光伏组件的规格和型号都是相同的，可根据电池组件生产厂商提供的技术参数，查出单块组件的开路电压，将其乘以串联的数目，应基本等于组件串两端的开路电压。

通常由36片或72片电池片制造的电池组件，其开路电压约为21V或42V左右。如有若干块太阳能光伏组件串联，则其组件两端的开路电压应约为21V或42V的整数倍。测量光伏组件串两端的开路电压，是否基本符合，若相差太大，则很可能有组件损坏、极性接反或是连接处接触不良等问题。可逐个检查组件的开路电压及连接情况，找出故障。

测量光伏组件两端的短路电流，应基本符合设计要求，若相差较大，则可能有的组件性能不良，应予以更换。

若光伏组件串联的数目较多，可能开路电压很高，测量时要注意安全。

所有光伏组件串都检查合格后，进行太阳电池并联串的检查。在确认所有的光伏组件串的开路电压基本上都相同，方可进行各串的并联。并联后电压基本不变，总的短路电流应大体等于各个组件串的短路电流之和。在测量短路电流时，也要注意安全，电流太大时可能跳火花，会造成设备或人身事故。

若有多个子方阵，均按照以上方法检查合格后，方可将各个方阵输出的正、负极接入汇流箱或控制器，然后测量方阵的工作电流和电压等参数。

2. 绝缘电阻的测试

为了了解太阳能光伏发电系统各部分的绝缘状态，判断是否可以通电，需要进行绝缘电阻测试。绝缘电阻的测试一般是在太阳能光伏系统施工安装完毕准备开始运行前、运行过程中的定期检查时以及确定出现故障时进行。

绝缘电阻测试主要包括对光伏阵列以及逆变器系统电路的测试。由于光伏阵列在白天始终有较高的电压存在，在进行太阳电池方阵电路的绝缘电阻测试时，要准备一个能够承受光伏阵列短路电流的开关，先用短路开关将太阳电池阵列的输出端短路。根据需要选用500V或1000V的绝缘电阻计（兆欧表），然后测量太阳电池阵列的各输出端子对地间的绝缘电阻。绝缘电阻值根据对地电压的不同其标准见表3-4-1。具体测试方法如图3-4-1所示。当电池方阵输出端装有防雷器时，测试前要将防雷器的接线从电路中脱开，测试完毕后再恢复原状。

表3-4-1 绝缘电阻测定标准

对地电压/V	绝缘电阻值/MΩ	对地电压/V	绝缘电阻值/MΩ
≤150	≥0.1	>300	≥0.4
150~300	≥0.2		

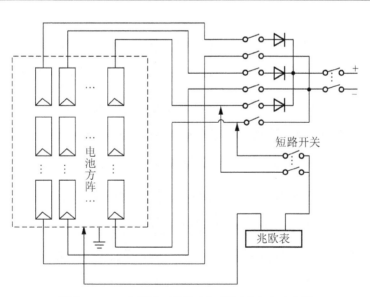

图3-4-1 光伏阵列绝缘电阻的测试方法示意图

逆变器电路的绝缘电阻测试方法如图3-4-2所示。根据逆变器额定工作电压的不同选择500V或1000V的绝缘电阻计进行测试。

逆变器绝缘电阻测试内容主要包括输入电路的绝缘电阻测试和输出电路的绝缘电阻测试。输入电路的绝缘电阻测试时，首先将太阳电池与接线箱分离，并分别短路直流输

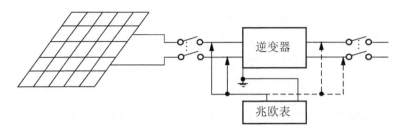

图 3-4-2 逆变器的绝缘电阻测试方法示意图

入电路的所有端子和交流输出电路的所有输出端子,然后分别测量输入电路与地线间的绝缘电阻和输出电路与地线间的绝缘电阻。逆变器的输入、输出绝缘电阻值测定标准见表 3-4-1。

3. 绝缘耐压的测试

对于光伏阵列和逆变器,根据要求有时需要进行绝缘耐压测试,测量光伏阵列电路和逆变器电路的绝缘耐压值。测量的条件和方法与上边的绝缘电阻测试相同。

进行光伏阵列电路的绝缘耐压测试时,将标准太阳电池方阵的开路电压作为最大使用电压,对光伏阵列电路加上最大使用电压的 1.5 倍的直流电压或 1 倍的交流电压,测试时间为 10min 左右,检查是否出现绝缘破坏。绝缘耐压测试时一般要将防雷器等装置取下或从电路中脱开,然后进行测试。

在对逆变器电路进行绝缘耐压测试时,测试电压与光伏阵列电路的测试电压相同,测试时间也是 10min,检查逆变器电路是否出现绝缘破坏。

4. 接地电阻的测试

接地电阻一般使用接地电阻计进行测量,接地电阻计还包括一个接地电极引线以及两个辅助电极。接地电阻的测试方法如图 3-4-3 所示。测试要将接地电极与两个辅助电极的间隔各为 20m 左右,并成直线排列。将接地电极接在接地电阻计的 E 端子,辅助电极接在电阻计的 P 端子和 C 端子,即可测出接地电阻值。接地电阻计有手摇式、数字式及钳形式等。详细使用方法可以参考具体极性的使用说明。

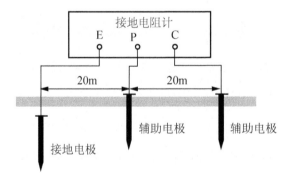

图 3-4-3 接地电阻测试示意图

5. 控制器的性能测试

对于有条件的场合最好对控制器的性能也进行一下全面检测,验证其是否符合 GB/

T19064—2003 规定的具体要求。

对于一般的离网光伏系统，控制器的主要功能是防止蓄电池过充电过放电。在与光伏系统连接线时，最好先对控制器单独进行测试。可使用合适的直流稳压电源，为控制器的输入端提供稳定的工作电压，并调节电压大小，验证其充满断开、恢复连接及低压断开时的电压是否符合要求。有些控制器具有输出稳压功能，可在适当范围内改变输入电压，测量输出是否保持稳定。另外还要测试控制的最大自身耗电是否满足不超过其额定工作电流的1‰的要求。

若控制器还具备智能控制、设备保护、数据采集、状态显示、故障报警等功能，也可进行适当的检测。

对于小型光伏系统或确认控制器在出厂前已经调试合格，并且在运输和安装过程中并无任何损坏，在现场也可不再进行测试。

3.4.2 光伏系统维护记录

对于光伏系统需要维护的项目，应由符合要求的专门人员进行维护和验收，维护和验收时应填写相应的维护记录表。巡检周期应符合光伏系统运行与维护相关规程规定表，见表3-4-2巡检周期和表3-4-3维护规则。

表3-4-2 巡检周期

分类	巡检周期	检查内容
大型光伏系统 15000kWp 及以上	1次/天	对于无人值守的数据传输系统，系统的终端显示器每天至少检查1次有无故障报警，如果有故障报警，应及时通知相关专业人员进行维修
	1次/周	(1) 蓄电池室温度宜控制在5～25℃之间，通风措施应运行良好；在气温较低时，应对蓄电池采取适当的保温措施； (2) 蓄电池在使用过程中应避免过充电和过放电； (3) 监控及数据传输系统的设备应保持外观完好，螺栓和密封件应齐全，操作键接触良好，显示读数清晰
	1次/15天	(1) 光伏组件表面应保持清洁，清洗光伏组件时应注意以下几方面： ① 应使用干燥或潮湿的柔软洁净的布料擦拭光伏组件，严禁使用腐蚀性溶剂或用硬物擦拭光伏组件； ② 应在辐照度低于200W/m^2的情况下清洁光伏组件，不宜使用与组件温差较大的液体清洗组件； ③ 严禁在风力大于4级、大雨或大雪的气象条件下清洗光伏组件； (2) 光伏组件应定期检查，若发现下列问题应立即调整或更换光伏组件： ① 光伏组件存在玻璃破碎、背板灼焦、明显的颜色变化； ② 光伏组件中存在与组件边缘或任何电路之间形成连通通道的气泡； ③ 光伏组件接线盒变形、扭曲、开裂或烧毁，接线端子无法良好连接； ④ 光伏组件上的带电警告标识丢失； ⑤ 使用金属边框的光伏组件，边框和支架应结合良好，两者之间接触电阻应不大于4Ω； (3) 蓄电池的上方和周围不得堆放杂物； (4) 蓄电池表面应保持清洁，如出现腐蚀漏液、凹瘪或鼓胀现象，应及时处理，并查找原因

续表

分类	巡检周期	检查内容
大型光伏系统 15000kWp 及以上	1次/季度	1. 光伏组件的检查 (1) 使用金属边框的光伏组件，边框必须牢固接地； (2) 在无阴影遮挡条件下工作时，在太阳辐照度为 500W/m² 以上，风速不大于 2m/s 的条件下，同一光伏组件外表面（电池正上方区域）温度差异应小于 20℃。装机容量大于 50kWp 的光伏电站，应配备红外线热像仪，检测光伏组件外表面温度差异； (3) 使用直流钳型电流表在太阳辐射强度基本一致的条件下测量接入同一个直流汇流箱的各光伏组件串的输入电流，其偏差应不超过 5%； 2. 光伏建材和光伏构件 (1) 应定期由专业人员检查、清洗、保养和维护，若发现下列问题应立即调整或更换； ① 中空玻璃结露、进水、失效，影响光伏幕墙工程的视线和热性能； ② 玻璃炸裂，包括玻璃热炸裂和钢化玻璃自爆炸裂； ③ 镀膜玻璃脱膜，造成建筑美感丧失； ④ 玻璃松动、开裂、破损等； (2) 光伏建材和光伏构件的排水系统必须保持畅通，应定期疏通； (3) 采用光伏建材或光伏构件的门、窗应启闭灵活，五金附件应无功能障碍或损坏，安装螺栓或螺钉不应有松动和失效等现象； (4) 光伏建材和光伏构件的密封胶应无脱胶、开裂、起泡等不良现象，密封胶条不应发生脱落或损坏； (5) 对光伏建材和光伏构件进行检查、清洗、保养、维修时所采用的机具设备（清洗机、吊篮等）必须牢固，操作灵活方便，安全可靠，并应有防止撞击和损伤光伏建材和光伏构件的措施； (6) 在室内清洁光伏建材和光伏构件时，禁止水流入防火隔断材料及组件或方阵的电气接口； (7) 隐框玻璃光伏建材和光伏构件更换玻璃时，应使用固化期满的组件整体更换； 3. 直流汇流箱 (1) 不得存在变形、锈蚀、漏水、积灰现象，箱体外表面的安全警示标识应完整无破损，箱体上的防水锁启闭应灵活； (2) 直流汇流箱内各个接线端子不应出现松动、锈蚀现象； (3) 直流汇流箱内的高压直流熔丝的规格应符合设计规定； (4) 直流输出母线端配备的直流断路器，其分断功能应灵活、可靠； (5) 直流汇流箱内防雷器应有效； 4. 直流配电柜 (1) 不得存在变形、锈蚀、漏水、积灰现象，箱体外表面的安全警示标识应完整无破损，箱体上的防水锁开启应灵活； (2) 直流配电柜内各个接线端子不应出现松动、锈蚀现象； (3) 直流输出母线的正极对地、负极对地的绝缘电阻应大于 2MΩ； (4) 直流配电柜的直流输入接口与汇流箱的连接应稳定可靠； (5) 直流配电柜的直流输出与并网主机直流输入处的连接应稳定可靠； (6) 直流配电柜内的直流断路器动作应灵活，性能应稳定可靠； (7) 直流母线输出侧配置的防雷器应有效； 5. 控制器 (1) 控制器过充电压、过放电压的设置应符合设计要求； (2) 控制器上的警示标识应完整清晰； (3) 控制器各接线端子不得出现松动、锈蚀现象；

续表

分类	巡检周期	检 查 内 容
	1次/季度	6. 逆变器 (1) 逆变器的结构和电气连接应保持完整，不应存在锈蚀、积灰等现象，散热环境应良好，逆变器运行时不应有较大振动和异常噪声； (2) 逆变器上的警示标识应完整无破损； (3) 逆变器中模块、电抗器、变压器的散热器风扇根据温度自行起动和停止的功能应正常，散热风扇运行时不应有较大振动及异常噪声，如有异常情况应断电检查； (4) 逆变器中直流母线电容温度过高或超过使用年限，应及时更换； (5) 定期将交流输出侧（网侧）断路器断开一次，逆变器应立即停止向电网馈电； 7. 蓄电池 (1) 蓄电池单体间连接螺钉应保持紧固； (2) 应定期对蓄电池进行均衡充电，一般每季度要进行2～3次。若蓄电池组中单体电池的电压异常，应及时处理
大型光伏系统 15000kWp 及以上	1次/半年	1. 支架的维护应符合下列规定 (1) 所有螺栓、焊缝和支架连接应牢固可靠； (2) 支架表面的防腐涂层，不应出现开裂和脱落现象，否则应及时补刷； 2. 接地与防雷系统 (1) 光伏接地系统与建筑结构钢筋的连接应可靠； (2) 光伏组件、支架、电缆金属铠装与屋面金属接地网格的连接应可靠； (3) 光伏阵列与防雷系统共用接地线的接地电阻应符合相关规定； (4) 光伏阵列的监视、控制系统、功率调节设备接地线与防雷系统之间的过电压保护装置功能应有效，其接地电阻应符合相关规定； (5) 光伏阵列防雷保护器应有效，并在雷雨季节到来之前、雷雨过后及时检查； 3. 交流配电柜维护 (1) 确保配电柜的金属架与基础型钢应用镀锌螺栓完好连接，且防松零件齐全； (2) 配电柜标明被控设备编号、名称或操作位置的标识器件应完整，编号应清晰、工整； (3) 母线接头应连接紧密，不应变形，无放电变黑痕迹，绝缘无松动和损坏，紧固联接螺栓不应生锈； (4) 手车、抽出式成套配电柜推拉应灵活，无卡阻碰撞现象；动静头与静触头的中心线应一致，且触头接触紧密； (5) 配电柜中开关，主触点不应有烧溶痕迹，灭弧罩不应烧黑和损坏，紧固各接线螺钉，清洁柜内灰尘； (6) 把各分开关柜从抽屉柜中取出，紧固各接线端子。检查电流互感器、电流表、电度表的安装和接线，手柄操作机构应灵活、可靠，紧固断路器进出线，清洁开关柜内和配电柜后面引出线处的灰尘； (7) 低压电器发热物件散热应良好，切换压板应接触良好，信号回路的信号灯、按钮、光字牌、电铃、电筒、事故电钟等动作和信号显示应准确； (8) 检验柜、屏、台、箱、盘间线路的线间和线对地间绝缘电阻值，馈电线路必须大于0.5MΩ；二次回路必须大于1 MΩ； 4. 电线电缆维护 (1) 电缆不应在过负荷的状态下运行，电缆的铅包不应出现膨胀、龟裂现象； (2) 电缆在进出设备处的部位应封堵完好，不应存在直径大于10mm的孔洞，否则用防火堵泥封堵

续表

分类	巡检周期	检查内容
大型光伏系统 15000kWp 及以上	1次/半年	(3) 在电缆对设备外壳压力、拉力过大部位，电缆的支撑点应完好； (4) 电缆保护钢管口不应有穿孔、裂缝和显著的凹凸不平，内壁应光滑；金属电缆管不应有严重锈蚀；不应有毛刺、硬物、垃圾，如有毛刺，锉光后用电缆外套包裹并扎紧； (5) 应及时清理室外电缆井内的堆积物、垃圾；如电缆外皮损坏，应进行处理； (6) 检查室内电缆明沟时，要防止损坏电缆；确保支架接地与沟内散热良好； (7) 直埋电缆线路沿线的标桩应完好无缺；路径附近地面无挖掘，确保沿路径地面上无堆放重物、建材及临时设施，无腐蚀性物质排泄；确保室外露地面电缆保护设施完好； (8) 确保电缆沟或电缆井的盖板完好无缺；沟道中不应有积水或杂物；确保沟内支架应牢固、有无锈蚀、松动现象；铠装电缆外皮及铠装不应有严重锈蚀； (9) 多根并列敷设的电缆，应检查电流分配和电缆外皮的温度，防止因接触不良而引起电缆烧坏连接点； (10) 确保电缆终端头接地良好，绝缘套管完好、清洁、无闪络放电痕迹；确保电缆相色应明显； (11) 金属电缆桥架及其支架和引入或引出的金属电缆导管必须接地(PE)或接零(PEN)可靠；桥架与桥架间应用接地线可靠连接； (12) 桥架穿墙处防火封堵应严密无脱落； (13) 确保桥架与支架间螺栓、桥架连接板螺栓固定完好； (14) 桥架不应出现积水。 5. 光伏系统与建筑物的结合部分 (1) 光伏系统应与基础主体结构连接牢固，在台风、暴雨等恶劣的自然天气过后应普查光伏阵列的方位角及倾角，使其符合设计要求； (2) 光伏阵列整体不应有变形、错位、松动； (3) 用于固定光伏阵列的植筋或后置螺栓不应松动；采取预制基座安装的光伏阵列，预制基座应放置平稳、整齐，位置不得移动； (4) 光伏阵列的主要受力构件、连接构件和连接螺栓不应损坏、松动，焊缝不应开焊，金属材料的防锈涂膜应完整，不应有剥落、锈蚀现象； (5) 光伏阵列的支承结构之间不应存在其他设施；光伏系统区域内严禁增设对光伏系统运行及安全可能产生影响的设施
	1次/一年	(1) 直流配电柜直流输出母线的正极对地、负极对地的绝缘电阻应大于2MΩ； (2) 控制器内的高压直流熔丝的规格应符合设计规定； (3) 控制器直流输出母线的正极对地、负极对地、正负极之间的绝缘电阻应大于2MΩ； (4) 每年至少一次对数据传输系统中输入数据的传感器灵敏度进行校验，同时对系统的A/D变换器的精度进行检验

注：逆变器的电能质量和保护功能，正常情况下每两年检测一次，由具有专业资质的人员进行；
巡检时应填写附录A中的记录表格；
运行不正常或遇自然灾害时应立即检查

表 3-4-3 维护规则

维护级别	维护内容	维护人员资质
1级	(1) 不涉及系统中带电体； (2) 清洁组件表面灰尘； (3) 紧固方阵螺钉	经过光伏知识培训的操作工
2级	(1) 紧固导电体螺钉； (2) 清洁控制器、逆变器、配输电系统、蓄电池； (3) 更换熔断器、开关等元件	经过光伏知识培训的有电工上岗证的技工
3级	(1) 逆变器电能质量检查、维护； (2) 逆变器安全性能检查、维护； (3) 数据传输系统的检查、维护	设备制造企业的相关专业技术人员
4级	光伏系统与建筑物结合部位出现故障	建筑专业的相关技术人员

项目小结

做好光伏电站的运行与维护工作，可以使发电系统能够安全、高效、稳定的运行。对光伏发电系统的运行维护，不仅包括运行制度的制定与执行、系统硬件设备的检查与维修，还要对系统进行预见性处理，比如地理气候环境对系统运行的影响，雨季来临前需要加固系统支架的地基，做好排水工作，冬季雨雪较多时注意系统组件防冻工作，这样才能在小问题变成大问题之前发现并处理。

思考练习题

1. 光伏发电系统运行管理体系的内容是什么？
2. 光伏系统应急事件处理的一般流程是什么？
3. 什么是工作票，第一种工作票和第二种工作票内容分别是什么？
4. 什么是倒闸操作？
5. 控制室电气设备的巡视检查分为哪几种？
6. 如何做好对光伏系统组件的清洁与保养？
7. 电线电缆维护时应注意的项目有哪些？
8. 怎样进行绝缘电阻的测试？

 阅读材料

微电网

微电网(Micro-Grid)也译为微网，是一种新型网络结构，是一组微电源、负荷、储能系统和控制装置构成的系统单元。微电网是一个能够实现自我控制、保护和管理的自治系统，既可以与外部电网并网运行,也可以孤立运行。微电网是相对传统大电网的一个概念,是指多个分布式电源及其相关负载按照一定的拓扑结构组成的网络,并通过静态开关关联至常规电网。开发和延伸微电网能够充分促进分布式电源与可再生能源的大规模接入,实现对负荷多种能源形式的高可靠供给,是实现主动式配电网的一种有效方式,是传统电网向智能电网的过渡。

微电网是面向小型负荷提供电能的小规模系统,它与传统的电力系统区别在于其电力的主要提供者是可控的微型电源,而这些电源除了满足负荷需求和维持功率平衡外,也有可能成为负载。因此许多学者形象地将微电网称为"模范市民"。

微电网中的电源多为容量较小的分布式电源,即含有电力电子接口的小型机组,包括光伏电池、微型燃气轮机、燃料电池、小型风力发电机组以及超级电容、飞轮及蓄电池等储能装置。它们接在用户侧,具有成本低、电压低以及污染小等特点。

由于环境保护和能源枯竭的双重压力,迫使我们大力发展清洁的可再生能源。高效分布式能源工业(热电联供)的发展潜力和利益空间巨大。提高供电可靠性和供电质量的要求以及远距离输电带来的种种约束都在推动着在靠近负荷中心设立相应电源。通过微电网控制器可以实现对整个电网的集中控制,不需要分布式的就地控制器,而仅采用常规的量测装置,量测装置与就地控制器之间采用快速通信通道。采用分布式电源和负荷的就地控制器实现微电网暂态控制,微电网集中能量管理系统实现稳态安全、经济运行分析。微电网集中能量管理系统与就地控制器采用弱通信连接。

国外对于微电网的研究起步较早,在关键技术方面已取得一些突破,并在小规模微电网中得到验证。其中美国、欧洲、日本及加拿大等建设了一批示范工程,为微电网的发展提供了一些经验借鉴,成为微电网领域领先国家。国外正在推动微电网向更高电压等级、更大容量发展。

欧美日三地都在进行微电网的技术研究,其中日本立足于国内能源日益紧缺、负荷日益增长的现实背景,展开了微电网研究,但其发展目标主要定位于能源供给多样化、减少污染、满足用户的个性电力需求。日本学者还提出了灵活可靠性和智能能量供给系统(FRIENDS)其主要思想是在配电网中加入一些灵活交流输电系统装置,利用控制器快速、灵活的控制性能,实现对配电网能源结构的优化,并满足用户的多种电能质量需求。日本已将该系统作为其微电网的重要实现形式之一。

另外,机构研究显示,微电网市场有望在未来5年迎来高速成长期。从全球来看,微电网主要处于实验和示范阶段,微电网的技术推广已经度过幼稚期,市场规模稳步成长。着眼于当下世界范围的能源和环境困局以及电力安全需求的长期高企,微电网技术应用前景看好。未来5到10年,微电网的市场规模、地区分布和应用场所分布都将会发生显著变化。

国内微电网研究处于起步探索阶段,国家电网公司是微电网技术研究的主要机构。2011年8月,国网电科院微电网技术体系研究项目通过验收。该项目首次提出了我国微电网技术体系,涵盖微电网核心技术框架、电网应对微电网的策略、技术标准和政策等,制定了我国微电网发展线路和技术路线图,对我国微电网不同发展阶段提出了积极的意见和建议。

河北、天津、河南、浙江、珠海等地已经在进行微电网示范项目的研究及建设。其中,珠海东澳岛微电网项目的建成,解决了岛上长期以来的缺电现象,最大程度地利用海岛上丰富的太阳光和风力资源,最小程度地利用柴油发电,提供绿色电力。随着整个微电网系统的运行,东澳岛可再生能源发电比例从30%上升到70%。

前瞻网微电网行业研究小组分析认为,微电网是大电网的有力补充,是智能电网领域的重要组成部分,在工商业区域、城市片区及偏远地区有广泛的应用前景。随着微电网关键技术研发进度加快,预计微电网将进入快速发展期。

近三年,微电网开始逐渐走到政策前台,国家能源局也计划在"十二五"期间建设30个微电网示范工程,各级政府已经出台了一些支持性政策,自下而上推动力越来越显著。2012年陆续有一批重大示范工程获批,预期未来各地会有更多政府或企业主导的项目上马,微电网在国内的市场将非常广阔。

项目四

太阳能光伏系统常见故障与排除

太阳能光伏发电系统在使用过程中也会出现各种不同的故障,本项目讲述了光伏发电系统常见的检查项目,以及光伏电站常见故障,当出现故障时,如何测试、检查来分析并排除这些故障。

任务一　太阳能光伏电源故障

太阳能光伏系统电源部分一般指的是户外光伏组件、接线盒、防雷接地系统以及方阵入室电缆等等。电站投入运行后,后期维护必不可少,否则,上述部件极易出现各种故障,导致光伏电站发电效率下降,甚至影响电网的正常运行。

4.1.1　光伏组件常见故障

1. 常见外部故障

光伏电池组件在制作、运输或施工过程中都有可能被损坏,故在施工时应重视进行外观检查。因为一旦将光伏电池组件安装好,再进行详细的检查就困难了。因此,应根据工程施工状况,在安装前或在施工中对光伏组件的裂纹、缺角、变色等进行检查,并且对光伏组件表面玻璃的裂纹、划伤、变形和密封材料外框的伤残、变形等也要进行检查。其目的是尽量从源头减少低质电池片的混入,减少后期维修工作量。

电站建成投入运营后。在后期日常检查、定期检查时,需要对太阳电池阵列的外观、光伏组件表面有无污物和表面玻璃有无裂纹、变色及落叶,以及支架有无腐蚀、生锈等进行检查。对安装在尘土较多的场所的光伏电池组件的表面要经常进行污物清扫。

总起来说,光伏组件通过外观检查经常发现的故障现象、不良影响及可能原因如下。

1) 网状隐裂

光伏组件产生网状隐裂如图 4-1-1 所示。

图 4-1-1　光伏组件网状隐裂

(1) 可能原因如下。

① 电池片在焊接或搬运过程中受外力造成。

② 电池片在低温下没有经过预热在短时间内突然受到高温后出现膨胀造成隐裂现象。

③ 高温环境下(如夏天正午),用冷水冲洗组件造成隐裂现象。

(2) 组件影响如下。

① 网状隐裂会影响组件功率衰减。

② 网状隐裂长时间后会出现碎片、热斑等故障从而直接影响组件性能。

（3）预防措施如下。

① 在生产过程中避免电池片过于受到外力碰撞。

② 在焊接过程中电池片要提前保温（手焊）烙铁温度要符合要求。

③ EL 测试要严格检验。

④ 若已安装，严重时需更换组件。

2）EVA 脱层

光伏组件 EVA 脱层如图 4-1-2 所示。

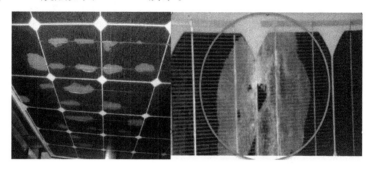

图 4-1-2　光伏组件 EVA 脱层

（1）可能原因如下。

① 交联度不合格（如层压机温度低，层压时间短等）造成。

② EVA、玻璃、背板等原材料表面有异物造成。

③ EVA 原材料成分不均导致不能在正常温度下溶解造成脱层。

④ 助焊剂用量过多，在外界长时间遇到高温出现沿主栅线脱层。

（2）组件影响如下。

① 脱层面积较小时引起组件输出功率降低。

② 当脱层面积较大时直接导致组件失效报废。

（3）预防措施如下。

① 严格控制层压机温度、时间等重要参数，并定期按照要求做交联度实验，并将交联度控制在 85%±5% 内。

② 加强原材料供应商的改善及原材检验。

③ 加强制作过程中成品外观检验。

④ 严格控制助焊剂用量，尽量不超过主栅线两侧 0.3mm。

3）硅胶不良导致分层与电池片交叉隐裂纹

光伏组件分层与电池片交叉隐裂纹如图 4-1-3 所示。

（1）可能原因如下。

① 交联度不合格（如层压机温度低，层压时间短等）造成。

② EVA、玻璃、背板等原材料表面有异物造成。

③ 边框打胶有缝隙，雨水进入缝隙内后组件长时间工作中发热导致组件边缘脱层。

④ 电池片或组件受外力造成隐裂。

（2）组件影响如下。

① 分层会导致组件内部进水使组件内部短路造成组件报废。

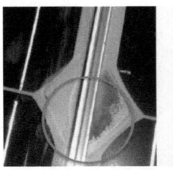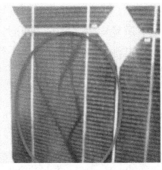

图 4-1-3　光伏组件分层与电池片交叉隐裂纹

② 交叉隐裂会造成纹碎片使电池失效，组件功率衰减直接影响组件性能。

(3) 预防措施如下。

① 严格控制层压机温度、时间等重要参数并定期按照要求做交联度实验。

② 加强原材料供应商的把关及原材检验。

③ 加强制作过程中成品外观检验。

④ 总装打胶严格要求操作手法，硅胶需要完全密封。

⑤ 抬放组件时避免受外力碰撞。

4）组件烧坏

光伏组件被烧坏如图 4-1-4 所示。

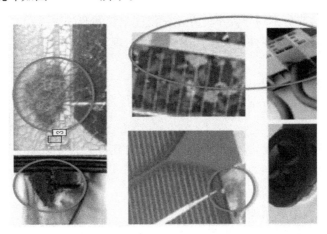

图 4-1-4　光伏组件烧坏

(1) 可能原因如下。

汇流条与焊带接触面积较小或虚焊，出现电阻加大发热造成组件烧毁。

(2) 组件影响如下。

短时间内对组件无影响，组件在外界发电系统上长时间工作会被烧坏最终导致报废。

(3) 预防措施如下。

① 汇流条焊接和组件修复工序需要严格按照作业指导书要求进行焊接，避免在焊接过程中出现焊接面积过小的现象。

② 焊接完成后需要目视一下是否焊接牢固。

③ 严格控制焊接烙铁问题在管控范围内(375±15)和焊接时间 2~3s。

5）电池助焊剂用量过多

光伏组件助焊剂残留如图 4-1-5 所示。

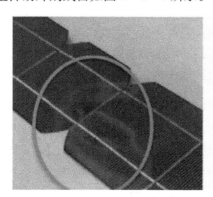

图 4-1-5　光伏组件助焊剂残留

(1) 可能原因如下。

① 焊接机调整助焊剂喷射量过大造成。

② 人员在返修时涂抹助焊剂过多导致。

(2) 组件影响如下。

① 影响组件主栅线位置 EVA 脱层。

② 组件在发电系统上长时间后出现闪电纹黑斑，引起组件功率衰减使组件寿命减少或造成报废。

(3) 预防措施如下。

① 调整焊接机助焊剂喷射量，定时检查。

② 返修区域在更换电池片时请使用指定的助焊笔，禁止用大头毛刷涂抹助焊剂。

6）虚焊、过焊

光伏组件虚焊过焊如图 4-1-6 所示。

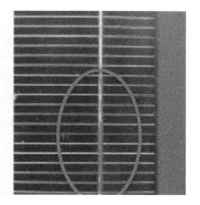

图 4-1-6　光伏组件虚焊、过焊

(1) 可能原因如下。

① 焊接温度过高或助焊剂涂抹过少或速度过快会导致虚焊。

② 焊接温度过高或焊接时间过长会导致过焊现象。

(2) 组件影响如下。

① 虚焊在短时间出现焊带与电池片脱层，引起组件功率衰减或失效。

② 过焊导致电池片内部电极被损坏，直接造成组件功率衰减，降低组件寿命或报废。

(3) 预防措施如下。

① 确保焊接机温度、助焊剂喷射量和焊接时间的参数设定，并要定期检查。

② 返修区域要确保烙铁的温度、焊接时间和使用正确的助焊笔涂抹助焊剂。

③ 加强 EL 检验力度，避免漏失下一工序。

7) 组件钢化玻璃爆和接线盒导线断裂

光伏组件钢化玻璃爆与接线盒导线断裂如图 4-1-7 所示。

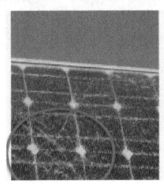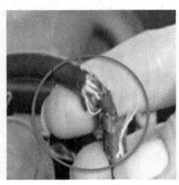

图 4-1-7　光伏组件钢化玻璃爆与接线盒导线断裂

(1) 可能原因如下。

① 组件在搬运过程中受到严重外力碰撞造成玻璃爆破。

② 玻璃原材有杂质出现原材自爆。

③ 导线没有按照规定位置放置导致导线被压坏。

(2) 组件影响如下。

① 玻璃爆破组件直接报废。

② 导线损坏导致组件功率失效或出现漏电连电危险事故。

(3) 预防措施如下。

① 组件在抬放过程中要轻拿轻放，避免受外力碰撞。

② 加强玻璃原材检验测试。

③ 导线一定要严格按照要求盘放，避免零散在组件上。

8) 气泡产生

光伏组件产生气泡如图 4-1-8 所示。

(1) 可能原因如下。

① 层压机抽真空温度时间过短，温度设定过低或过高会出现气泡。

② 内部不干净有异物会出现气泡。

③ 上手绝缘小条尺寸过大或过小会导致气泡。

(2) 组件影响如下。

组件气泡会影响脱层，严重会导致报废。

项目四　太阳能光伏系统常见故障与排除

图 4-1-8　光伏组件气泡产生

(3) 预防措施如下。

① 层压机抽真空时间温度参数设定要严格按照工艺要求设定。

② 焊接和层叠工序要注意工序 5S 清洁。

③ 绝缘小条裁切尺寸严格要求进行裁切和检查。

9) 热斑和脱层

光伏组件热斑和脱层如图 4-1-9 所示。

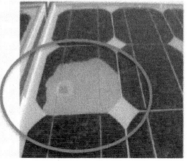

图 4-1-9　光伏组件热斑和脱层

(1) 可能原因如下。

① 组件修复时有异物在表面会造成热斑。

② 焊接附着力不够会造成热斑点。

③ 脱层层压温度、时间等参数不符合标准造成。

(2) 组件影响如下。

① 热斑导致组件功率衰减失效或者直接导致组件烧毁报废。

② 脱层导致组件功率衰减或失效影响组件寿命使组件报废。

(3) 预防措施如下。

① 严格按照返修 SOP 要求操作,并注意返修后检查注意 5S。

② 焊接处烙铁温度焊焊机时间的控制要符合标准。

③ 定时检查层压机参数是否符合工艺要求,同时要按时做交联度实验确保交联度符合要求 85%±5%。

10) 硅胶气泡和缝隙

光伏组件硅胶气泡和缝隙如图 4-1-10 所示。

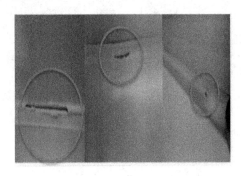

图 4-1-10　光伏组件硅胶气泡和缝隙

(1) 可能原因如下。

① 硅胶气泡和缝隙主要是由硅胶原材内有气泡或气枪气压不稳造成。

② 缝隙主要原因是由员工手法打胶不标准造成。

(2) 组件影响如下。

有缝隙的地方会有雨水进入，雨水进入后组件工作时发热会造成分层现象。

(3) 预防措施如下。

① 请原材料厂商改善，IQC 检验加强检验。

② 人员打胶手法要规范。

③ 打完胶后人员做自己动作，清洗人员严格检验。

2. 太阳能光伏组件电性能故障

光伏电池组件由于某些原因，功率达不到预期值，甚至比预期值小许多，测试曲线会表现的比较差，统称为光伏组件的电性能故障。图 4-1-11 是某电性能较差组件的 I-V 曲线，其直接表现为曲线不平滑，呈阶梯状，相对于外观故障，组件电性能的故障更为隐秘，因此有必要对电池组件进行电性能的详细测试，主要测试项目包括光伏电池组件的短路电流 I_{SC}、开路电压 U_{OC}、最大输出功率 P_{max} 及填充因子 FF 等。

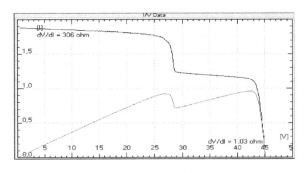

图 4-1-11　光伏组件曲线异常

1) 开路电压

太阳能光伏发电系统为了达到规定的输出,一般将多个光伏组件串联及并联构成光伏阵列。因此,在安装现场,要对接线情况进行检查。电站投入运营后,在后期定期检查时,需要通过测试光伏阵列的输出,找出工作异常的光伏阵列模块和布线中存在的缺陷。

首先,测量光伏阵列各组件的开路电压,若发现开路电压不稳定,则可能是光伏阵列的组件串、光伏组件以及串联连接线断开等引起的故障。例如,光伏阵列的一个组件串中存在一个极性接反的光伏组件,那么整个组件串的输出电压比接线正确时的开路电压低很多。正确接线时的开路电压,可根据说明书或规格表予以确认,通过与测得值比较,可判断出极性接错的光伏组件。即使因日照条件不好,计算出的开路电压和说明书中的电压有些差异时,只要和其他组件串的测试结果比较,也能判断出有无接错的光伏组件。另外,虽然光伏组件的接线正确,但旁路二极管的极性接错,也能用同样的方法检查出来。

测量时应注意以下几点:清洗光伏阵列的表面;各组件串的测量应在日照强度稳定时进行;为了减少日照强度、温度的变化,测量时间应选在晴天的正午时刻前后 1h 内进行;太阳电池只要在白天,即使是雨天也能产生电压,测量时要注意安全。

2) 短路电流

通过测量光伏阵列的短路电流,可以检查出工作异常的光伏组件。但光伏组件的短路电流随日照强度大幅度变化,在安装场地是不能根据短路电流的测量值来判断有无异常的光伏组件,只有存在同一电路条件下的组件串,通过组件串相互之间的比较,在某种程度上可以进行判断。具体测量时,测量时间应选在有稳定日照强度的条件下进行。

3) 光伏阵列伏安特性(I-V 曲线)测试

(1) 测试的意义。验证功率额定值数据;验证已经安装方阵功率性能是否符合设计规范;检测现场组件特性与实验室或工厂测量值之间的差异;检测组件和方阵相对于现场初期数据的性能衰减。

(2) 测试的原理如图 4-1-12 所示。

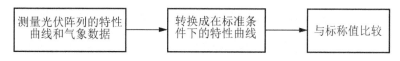

图 4-1-12　I-V 曲线测试原理

光伏组串的 I-V 曲线定义:受光照的光伏组串,在一定的辐照度和温度以及不同的外电路负载下,输出的电流 I 和光伏组串端电压 V 的关系曲线。

需要测量的气象数据包括:太阳辐照度、环境温度、组件温度。为了保证测试的准确度,测试时,太阳辐照度必须大于 $700W/m^2$,环境温度小于 $40℃$。测量时间内辐照度偏差不能超过 5%。

为减小因太阳光谱不同造成的测量误差,测量太阳辐照度的传感器制造工艺必须与被测组件相同。可以通过辐照度修正、温度修正、光谱修正等,使现场测试值转换成标准测试环境下的值。

图 4-1-13 晶体硅光伏阵列 I-V 特性的现场测量

4）光伏发电系统效率测试

（1）光伏发电系统效率测试原理和方法。

① 直流效率测试原理。直流效率是光伏阵列的实际输出功率与光伏阵列在一定条件下产生的电功率之比。首先测量当前的日照强度和组件温度；其次在测量日照强度和组件温度的同时，测量并网逆变器直流侧的输入功率；再次根据光伏阵列功率、日照强度、温度及温度功率系数，根据计算公式，可以计算当时的光伏阵列的产生功率；最后根据公式可计算出系统的直流效率。

② 逆变器转换效率测试原理。逆变器转换效率是逆变器的交流输出功率与直流输入功率之比，光伏发电系统效率等于直流效率乘以逆变器效率。

（2）光伏发电系统效率测试过程。光伏发电系统效率测试接线如图 4-1-14 所示，测试过程如下。

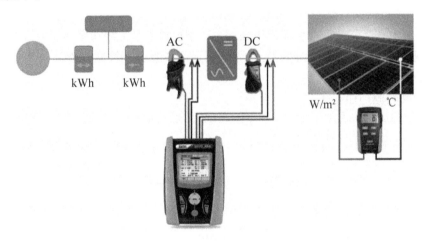

图 4-1-14 光伏发电系统效率测试接线图

① 光伏发电系统电气效率测试：用参考太阳电池来测量太阳辐照度；用温度探头来测量组件温度和环境温度。在测量环境参数的同时可测量光伏发电系统的各项电气参数，并计算直流效率和逆变器效率。

② 电能质量测试：电压的有效值、电流、谐波、闪变、有功功率、无功功率和视在功率、功率因数、有功能量、无功能量和视在能量、电压异常等。

(3) 组件测试曲线异常分析，如图 4-1-15 所示。

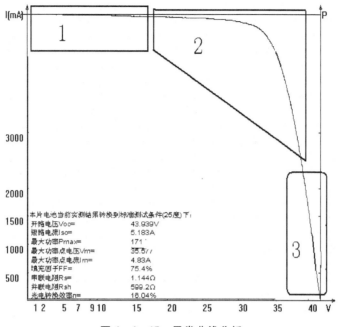

图 4-1-15　异常曲线分析

① 曲线 1 处出了问题，如有台阶，则是二极管的问题，基本对组件质量影响不大。1 处有起伏，而非缓慢下降，则是电流分档问题，此组件中混有电流挡偏低或偏高的电池片。

② 曲线 2 处出了问题，拐弯处略显直角，则是因为组件中有隐裂片，操作过程中产生。如果是有两次或三次大转折，则是因为组件中有小裂片。

③ 曲线 3 处出了问题，平滑下降中有拱起，则是因为电压分档不均。

4.1.2　光伏电源接线盒故障

光伏电源接线盒的主要作用是连接和保护太阳能光伏组件，传导光伏组件所产生的电流。光伏电源接线盒作为光伏电源的一个重要部件。常见故障如下。

1. 引线虚焊

1) 可能原因

烙铁温度过低、过高或焊接时间过短造成虚焊。

2) 不良影响

组件功率过低；连接不良出现电阻加大，打火造成组件烧毁。

3) 预防措施

规范作业手法，调整好烙铁温度，规范焊接时间。

2. 线盒硅胶脱落

1) 可能原因

硅胶配比不符合工艺要求造成硅胶固化不牢。

2）不良影响

硅胶脱落，盒内引线会暴露在空气中遇雨水或湿气会造成连电使组件起火。

3）预防措施

定时确认硅胶配比是否符合工艺要求，清洗工序要严格把关确保硅胶100%固化良好。

3．组件接线盒起火

1）可能原因

引线在卡槽内没有被卡紧出现打火起火；引线和接线盒焊点焊接面积过小出现电阻过大造成着火；引线过长接触接线盒塑胶件长时间受热造成起火。

2）组件影响

起火直接造成组件报废，严重可能引起火灾。

3）预防措施

严格按照标准作业将引出线完全插入卡槽内；引出线和接线盒焊点焊接面积至少大于$20mm^2$；严格控制引出线长度符合图纸要求，避免引出线接触接线盒塑胶件。

4.1.3 光伏电源接地故障

1．故障原因

良好的接地系统是光发电站防雷系统的重要因素，太阳电池阵列不属于建筑物，其可能受雷击的直接原因就是因为占地面积较大，增加了其受雷击的可能性。因此，电站往往采取了各种防雷措施还遭雷害，概括起来，其主要原因有以下几点。

（1）接地电阻没有达到系统的要求，接地电阻偏大，地网的面积不够，接闪时容易遭受地电位的反击。

（2）使用传统金属极制作地网，一、二年后，由于金属极被土壤腐蚀而生锈，造成接地电阻升高并大大超出系统的要求，使整个电子系统被雷击和地电位反击损坏的概率大幅度提高，而且重新改造地网又需要花费大量的物力和人力成本。

（3）机房接地端子板的引出线的连接方式不符合防雷的要求。

2．采取的措施

针对产生事故和造成接地装置接地网质量问题的原因，结合试验中遇到的现实问题，提出以下对策，目的是为了提高变电站接地网测试的试验水平和检验效果。尽可能地避免雷击事故的发生。

（1）在接地网测试中，不应简单的只是进行数据的测量，在测试的过程中，应选取适当的点进行检测，用来检查接地装置、接地网和各种状态，比如受腐蚀情况，使用材料的质量，焊接情况，填埋深度等，配合原始施工图还可以检查连接体（线）是否连接正确。

（2）根据原始图纸并结合开挖的实际测量情况，还可以简单地对接地网的各类参数进行计算核对。

（3）为了简化试验的流程，提高效率，在测试时，尤其是在大型户外变电站测试时，可以采用随机抽样的方法测量。

（4）由于接地装置事故持续时间过长，不能快速切除也是造成接地装置扩大事故的原因之一，所以在进行接地电阻试验的同时，可以安排人员对保护装置进行同步检查。

（5）测量接地电阻都需要在接地装置露出地表的部分测量，目前的接地装置大多采用扁铁，为了防止腐蚀，露出部分都涂有保护材料。这就会造成测量值的偏大，如果为了精确测量而刮开涂层，又会加速腐蚀。所以建议在露出部分加装铜质的接地节。

（6）接地电阻测量应和接地网导通试验有机地结合起来。

（7）由于接地网的特性，随土壤的成分及季节变化，所以历年的接地网电阻测试应尽量选取相近的气候和湿度条件进行。

任务二　线路及设备故障

不论是离网型还是并网型光伏电站，光伏发电系统的设备组成大致相同，除户外光伏组件、接线盒、接地系统外，电站室内设备也会产生各种故障，对于大型并网光伏电站来说，最容易出现的三大故障分别是直流侧电气短路故障、控制器逆变器故障和交流侧输配电线路故障。下面逐一分析。

4.2.1　光伏发电直流侧短路故障

光伏发电系统直流侧可以理解为光伏逆变器输入端之前的所有设备，一般包括光伏防雷汇流箱、直流配电柜、线缆等。在光伏逆变系统中，高压直流电的正负母线都是浮地的。由于系统直流输入、输出回路众多，难免会出现绝缘损坏等情况，当单点绝缘下降故障发生时，由于没有形成短路回路，并不影响用电设备的正常工作，此时仍可继续运行，但若不及时处理，一旦出现两点接地故障，可能造成直流电源短路，输出熔断器熔断，开关烧毁，逆变器可能出现故障，严重影响机房内其他设备的安全运行，同时，绝缘下降还会给现场运行维护人员的人身安全造成威胁。

直流侧出现短路故障最主要的原因是由熔断器的熔丝电流与断路器的脱扣电流设置不合理造成的。因为光伏发电直流侧电流与太阳辐照度成正比，直流侧短路电流大小即与太阳辐照度有关，又与太阳能光伏电池组件自身固有短路电流有关，因此，如果仅仅按照传统电气设计选择和设置，发生短路故障时熔断器和断路器很难起到保护作用。直流电流极易产生电弧引发电线电缆及电气设备着火事故，电气保护设备如不能及时切断故障点，将会产生连锁反应使故障进一步扩大。因直流侧短路引起电缆烧断、汇流箱失火、配电柜失火等故障现象。

1. 故障现象

汇流箱着火；直流柜电缆着火。

2. 可能出现的情况

以190W电池组件组成的500kW发电单元为例，太阳辐照度在1000W/m^2时组件额定电流是5.15A，组件短路电流是5.56A。

(1) 汇流箱接线端子组件侧短路，由其他多个汇流箱流向短路点的电流使汇流箱内熔断器熔丝烧断，保护了组件不被反向电流烧毁。

(2) 汇流箱内熔断器汇流铜排短路，由其他多个汇流箱流向短路点的电流使汇流箱或直流柜的断路器脱扣，此时的脱扣电流取决于太阳辐照度强度及多个汇流箱电流之和是否大于断路器设定的脱扣电流值。

3. 预防措施

光伏发电直流侧出现短路故障或其他原因造成电缆电线及电气元器件发热进而着火，由于受太阳辐照度变化及光伏组件特性限制，各级电气保护设备基本上起不到保护作用。但是，光伏电站在设计时都是按照光伏组件额定功率W_p时的工作电流和短路电流进行计算并选择熔断器熔丝或断路器脱扣值，为了尽量避免上述事故的发生，提出以下建议。

(1) 汇流箱内熔断器熔丝按电池组件短路电流I_{sc}的1.1倍选取。例如：190W_p单晶硅组件的短路电流I_{sc}是5.56A，熔丝电流可选取6A；240W_p多晶硅组件的短路电流I_{sc}是8.22A，熔丝电流可选取8A或10A（西藏、新疆、青海太阳辐照度较强地区选取10A）。

(2) 汇流箱断路器及直流柜与之对应的断路器脱扣电流按汇流箱汇流路数组件短路电流I_{sc}之和的1.1倍选取。例如：190W_p单晶硅组件的短路电流I_{sc}是5.56A，16路进线汇流箱组件短路电流之和为88.96A，断路器脱扣电流可选取100A；240W_p多晶硅组件的短路电流I_{sc}是8.22A，16路进线汇流箱组件短路电流之和为131.52A，断路器脱扣电流可选取150A。

(3) 多股导线插入接线端子必须采用针形接线鼻子，绝不可松股插入。

(4) 汇流箱、直流柜汇流铜排采用热缩绝缘套管，防止发生短路故障。

(5) 汇流箱、直流柜所有压线螺钉或螺栓采用弹簧垫圈压紧，运行使用过程中定期紧固各压线螺钉或螺栓，避免松动产生直流电弧。

4.2.2 控制器逆变器故障

1. 光伏控制器常见故障及排除方法

一般来说，光伏控制器可能出现的故障包括运输损坏、高压损坏（光伏组件开路电压）、蓄电池极性接反损坏、电源（开关电源）失效、雷击损坏、工作点设置错误或漂移、空气开关或继电器触点拉弧、无触点开关的晶体管损坏（耐压）、霍尔传感器损坏、温度补偿失控等。下面仅就几种常见故障现象及排除方法进行简要介绍。

1) 自身指示故障现象及处理

光伏控制器通过控制面板上的指示灯告诉用户内部运行状态，因此，用户可通过观察面板指示灯近似判断故障类型，从而排除故障。表4-2-1所示是一款控制器产品典型故障现象及处理方法。

项目四　太阳能光伏系统常见故障与排除

表4-2-1　某控制器典型故障现象及处理方法

现　　象	问题及处理方法
有阳光时,电池板指示灯(1)不亮	请检查光电池连线是否正确,接触是否可靠
电池板充电指示灯(1)快闪	系统超压,请检查蓄电池是否连接可靠,或是蓄电池电压过高
蓄电池指示灯(2)不亮	蓄电池供电故障,请检测蓄电池连接是否正确
蓄电池指示灯(2)快闪,无输出	蓄电池过放,充足后自动恢复
负载指示灯(3)慢闪,无输出	负载功率超过额定功率,减少用电设备后,长按键一次恢复
负载指示灯(3)快闪,无输出	负载短路,故障排除后,长按键一次或第二天自动恢复
负载指示灯(3)常亮,无输出	请检查用电设备是否连接正确、可靠
其他现象	检测接线是否可靠,12V/24V自动识别是否正确(对有自动识别的型号)

2) 其他故障

(1) 故障现象:蓄电池充电不足。表4-2-2所示为蓄电池常见故障现象及处理方法。

表4-2-2　蓄电池常见故障现象及处理方法

可能的原因	解　决　方　法
长时间的多云天气,蓄电池未充电	提高系统供电能力的自主天数或减少电能消耗
实际的电能消耗已经超出了估计的负荷容量	减少电能消耗或重新计算负载容量并相应提高系统发电能力
因为老化或错误地使用,导致蓄电池容量和充电能力下降	更换蓄电池组
因电流过大或导线过细导致的蓄电池输出电压偏低	检查可能引起电压降落的原因
由于蓄电池温度过低,需要更高的充电电压才能充满电池	加强蓄电池房保温
充电灯点亮的情况下,充电控制器已经停止充电	控制电压设定存在问题,修理控制元件或调高门限电压

(2) 故障现象:负荷无法断开。表4-2-3所示为蓄电池负荷无法断开故障现象及处理方法。

表4-2-3　蓄电池负荷无法断开故障现象及处理方法

可能的原因	恢　复　方　法
开关损坏导致负荷控制失效	停止负载运行,更换负荷开关
雷电冲击或其他高电压损坏了控制设备	检修控制器负荷控制单元,将控制器送回生产厂家修理

（3）故障现象：蓄电池过充。表4-2-4所示为蓄电池过充故障现象及处理方法。

表4-2-4　蓄电池过充故障现象及处理方法

可能的原因	恢复方法
控制器总是使蓄电池处于过充状态，导致蓄电池电压过高	检测蓄电池端电压，观察充电控制单元是否动作，检查并调整充电电压阈值设置

（4）故障现象：负荷不正常断开。表4-2-5所示为蓄电池负荷不正常断开故障现象及处理方法。

表4-2-5　蓄电池负荷不正常断开故障现象及处理方法

可能的原因	恢复方法
控制器无法收到真确的电压信号	检查蓄电池电压
负荷存在很大冲击	检查负荷在一定冲击水平下，导致蓄电池电压降落的情况；加大通向负载的导线截面；考虑采用更大容量的蓄电池
雷电冲击	加强防雷电保护；雷电过后，重新尝试起动负载
控制器故障	检查控制器的过流保护是否误动作或断路器失效；校准过流保护值，更换断路器
欠压保护动作电压值设置过高	针对输出的功率不同，重新设置欠压保护动作电压值

（5）故障现象：方阵空气开关跳闸。表4-2-6所示为方阵空气开关跳闸故障现象及处理方法。

表4-2-6　方阵空气开关跳闸故障现象及处理方法

可能的原因	恢复方法
在与蓄电池连接的情况下方阵进行短路测试	测试前断开控制器与蓄电池的连接
方阵输出电流超出控制器的允许范围	如有可能，增加另一个控制器与原有的并联运行，或用容量更大的替换

（6）故障现象：负荷线路断路器动作。表4-2-7所示为负荷线路断路器动作故障现象及处理方法。

表4-2-7　负荷线路断路器动作故障现象及处理方法

可能的原因	恢复方法
负荷电流超出控制器的允许范围，线路断路器动作	检查控制器的冲击电流允许范围，检查负载线路是否存在短路，检查最大负荷情况下电流值是否超过过流保护的电流值

2. 光伏逆变器常见故障

光伏逆变器可能出现的故障包括运输损坏、极性反接损失、内部电源（电源分开）失效、雷击损坏、功率晶体管损坏（短路、冲击性负载、过热）、输入电压不正常（过压、欠压）、输出保险损坏（负载短路、线路短路）、输入输出接头发热等。

1) 故障说明

表 4-2-8 所示为光伏逆变器的故障说明。

表 4-2-8 光伏逆变器故障说明

序号	故障现象	故 障 说 明
1	直流输入未准备就绪	直流输入电压未准备就绪。直流输入电压未达到和超过参数规定的数值
2	线路未准备就绪	交流线路电压未准备就绪。交流线路电压未超过规定的时间值（默认为 5min）
3	停止指令	设备收到软件停止指令后停止运行
4	关闭指令	设备收到软件关闭指令后关机
5	紧急停止	开启硬件紧急停止开关后设备停止运行；关闭紧急停止开关后该状态自动清除
6	低电压停止运行	设备停止运行，因为输出电压连续超过 10min 保持零值状态
7	低电流停止运行	设备停止运行，因为直流线路电流连续超过 10min 保持零值状态
8	直流输入电压过高	直流输入电压过高。直流输入过电压高于 660V 的时间超过 100ms
17	直流输入电压不足	直流输入电压不足。直流输入电压低于 250V 的时间超过 100ms
18	直流过电压	直流线路过电压。直流线路电压高于 700V 的时间超过 100ms
19	直流电压不足	直流线路电压不足。直流线路电压低于 250V 的时间超过 1s
20	直流接地故障	接地电阻监控设备检测出的直流接地过电流
21	输入电压过高(慢)	线路电压过高(慢)。线路电压高于 120% 的额定电压的时间超过 1s
22	输入电压过高(快)	线路电压过高(快)。线路电压高于 110% 的额定电压的时间超过 0.16s。线路电压值低于跳闸设定值时，故障自动清除
23	输入电压不足(慢)	线路电压不足(慢)。线路电压低于 88% 的额定电压的时间超过 1s。线路电压值超过跳闸设定值时，故障自动清除
24	输入电压不足(快)	线路电压不足(快)。线路电压低于 50% 的额定电压的时间超过 0.16s。线路电压值超过跳闸设定值时，故障自动清除
25	电压失衡	线路电压失衡（IEC 失衡）
26	线路过频	线路过频。线路频率比额定频率高出 0.5Hz 以上的时间超过 0.16s。频率值低于跳闸设定值时，故障自动清除
27	低频(慢)	线路低频(慢)。线路频率比额定频率低出 0.7Hz 以上的时间超过 0.16s。频率值高于跳闸设定值时，故障自动清除
28	低频(快)	低频(快)。线路频率比额定频率低出 3.0Hz 以上。频率值高于跳闸设定值时，故障自动清除
29	零线过电流	零线电流超限
30	线路瞬时过电压	线路瞬时过电压

2) 故障现象及处理

（1）故障现象：负荷不正常工作。表 4-2-9 所示为光伏逆变器负荷不正常工作故障及处理方法。

表 4-2-9　光伏逆变器负荷不正常工作故障处理

可能的原因	恢复方法
断路器(空气开关)动作	检查可能发生短路、过载或过冲的电路。恢复断路器(空气开关)
线路断开或接触不良，导致线路开路	检查线路，检查负载回路
逆变器在冲击负荷下，停机保护	增大逆变器容量或减少冲击负荷

（2）故障现象：逆变器出现过压保护，测量蓄电池电压发现过压，见表 4-2-10。

表 4-2-10　光伏逆变器过压保护故障处理

可能的原因	恢复方法
固态继电器短路性损坏	断电后用万用表检测，将万用表打到测量通断的档位上，测量继电器的主电路端，将损坏继电器换下，换上好的继电器

（3）故障现象：逆变器出现欠压保护，测量蓄电池电压发现电压过低，见表 4-2-11。

表 4-2-11　光伏逆变器欠压保护故障处理

可能的原因	恢复方法
固态继电器断路性损坏，使得损坏的几路不能对蓄电池充电，导致电压过低	用万用表检测继电器主电路端上下两端的电压(表笔负端放在电压表的负极)，在继电器状态为导通的情况下，如果发现上下两端电压相差很大，表示继电器断路损坏。将损坏继电器换下，换上好的继电器
由于某些原因使得控制充电的空气开关断开，无法对蓄电池充电，导致电压逐步降低	检查各个与充电有关的开关，确保都已合上
太阳电池板上覆盖的灰尘太多，严重影响电池板的效率	经常清洁太阳电池板，保证电池板表面无污物，无遮挡，无覆盖

（4）故障现象：控制柜电压指示表中，某一路或几路电压指示偏低，为蓄电池电压；检查继电器状态为开路状态，继电器良好，但电流表显示没有充电电流，见表 4-2-12。

表 4-2-12　光伏逆变器电压指示故障处理

可能的原因	解决方法
光伏阵列接线箱中的开关没合上	确定光伏阵列接线箱的开关已经全部合上
线头接触不好，有松动	逐一查线。特别是要注意两个经常出问题的地方：一是控制柜后面的端子排，二是光伏接线箱内部的接线

(5) 故障现象：逆变器开机后，出现短路指示，输出保护，见表4-2-13。

表4-2-13 光伏逆变器短路指示故障处理

可能的原因	解决方法
一般为外线短路	查外线，从控制室的引出线开始，逐级往下查

(6) 故障现象：蓄电池组中，某一组蓄电池的单体电压整体比其他组蓄电池的单体电压高出一定的数值，见表4-2-14。

表4-2-14 蓄电池某组电压偏高故障处理

可能的原因	解决方法
从原理上说，每块蓄电池的电压都应该是相同的，即使不一致，也相差不大。出现这种现象，可能是蓄电池之间的连接线有松动	全面检查蓄电池组之间的所有连线，并把松动的连接线紧固

(7) 故障现象：供电过程中，某一户用电则出现逆变器保护，这一户不用则一切正常，检查这一户线路没有发现短路现象。故障产生的原因及解决方法见表4-2-15。

表4-2-15 光伏逆变器使用过程出现保护故障处理

可能的原因	解决方法
用户电度表线路接法错误	用户电度表内重新改线

4.2.3 交流输配电侧常见故障

逆变器输出侧的设备称为光伏电站交流侧设备。对于光伏并网电站来说，用户侧并网由交流配电柜、电力电缆组成，配电侧并网由交流配电柜、升压变压器、电力电缆组成。对于光伏离网电站来说，由交流配电柜、电力电缆组成。

1. 低压开关柜常见故障及处理方法

低压开关柜常见故障及处理方法见表4-2-16。

表4-2-16 低压开关柜常见故障处理

故障现象	产生原因	排除方法
框架断路器不能合闸	(1) 控制回路故障； (2) 智能脱扣器动作后，面板上的红色按钮没复位； (3) 储能机构未储能或储能电路出现故障； (4) 抽出式开关是否到位； (5) 电气连锁故障； (6) 合闸线圈坏	(1) 用万用表检查开路点； (2) 查明脱扣原因，排除故障后按下复位按钮； (3) 手动或电动储能，如不能储能，再用万用表逐级检查电机或开路点； (4) 将抽出式开关摇到位； (5) 检查连锁线是否接入； (6) 用目测和万用表检查

续表

故障现象	产生原因	排除方法
塑壳断路器不能合闸	(1) 机构脱扣后,没有复位; (2) 断路器带欠压线圈而进线端无电源; (3) 操作机构没有压入	(1) 查明脱扣原因并排出故障后复位; (2) 使进线端带电,将手柄复位后,再合闸; (3) 操作机构压入后再合闸
断路器经常跳闸	(1) 断路器过载; (2) 断路器过流参数偏小	(1) 适当减小用电负荷; (2) 重新设置断路器参数值
断路器合闸就跳	出线回路有短路现象	切不可反复多次合闸,必须查明故障,排除后再合闸
接触器发响	(1) 接触器受潮,铁芯表面锈蚀或产生污垢; (2) 有杂物掉进接触器,阻碍机构正常动作; (3) 操作电源电压不正常	(1) 清除铁芯表面的锈或污垢; (2) 清除杂物; (3) 检查操作电源,恢复正常
不能就地控制操作	(1) 控制回路有远控操作,而远控线未正确接入; (2) 负载侧电流过大,使热元件动作; (3) 热元件整定值设置偏小,使热元件动作	(1) 正确接入远控操作线; (2) 查明负载过电流原因,将热元件复位; (3) 调整热元件整定值并复位
电容柜不能自动补偿	(1) 控制回路无电源电压; (2) 电流信号线未正确连接	(1) 检查控制回路,恢复电源电压; (2) 正确连接信号线
补偿器始终只显 1.00	电流取样信号未送入补偿器	从电源进线总柜的电流互感器上取电流信号至控制仪的电流信号端子上
电网负荷是滞后状态(感性),补偿器却显示超前(容性),或者显示滞后,但接入电容器后功率因数值不是增大,反而减小	电流信号与电压信号相位不正确	(1) 220V 补偿器电流取样信号应与电压信号在同一相上取样。例:电压为 $U_{AN}=220V$,电流就取 A 相;380V 补偿器电流取样信号应在电压信号不同相上取得。例:电压为 $U_{AC}=380V$ 电流就取 B 相; (2) 如电流取样相序正确,那可将控制器上电流或电压其中一个的两个接线端互相调换位置即可
电网负荷是滞后,补偿器显示滞后,但接入电容器后功率因数值不变,其值只随负荷变化	接入的电容器产生的电流没有经过电流取样互感器	使电容器的供电主电路取至进线主柜电流互感器的下端,保证电容器的电流经过电流取样互感器

2. 高压开关柜常见故障和处理方法

1) 高压开关柜在运行中突然跳闸

(1) 故障现象:这种故障原因是保护动作。高压柜上装有过流、过压、速断和温度等保护。如图 4-2-1 所示,当线路或变压器出现故障时,保护继电器动作使开关跳闸。

跳闸后开关柜绿灯（分闸指示灯）闪亮，转换开关手柄在合闸后位置即竖直向上。高压柜内或中央信号系统有声光报警信号，继电器掉牌指示。微机保护装置有"保护动作"的告警信息。

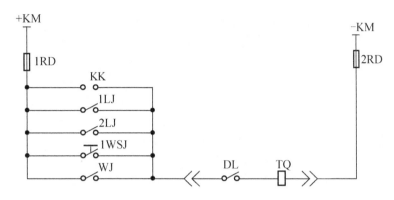

图 4-2-1　保护跳闸电路

KK 转换开关；1LJ 速断；2LJ 过流；1WSJ 重瓦斯；WJ 温度；DL 辅助开关；TQ 跳闸线圈

（2）判断方法：判断故障原因可以根据继电器掉牌、告警信息等情况进行判断。在高压柜中瓦斯、温度保护动作后都有相应的信号继电器掉牌指示。过流继电器（GL 型）动作时不能区分过流和速断。在定时限保护电路中过流和速断分别由两块（JL 型）电流继电器保护。继电器动作时红色的发光二极管亮，可以明确判断动作原因。

（3）处理方法：过流继电器动作使开关跳闸，是因为线路过负荷。在送电前应当与用户协商减少负荷防止送电后再次跳闸。速断跳闸时，应当检查母线、变压器、线路，找到短路故障点，将故障排除后方可送电。过流和速断保护动作使开关跳闸后继电器可以复位，利用这一特点可以和温度、瓦斯保护区分。变压器发生内部故障或过负荷时瓦斯和温度保护动作。如果是变压器内部故障使重瓦斯动作，必须检修变压器。如果是新移动、加油的变压器发生轻瓦斯动作，可以将内部气体放出后继续投入运行。温度保护动作是因为变压器温度超过整定值。如果定值整定正确，必须设法降低变压器的温度。可以通风降低环境温度，也可以减少负荷减低变压器温升。如果整定值偏小，可以将整定值调大。通过以上几个方法使温度接点打开，开关才能送电。

2）高压开关柜储能故障

如图 4-2-2 所示，电动不能储能分别有电机故障控制开关损坏、行程开关调节不当和线路其他部位开路等见表 4-2-17。表现形式有电机不转、电机不停、储能不到位等。

（1）行程开关调节不当。行程开关是控制电机储能位置的限位开关。当电机储能到位时将电机电源切断。如果限位过高时，机构储能已满。故障现象是：电机空转不停机、储能指示灯不亮。只有打开控制开关（HK）才能使电机停止。限位调节过低时，电机储能未满提前停机。由于储能不到位开关不能合闸。调节限位的方法是手动慢慢储能找到正确位置，并且紧固。

（2）电机故障。如果电机绕组烧毁，将有异味、冒烟、保险熔断等现象发生；如果电机两端有电压，电机不转。可能是碳刷脱落或磨损严重等故障。判断是否是电机故障的方法有测量电机两端电压、电阻或用其他好的电机替换进行检查。

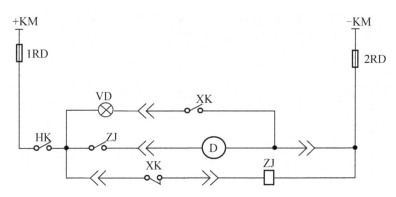

图 4-2-2 储能电路

HK 控制开关；VD 储能指示灯；D 电机；XK 限位开关；ZJ 中间继电器

表 4-2-17 电动不能储能故障判断处理表

故障类型	故障表现	判断方法	处理方法
行程限位过高	电机不停转，储能指示灯不亮	手动储能，储满能后凸轮顶不到限位开关	向下调整行程开关
行程限位过低	储能不满，不能合闸	凸轮过早顶到限位开关	向上调整行程开关
电机故障	冒烟、异味、不能合闸	用万用表检查	更换电机
控制回路断线	电机不转	电机没有电压	更换开关或接线

（3）控制开关故障或电路开路。控制开关损坏使电路不能闭合及控制回路断线造成开路时，故障表现形式都是电机不转、电机两端没有电压。查找方法是用万用表测量电压或电阻。测量电压法是控制电路通电情况下，万用表调到电压挡，如果有电压（降压元件除外）被测两点间有开路点。用测量电阻法应当注意旁路的通断，如果有旁路并联电路，应将被测线路一端断开。

3）高压开关柜合闸故障

合闸故障可分为电气故障和机械故障。合闸方式有手动和电动两种。手动不能合闸一般是机械故障。手动可以合闸，电动不能合闸是电气故障。如图 4-2-3 所示，高压开关柜电动不能合闸时有保护动作、防护故障、电气连锁、辅助开关故障等。

（1）保护动作。在前面已经分析过保护动作使开关跳闸。开关送电前线路有故障保护回路使防跳继电器作用。合闸后开关立即跳闸。即使转换开关还在合闸位置，开关也不会再次合闸连续跳跃。另外，对于负荷开关和熔断器柜，如果一次熔断器烧坏，也可引起开关不能合闸。

（2）防护故障。现在高压柜内都设置了五防功能，对于中置柜，要求开关不在运行位置或试验位置不能合闸。也就是位置开关不闭合，电动不能合闸，这种故障在合闸过程中经常遇到，此时运行位置灯或试验位置灯不亮。将开关手车稍微移动使限位开关闭合即可送电，如果限位开关偏移距离太大，应当进行调整。对于环网柜，应检查柜门是否关上，接地开关是否在分闸位置。

（3）电气连锁故障。高压系统中为了系统的可靠运行设置一些电气连锁。例如在两

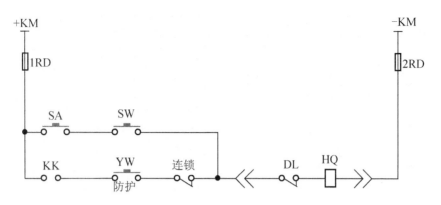

图 4-2-3 合闸电路

SA 实验按扭；SW、YW 实验运行位置开关；DL 辅助开关；HQ 合闸线圈

路电源进线的单母线分段系统中，要求两路进线柜和母联柜这三台开关只能合两台。如果三台都闭合将会有反送电的危险。并且短路参数变化，并列运行短路电流增大。连锁电路的形式如图 4-2-4 所示。进线柜连锁电路串联母联柜的常闭接点，要求母联柜分闸状态进线柜可以合闸。母联柜的连锁电路是分别用两路进线柜的一个常开和一个常闭串联后再并联。这样就可以保证母联柜在两路进线柜有一个合闸另一个分闸时方可送电。在高压柜不能电动合闸时，首先应当考虑是否有电气连锁，不能盲目地用手动合闸。电气连锁故障一般都是操作不当，不能满足合闸要求引起的。例如合母联虽然进线柜是一分一合，但是分闸柜内手车被拉出，插头没有插上。如果连锁电路发生故障，可以用万用表检查故障部位。利用红、绿灯判断辅助开关故障简单方便，但是不太可靠，可以用万用表检查确定。检修辅助开关的方法是调整固定法兰的角度，调整辅助开关连杆的长度等。

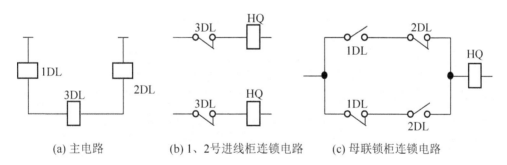

(a) 主电路　　(b) 1、2号进线柜连锁电路　　(c) 母联锁柜连锁电路

图 4-2-4 电气连锁电路

（4）控制回路开路故障。在控制回路中控制开关损坏、线路断线等都使合闸线圈不能得电。这时候合闸线圈没有动作的声音，测量线圈两端没有电压。检查方法是用万用表检查开路点。

（5）合闸线圈故障。合闸线圈烧毁是短路故障，这时候有异味、冒烟、保险熔短等现象发生。合闸线圈设计为短时工作制，通电时间不能太长，合闸失败后应当及时查找原因，不应该多次反复合闸，特别是 CD 型电磁操作机构的合闸线圈，由于通过电流较大多次合闸容易烧坏。

在检修高压柜不能合闸的故障时经常使用试送电的方法。这种方法可以排除线路故障(变压器温度等故障除外)、电气连锁故障、限位开关故障。故障部位基本可以确定在内部。所以在应急处理时可以用试验位置试送电,更换备用送电的方法进行处理。这样可以起到事半功倍的效果并且可以减少停电时间。

电动不能合闸故障判断及处理方法见表 4-2-18。

表 4-2-18 电动不能合闸故障判断处理表

故障类型	故障表现	判断方法	处理方法
保护动作	合闸后立即跳闸	继电器故障	减少负荷,检查线路,降低温度等
防护故障	不能合闸,位置灯不亮	检查位置开关通断	微移手车使开关闭合
连锁故障	不能合闸,试验位置能合	检查连锁电路通断	满足连锁要求
辅助开关故障	不能合闸,绿灯不亮	检查辅助开关通断	调整拉杆长度
控制回路开路	不能合闸	合闸线圈没有电压	接通开路点
合闸线圈故障	异味、冒烟,保险熔断	测量线圈电阻	更换线圈

4) 高压开关柜分闸故障

分闸故障也可分为机械故障和电气故障。电气故障主要有控制回路开路、线圈故障、辅助开关故障等。

(1) 故障现象:当红灯不亮时电动不能分闸是辅助开关故障。分闸线圈烧坏时有冒烟、异味、保险熔短等明显现象发生。控制回路开路故障是指转换开关及其他部位断线,这时跳闸线圈不能得电。

(2) 在检查线圈故障时可以用万用表测量线圈两端电阻。电阻过小或为零时内部匝间短路,电阻无穷大时内部开路。查找开路故障的方法是用万用表测量电压、电阻进行判断。开路点有电压,电阻无穷大。

5) 高压开关柜机械故障

(1) 高压柜常见的机械故障主要有:机械连锁故障、操作机构故障等。故障部位多是紧固部位松动、传动部件磨损、限位调整不当等。机械连锁故障:为了保证开关的正确操作,开关柜内设置了一些机械连锁。例如手车进出柜体时开关必须是分闸。开关合闸时不能操作隔离开关等。这类故障形式多样,应当沿着机械传动途径进行查找。一般防护机构比较简单,与其他机构很少交叉,查找比较方便。如中置柜中断路器不能达到工作位置原因,就可能是以下几种情况引起的。

① 检查接地开关是否在分位,检查断路器室航空插头与航空插座是否连接可靠。

② 检查接地开关在断路器室的连锁片是否复位。

③ 检查断路器室内侧的上下活门挡板是否到位,如未到位需调试活门挡板和连杆是否变形或卡滞;如断路器在试验位置(停用位置)活门挡板已经复位,接地开关的确处于分位,此时需检查断路器本体两侧的活门挡板滑槽是否处于同一高度,如没处于同一高度则需调节到同一高度。

④ 检查断路器本体下端右侧的活舌是否灵活,如有卡滞则需调节灵活。

(2) 操作机构故障：操作机构出现故障最多的部位是限位点偏移。调整的方法是改变限位螺栓长度和分闸连杆的长度。

3. 电力变压器常见故障

电力变压器是电力系统中最关键的设备之一，它承担着电压变换、电能分配和传输。因此，变压器的正常运行是对电力系统安全、可靠、优质、经济运行的重要保证，必须最大限度地防止和减少变压器故障和事故的发生。由于变压器长期运行，故障和事故总不可能完全避免，且引发故障和事故又出于多方面的原因。如外力的破坏和影响，不可抗拒的自然灾害，安装、检修、维护中存在的问题和制造过程中遗留的设备缺陷等事故隐患，特别是电力变压器长期运行后造成绝缘老化、材质劣化及预期寿命的影响，已成为发生故障的主要因素。从而危及电力系统的安全运行。

1) 异常响声

(1) 音响较大而嘈杂时，可能是变压器铁芯的问题。例如，夹件或压紧铁芯的螺钉松动时，仪表的指示一般正常，绝缘油的颜色、温度与油位也无大变化，这时应停止变压器的运行，进行检查。

(2) 音响中夹有水的沸腾声，发出"咕噜咕噜"的气泡逸出声，可能是绕组有较严重的故障，使其附近的零件严重发热使油气化。分接开关的接触不良而局部点有严重过热或变压器匝间短路，都会发出这种声音。此时，应立即停止变压器运行，进行检修。

(3) 音响中夹有爆炸声，既大又不均匀时，可能是变压器的器身绝缘有击穿现象。这时，应将变压器停止运行，进行检修。

(4) 音响中夹有放电的"吱吱"声时，可能是变压器器身或套管发生表面局部放电。如果是套管的问题，在气候恶劣或夜间时，还可见到电晕辉光或蓝色、紫色的小火花，此时，应清理套管表面的脏污，再涂上硅油或硅脂等涂料。此时，要停下变压器，检查铁芯接地与各带电部位对地的距离是否符合要求。

(5) 音响中夹有连续的、有规律的撞击或摩擦声时，可能是变压器某些部件因铁芯振动而造成机械接触，或者是因为静电放电引起的异常响声，而各种测量表计指示和温度均无反应，这类响声虽然异常，但对运行无大危害，不必立即停止运行，可在计划检修时予以排除。

2) 温度异常

变压器在负荷和散热条件、环境温度都不变的情况下，较原来同条件时的温度高，并有不断升高的趋势，也是变压器温度异常升高，与超极限温度升高同样是变压器故障象征。

引起温度异常升高的原因有以下几个方面。

(1) 变压器匝间、层间、股间短路。
(2) 变压器铁芯局部短路。
(3) 因漏磁或涡流引起油箱、箱盖等发热。
(4) 长期过负荷运行，事故过负荷。
(5) 散热条件恶化等。

光伏发电系统的运行与维护

运行时若发现变压器温度异常,应先查明原因后,再采取相应的措施予以排除,把温度降下来,如果是由变压器内部故障引起的,应停止运行,进行检修。

3)喷油爆炸

喷油爆炸的原因是变压器内部的故障短路电流和高温电弧使变压器油迅速老化,而继电保护装置又未能及时切断电源,使故障较长时间持续存在,使箱体内部压力持续增长,高压的油气从防爆管或箱体其他强度薄弱之处喷出形成事故。

(1) 绝缘损坏。匝间短路等局部过热使绝缘损坏;变压器进水使绝缘受潮损坏,雷击等过电压使绝缘损坏等是导致内部短路的基本因素。

(2) 断线产生电弧。线组导线焊接不良、引线连接松动等因素在大电流冲击下可能造成断线,断点处产生高温电弧使油气化促使内部压力增高。

(3) 调压分接开关故障。配电变压器高压绕组的调压段线圈是经分接开关连接在一起的,分接开关触头串接在高压绕组回路中,和绕组一起通过负荷电流和短路电流,如分接开关动静触头发热,跳火起弧,使调压段线圈短路。

4)严重漏油

变压器运行中渗漏油现象比较普遍,油位在规定的范围内,仍可继续运行或安排计划检修。但是变压器油渗漏严重,或连续从破损处不断外溢,以至于油位计已见不到油位,此时应立即将变压器停止运行,补漏和加油。

变压器油的油面过低,使套管引线和分接开关暴露于空气中,绝缘水平将大大降低,因此易引起击穿放电。引起变压器漏油的原因有:焊缝开裂或密封件失效,运行中受到震动,外力冲撞,油箱锈蚀严重而破损等。

5)套管闪络

变压器套管积垢,在大雾或小雨时造成污闪,使变压器高压侧单相接地或相间短路。变压器套管因外力冲撞或机械应力、热应力而破损也是引起闪络的因素。变压器箱盖上落异物,如大风将树枝吹落在箱盖时引起套管放电或相间短路。

以上对变压器的声音、温度、油位、外观及其他现象对配电变压器故障的判断,只能作为现场直观的初步判断。因为,变压器的内部故障不是单一方面的直观反映,它涉及诸多因素,有时甚至会出现假象。必要时必须进行变压器特性试验及综合分析,才能准确可靠地找出故障原因,判明事故性质,提出较完备的合理的处理方法。

4. 高压配电室常见故障与处理

1)高压配电室

高压配电室主要负责为高压用电设备提供高压电源,以及为设备区和值班室提供照明电源,作为配电所传送和输出电源的高压配电柜,就显得尤为重要。目前,高压配电室使用设备厂家比较多,产品各式各样,但目前使用较多的是户内中置式交流金属铠装封闭开关设备。

由于配电室内高压设备比较集中,高压室内净空小,作业人员操作时距带电设备距离较近,所以近年所使用的中置式交流金属铠装封闭开关设备都带有防误操作、防设备分合不到位、防柜内外隔离门闭合不到位等"五防"设施。这些"五防"设施,有的属机械闭锁装置，有的属电气闭锁装置，有的属机械电气联合闭锁装置，这就为设备的正常运行增加了更多的故障点。

结合高压配电室设备故障特点，故障因素，为其分类如下。

(1) 高压断路器故障。

(2) 电压互感器故障。

(3) 开关柜接地开关故障。

2) 高压配电室故障及处理

(1) 高压断路器的故障及处理。高压断路器的故障按其故障因素，分为两大类：机械类和电气类。

① 机械类的故障表现为以下几个方面。

a. 断路器手车推不到位或拉不出来。处理方法：手车拉不出来，首先检查手车有没有正确摇到实验位置，手车推不到位，一般是要把手车底部两个把手摇到正确位置，使把手两头卡进两侧孔内。

b. 断路器储能完毕后就自动合闸。原因分析：一是由于机构内储能半月板在合闸半轴卡的部位比较浅或没有卡住，造成机构储完能后紧接着又释放能量；二是合闸顶杆卡死，使机构总处于要合闸状态，造成机构储完能就合闸。处理方法：解决方法调整合闸半轴角度，使合闸半轴卡的角度变小，使储能半月板能卡在合闸半轴上。更换新的合闸顶杆。

c. 断路器拒合。原因分析：在断路器本体手动合闸，合闸顶杆未能与合闸挡板接触。处理方法：调整合闸顶杆的长度，也可调整合闸挡板的角度。

d. 断路器拒分。原因分析：按下分闸按钮无反应，原因一分闸顶杆未与分闸挡板接触上，原因二分闸挡板与连杆连接松动。处理方法：调整分闸顶杆的长度，固定好分闸挡板与连杆的连接。

② 电气类故障。现有配电所内高压断路器大部采用电磁操作机构。电磁操作机构，其电路非常简单，一共有三条回路：一条储能回路，一条合闸控制回路，一条分闸控制回路。其对应的设备也较单一，合闸控制回路所涉及的设备就是保护装置、断路器辅助开关的常闭触点、合闸线圈；储能回路所涉及的设备就是储能电机、行程开关；分闸控制回路所涉及的设备就是断路器辅助开关的常开触点、分闸线圈。配电所高压断路器常见的电气故障如下。

a. 断路器拒合。原因分析：电源不正常；合闸线圈坏；断路器辅助常闭接点未闭合。处理方法：检查空开上口下口，用万用表直流挡测量电压值应为220V；对坏的合闸线圈进行更换；在检修位置用万用表测试辅助接点的通断，调整断路器的辅助接点连杆。

b. 断路器拒分。原因分析：电源不正常；分闸闸线圈坏；断路器辅助常开接点未闭合。处理方法：检查空开上口下口，用万用表直流挡测量电压值应为220V；对坏的分闸线圈进行更换；在检修位置用万用表测试辅助接点的通断，调整断路器的辅助接点连杆。

c. 断路器未储能。原因分析：电源不正常；行程开关损坏；储能电机烧毁。处理方法：检查空开上口下口，用万用表直流挡测量电压值应为220V；更换新的行程开关；更换新的储能电机。

(2) 电压互感器的故障及处理。电压互感器是配电室中一个很重要的元件，通过它可以观察系统电压情况，为电度表提供电压，电动机的电压保护取自互感器电压，若互感器出现故障，不能及时排除故障，对我们实时观察系统电压就造成影响，而对电费的计量也会造成损失，会造成电动机失去低电压保护。

电压互感器的故障：电压互感器高压熔丝保险熔断；电压互感器烧毁。

处理方法：更换新的保险；更换新的电压互感器。

(3) 高压开关柜接地开关故障。接地开关不能操作原因：开关柜都有柜后门与地刀的闭锁，地刀操作必须在柜后门关闭状态下才能操作；闭锁电源电压不正常；闭锁电磁开关损坏。

接地开关故障处理：操作刀闸前检查柜后门是否关好；检查闭锁电源；更换闭锁电磁开关。

项目小结

本项目针对光伏离网型和并网型电站运行维护过程中经常出现的故障现象，按照设备位置分为室外光伏电源部分和室内配电部分两个任务进行详细分析，重点是对光伏并网系统极易出现的三大故障，即直流配电侧、交流配电侧和控制器逆变器等设备故障进行详尽列举并提出了处理措施。

项目课外阅读部分摘选了光伏电站在运行维护过程中针对具体故障现象所采取的应急措施，读者可将其作为电站运维手册灵活运用。

思考练习题

1. 光伏组件热斑对组件的影响是什么？如何预防？
2. 太阳能光伏组件电性能故障有哪些？
3. 简述光伏发电系统效率测试的原理。
4. 光伏控制器常见故障及排除方法有哪些？
5. 光伏发电直流侧故障有哪些？如何预防？
6. 运行中的电流互感器二次侧为何不允许开路？电压互感器二次侧为何不允许短路？
7. 高压配电室常见故障有哪些？如何进行处理？
8. 电力变压器常见故障有哪些？

阅读材料

光伏电站电气运行故障应急措施

1. 电站出线开关跳闸处理

若出线开关跳闸，首先检查继保装置，查明保护动作，根据保护动作判明故障性质和范围。其次检

项目四　太阳能光伏系统常见故障与排除

查各级分路是否正常,若发现异常则拉开该分路开关,对出线开关检查无异常后可以试送电一次。若分路开关都正常,则需对各分路逐级检查,未查明原因不得对出线开关以及母线送电。

2. 逆变器故障处理

1) 逆变器关闭后的处理

(1) 检查、检修工作正常关闭时,需等待 5min,待电容放电完毕后,方可打开逆变器柜门。

(2) 因外部电网原因导致逆变器关闭时,逆变器将自动进入重启状态,连续重启 5 次(可调)不成功后,逆变器将锁定 1h(可调)。

(3) 逆变器内部故障时,根据显示面板报警信息,判断故障类型,并及时处理汇报。

2) 直流输入不足

(1) 检查直流侧刀闸确已合好,检查直流汇流母线电压。

(2) 检查直流电压测量值于显示面板数值一致,若一致则确定是电压传感回路不正常,检查接线有无脱落,熔丝是否熔断,电路板有无损坏。

3) 线路准备未就绪

(1) 检查交流侧刀闸确已合好,检查变压器低压侧电压在 270V 左右。

(2) 检查交流电压、频率测量值于显示面板数值一致,若一致则确定是线路电压传感回路不正常,检查接线有无脱落,熔丝是否熔断,电路板有无损坏。

4) 逆变器保险熔断

(1) 检查确认逆变器保险是否熔断,检查逆变模块是否有损坏的 IGCT 或门极信号驱动板。

(2) 若模块完好,更换击穿的熔丝,并在投运前检查门极信号控制模板正常。

5) 逆变器温度高

(1) 检查空气过滤器是否清洁无杂物,是否堵塞。

(2) 检查风扇工作正常。

(3) 检查温度测量装置是否正常。

6) 门极反馈故障

(1) 检查门极驱动板确有电压,若无电压,LED 灯不亮。

(2) 检查门极驱动板上的光缆连接良好,其他无松动的连接线。

(3) 检查逆变模块是否有缺陷的 IGBT,检查门极驱动电源的输出是否正常。

(4) 更换门极驱动板。

(5) 联系厂家处理。

7) 直流输入过流

(1) 检查直流电流传感器的接线是否正确,接线牢固,无脱落等。

(2) 检查直流母线是否有短路现象,逻辑电源 LPS4/LPS4A 是否正常。

(3) 将逆变器的功率调节点设定为 10%,让逆变器运行,测量实际电流是否与面板显示一致。

8) 交流输出过流

(1) 检查线路传感器 CT1、CT2、CT3 和 VCSB 有无损坏,有无连接松动。

(2) 将逆变器的功率调节点设定为 10%,让逆变器运行,测量实际电流是否与面板显示一致,并确认三相电流是否平衡。

(3) 联系厂家处理。

3. 开关的一般故障处理

开关的故障现象、产生原因及处理方法见表 4-2-19。

表 4-2-19　开关的故障产生原因及处理方法

故障现象	可能原因	排除方法
断路器拒合、拒分	操作机构未储能，手车未进入工作位置和试验位置分、合闸回路或线圈故障	检查储能电源、回路、电机操作、检查手车到位更换线圈、检查电源和二次回路
不能推进推出	开关处于合闸状态推进手柄未完全插入推进孔接地联锁未解开	跳开开关操作、检查手车到位拉开接地刀

4. 开关拒绝合闸或跳跃

1) 开关拒绝合闸或跳跃的原因

(1) 操作电压或合闸电压低。

(2) 操作合闸保险熔断或接触不良。

(3) 接触器卡住或弹簧过紧。

(4) 接触器线圈或合闸线圈烧毁。

(5) 合闸回路不通或回路电阻过大（断线、操作开关辅助接点接触不良）。

(6) 铁芯卡涩和机械失灵。

(7) 辅助接点断开过早，跳闸连杆调整不当或出现不正常的跳闸电源。

(8) 防跳回路或防跳继电器不良。

2) 开关拒绝合闸或跳跃的处理

(1) 检查直流电压及操作、合闸保险。

(2) 断开隔离开关以手动合接触器，若合闸良好，证明控制回路不良，对操作把手、辅助接点，检查并用万用表或摇表做导通试验。若合闸不良，做远方操作试验，接触器正常动作时，应对合闸保险线圈和机械部分进行检查。

(3) 检查操作开关及辅助接点动作情况，不良时由检修消除。

(4) 开关跳跃不许带电作合闸试验。

(5) 当控制开关在合闸位置时，绿灯闪光或红灯反复亮熄时，应立即停止合闸，进行检查。

(6) 电动操作拒绝合闸，若一时查不出原因，而急需送电，只要跳闸良好，可手动合上开关送电。

(7) 开关拒绝合闸，应记入《设备缺陷记录本》内，如以后已能合闸，也应查明原因，消除缺陷后再投入运行。

5. 开关拒绝跳闸

1) 开关拒绝跳闸的原因

(1) 操作电压不对或操作保险熔断。

(2) 跳闸线圈烧毁。

(3) 跳闸回路不通或回路电阻过大。

(4) 跳闸铁芯卡住或机构不灵或失灵。

2) 开关拒绝跳闸的处理

(1) 调整操作电压或更换保险。

(2) 当控制开关在分闸位置时，红灯闪光、绿灯不亮、应立即停止拉闸。

(3) 以手动打闸，若仍不行时，应设法用上一级开关停电，具体按不同开关分别处理：线路开关，

项目四 太阳能光伏系统常见故障与排除

必要时汇报调度部门后,用手动跳开开关,进行检查处理;厂用电开关,应将备用电源开关投入后,再手动跳闸,进行检查处理;主变压器开关或发电机主开关,应调整运行后,以良好开关解列,手动跳开故障开关,进行检查处理。

(4) 停电后由检修人员进行全面检查,在拒跳故障消除前,不得将开关投入运行。

(5) 对于自动跳闸的开关,必须查明跳闸原因,是保护装置的正确动作跳闸,还是由于误动作跳闸,并进行外部检查。如果开关已经重合,则禁止对开关的操作机构,操作回路和继电保护装置进行检查。

(6) 停用开关发现电动跳不开时,应手动拉开开关,联系有关人员检查,拒绝跳闸的开关不得投入运行。

6. 电压互感器保险熔断的处理

母线电压互感器保险熔断时,故障相绝缘监视电压表指零,高压保险熔断时,母线接地信号动作,发出预告声、光信号。

(1) 按其他正常表计监视运行,并尽可能不改变运行方式。

(2) 采取安全措施,及时更换故障保险。

(3) 对电量计算有影响的压变保险熔断时,应准确记录时间,以便补加电量。

7. 电压互感器内部故障

1) 故障现象

(1) 高压保险接连熔断。

(2) 内部或套管有放电声和弧光。

(3) 有焦味、烟火或大量漏油。

2) 故障处理

(1) 拉开互感器电源侧各开关,10kV电压互感器应汇报值长断开线路电源。

(2) 如有着火,应用四氯化碳等专用灭火器灭火,地面上的烟火可用干砂扑灭。

8. 电流互感器二次开路

1) 故障现象

表计指示失常,可能发出预告声、光信号。

2) 故障处理

(1) 尽可能迅速在端子板上将二次回路短路。

(2) 作好安全措施,设法降低电流,会同电气检修人员。

(3) 如故障互感器已冒烟、发出焦味等现象时,立即拉开该互感器回路的开关。

(4) 当电流互感器内部和充油式电压互感器中油着火时,应立即将其连接的接线切换,并用干砂或干式灭火器灭火。

9. 变压器温度明显升高处理

(1) 故障现象:温度上升。

(2) 故障处理:在正常负荷和正常冷却条件下,变压器温度较平时高出10℃或变压器负荷不变,温度不断上升,如检查冷却装置、温度计正常,则认为变压器发生内部故障,应立即将变压器停运,以防事故变大。

10. 变压器着火处理

首先将变压器各侧电源切断;有备用设备的,则应迅速投备用设备;迅速使用干粉灭火器灭火。

11. 变压器自动跳闸处理

变压器自动跳闸时,如有备用变压器,应迅速启用备用设备,然后检查原因,如无备用,则需根据掉牌指示,查明何种保护动作,跳闸时有何外部征象(如外部短路,过负荷等),经检查不是内部故障引起，可试送一次，否则须进行检查，试验，以查明变压器跳闸的原因。

12. 变压器过负荷处理

1) 过负荷现象

(1) 电流指示可能超过额定值。

(2) 有功、无功表指示有可能增大。

(3) 信号、警铃有可能动作。

2) 过负荷处理

(1) 检查各侧电流是否超过额定值，及时调整运行方式，有备用变压器应立即投入。

(2) 检查变压器温度是否正常，同时将冷却装置全部投入。

(3) 对变压器及其有关系统进行全面检查，若发现异常，立即汇报处理。

(4) 联系调度，及时调整负荷分配。

(5) 如属正常过负荷，可根据正常过负荷倍数确定允许时间，并加强温度监视，若超过规定时间，则应立即减负荷。

(6) 如属事故过负荷，可根据允许倍数和时间运行，否则减少负荷。

(7) 变压器过负荷时应进行温度监视，不超过限额。

(8) 如温度不超过55℃，则可不开风扇在额定负荷下运行，过负荷运行时，应自动起动风扇。

13. 变压器过流保护动作处理

(1) 检查母线及母线上设备是否有短路，有无树枝及杂物等。

(2) 检查变压器及各侧设备是否有短路。

(3) 如系母线故障应考虑切换母线或转移负荷。

(4) 经检查是越级跳闸，汇报值长后，试送电。

(5) 试送电良好，逐路查出故障分路。

(6) 若因短路引起，则应在故障排除后立即送电。

14. 变压器差动保护动作处理

(1) 检查变压器本体有无异常，检查差动保护范围内的瓷瓶是否有闪络、损坏，引线是否有短路。

(2) 如果差动保护范围内的设备无明显故障，应检查继电保护及二次回路是否有故障，直流回路是否两点接地。

(3) 经上述检查，无异常后，应在切除负荷后试送电一次，不成功时不准再送。

(4) 如果是继电器、二次回路、直流两点接地造成的误动，应将差动保护退出运行，将变压器送电后处理，处理好后先投"信号"位置，如果不动作再投"跳闸"位置。

(5) 差动保护及过流保护同时动作使变压器跳闸时，不经内部检查和试验，不得将变压器投入运行。

15. 保护装置动作后应作如下处理

(1) 立即检查信号，看清为何信号。

(2) 收集和保存动作打印报告。

(3) 集中所有报告、记录，分析动作原因，并作详细记录。

(4) 必要时立即联系厂家协助分析。

16. 主控制室着火的处理

(1) 首先断开高压出线、进线开关，切断控制室中电源。

(2) 用二氧化碳灭火器进行灭火。

项目五

光伏发电系统运行维护实训案例

本项目将以综合实训方式对前面所学的点滴知识进行系统化的串联，并通过分组任务实施的组织形式内化为操作技能，为学生今后就业打下坚实基础。

 学习目标

(1) 认知光伏电站系统构成，掌握各单元功能。
(2) 掌握光伏发电系统各单元连线方式，能利用仪表进行简单的测试。
(3) 熟悉光伏电站运行与维护操作，掌握常见故障及排除方法，理解光伏电站整体效益评价依据。

 实训地点

(1) 屋顶并网电站实训基地。
(2) 光伏离网电站实训基地。
(3) 光伏发电实训室。

技能要求

(1) 常用电工仪器仪表的正确使用技能。
(2) 光伏发电系统各功能单元接线技能。
(3) 光伏电站简单维护技能。

任务一 2.5MWp并网电站案例简介

实训内容

(1) 并网电站系统设备组成认知与功能认知实训。
(2) 并网电站系统设备装调实训。
(3) 并网电站系统运行维护实训。

5.1.1 光伏组件布置

1. 光伏电站概况

本工程站址位于山东理工职业学院校园园区内,学院地处太阳能资源较为丰富的山东省济宁市西南部,京杭大运河与南外环交叉口东北角。学院屋顶2.5MWp光伏太阳能。项目一期1.5MWp包括教学楼、图书馆、实训教学楼、学生宿舍、后勤服务楼及其餐厅共24座建筑;二期1MWp包括宿舍、实训教学楼、餐厅、对外交流共7座建筑,屋顶面积合计98642.3m^2,电站鸟瞰图如5-1-1所示。

图5-1-1 并网光伏电站鸟瞰图

本项目作为光伏发电产业化示范工程,同时也是山东理工职业学院光伏工程实验室的一部分。因此,与一般光伏发电系统不同,该项目采用先进的电池片制造技术、组件封装技术,最终建成一个综合性的技术平台、产学研合作平台、科普示范平台和环保新能源推广平台。电站建成后,还将搭建一系列的实验研发平台,展开长期光衰、不同辐照度—发电量关系、防热斑效应、温度影响以及组件—阵列—控制逆变器的匹配等专项课题研究。

1) 并网方案

本工程采用的是模块化发电、集中并网的设计方案,将系统分成1MW和1.5MW两个并网发电单元,通过1台1250kVA和1台1600kVA的升压变压器升压至10kV,分别接入原有10kV两段母线实现并网发电。

本系统采用分段连接、逐级汇流的方式进行设计,即在室外配置多输入光伏阵列防雷汇流箱，防雷汇流箱汇流至直流防雷配电柜，再由直流防雷配电柜连接至逆变器。

本工程利用光伏自身发出的电能，供逆变器及低压配电装置用。

2）设备配置

本电站主要设备配置见表5-1-1。

表5-1-1 电站主要设备配置一览表

序号	名称	数量	规格型号	备注
1	多晶硅光伏电池组件	6394片	RF-230p60	230W/片
2	非晶硅光伏电池组件	8860片	NT-140AX	140W/片
3	并网逆变器	5台	SG 500K3	
4	升压变压器	1台	SCB10-1250/10 $10.5 \pm 4 \times 2.5\%/0.38kV$ $Ud = 6\%$ D, y11	
	升压变压器	1台	SCB10-1600/10 $10.5 \pm 4 \times 2.5\%/0.38kV$ $Ud = 6\%$ D, y11	
5	低压配电屏	12面	MNS	
6	关口计量屏	1面	含有功0.2s级双向电能表2块、电能量采集终端1台、失压计时器1台	
7	逆变器控制系统	1套	含上位机2台，直流及UPS一体装置（UPS容量20kVA，蓄电池容量为200Ah）	包括电气高低压配电系统的控制及RTU
8	直流防雷配电柜	5面		
9	直流防雷汇线箱	33只		

3）组件布置方案

（1）电池组件的确定。单晶硅太阳电池光电转换效率较高、占地面积小，多用于10MW级的电站；多晶硅太阳电池虽然转换效率一般，但是生产成本较低，在经济性方面有很大的优势；非晶硅太阳电池可与建筑结构良好结合，并具有更强的弱光响应，所以在光伏建筑一体化的应用上更具优势。

通过比较，并考虑到综合利用及学院发展，本工程拟采用两种光伏电池组件，分别为山东润峰电力有限公司生产的RF-230p60型多晶硅光伏电池组件和联相光电股份有限公司生产的NT-140AX型非晶硅光伏组件。

（2）光伏电池组件的相关参数。本工程光伏电池组件参数见表5-1-2。

（3）电池组件放置形式和安装角度的选择。

① 光伏电池组件的放置形式。光伏电池组件的放置形式通常有固定安装式和自动跟踪式两种形式。对于固定式光伏系统，一旦安装完成，光伏电池组件倾角就无法改变，因此合理的倾角选择对于固定式光伏发电系统就显得尤为重要。而自动跟踪式光伏发电系统的光伏组件可以随着太阳运行而跟踪移动，使光伏组件一直朝向太阳，增加了接收

表 5-1-2　光伏电池组件参数

NT-140AX 非晶硅		RF-230p60 多晶硅	
最大功率/P_{max}	140Wp	最大功率/P_{max}	230Wp
开路电压/V_{oc}	78.4V	开路电压/V_{oc}	36.5V
短路电流/I_{sc}	2.59A	短路电流/I_{sc}	8.42A
最大功率点电压/V_{mp}	62.3V	最大功率点电压/V_{mp}	29.7V
最大功率点电流/I_{mp}	2.25A	最大功率点电流/I_{mp}	7.74A
组件尺寸/mm	1414×1114×35.3	组件尺寸/mm	1640×992×40
组件转换效率	8.88%	组件转换效率	14.13%
峰值功率的温度系数	-0.28%/℃	峰值功率的温度系数	-0.45%/℃
开路电压的温度系数	-0.32%/℃	开路电压的温度系数	-0.35%/℃
短路电流的温度系数	0.07%/℃	短路电流的温度系数	0.06%/℃

的太阳辐射量。但跟踪装置比较复杂，初始成本和维护成本较高。

本工程若采用跟踪式发电系统，建设成本将会大大增加，并且很难保证整体系统发电的稳定性和运行的连续性。因此本工程的光伏组件的放置形式采用固定式。

按固定式放置阵列的并网光伏发电系统，光伏组件的安装角度理论上应选择阵列最佳倾角为 31°，以使倾斜面上的辐射总量达到最大，从而达到光伏电站年发电量最大的目标。但由于本工程屋顶面积有限，为满足容量要求，本工程阵列倾角按 26°设计。

② 光伏组件布置方案如下。

a. 光伏组件阵列间距设计。确定光伏组件阵列间距，以避免南部的方阵对北部方阵形成遮阴，计算原则为：保证在冬至日的午前 9 时至午后 15 时期间南部的阵列对北部的阵列不形成阴影。其计算公式为：

$$D = \frac{\cos\beta \times H}{\tan[\arcsin(0.648\cos\phi - 0.399\sin\phi)]}$$

式中：β——太阳 9 点时方位角；

ϕ——电站纬度；

H——太阳电池板最大高度（不含支墩）。

光伏组件双片纵向布置，经计算，本光伏电站前后两方阵间距见表 5-1-3。

表 5-1-3　光伏电站方阵间距表

NT-140AX		RF-230p60	
前后排净间距/m	3.14	前后排净间距/m	3.62
电池板水平方向投影/m	2.55	电池板水平方向投影/m	2.97
前后排间距/m	5.70	前后排间距/m	6.60

b. 光伏组件的布置。本工程设计容量为 2.5MWp，按最大功率计算，实际布置约 2.719MWp。各楼面光伏组件的数量及容量详见表 5-1-4，具体布置见光伏阵列布置图。

表 5-1-4 各区域电池组件布置

位置名称	电池组件型号	电池组件数量(块)	容量(kWp)	备注
1#教学楼	RF-230p60	851	195.73	需支架配合
2、3#教学楼	RF-230p60	621×2	285.66	需支架配合
4、5#教学楼	RF-230p60	345×2	158.70	需支架配合
6#教学楼	RF-230p60	782	179.86	需支架配合
7~10#教学楼	RF-230p60	161×4	148.12	需支架配合
实训教学楼1	RF-230p60	644	148.12	需支架配合
实训教学楼2	RF-230p60	874	201.02	需支架配合
图书馆	RF-230p60	667	153.41	需支架配合
合计		6394	1470.62	
1~8#学生公寓	NT-140AX	310×8	347.20	需支架配合
后勤办公楼	NT-140AX	90	12.60	需支架配合
1#学生餐厅	NT-140AX	1000	140.00	需支架配合
学生宿舍	NT-140AX	360×4	201.60	需支架配合
成教学院	NT-140AX	490	68.60	需支架配合
实训教学楼	NT-140AX	2900	406.00	需支架配合
学生餐厅	NT-140AX	460	64.40	需支架配合
合计		8860	1240.40	

电池组件均采用 26°的安装角度，除在保证容量的前提下使电站的年发电量达到最佳外，还可以有效地防止电池组件表面积水、积雪。

2. 分组实训实施

实训地点：屋顶光伏并网电站。

实训任务要点：

查阅组件铭牌、技术资料。

认知电站系统组成主要设备及功能，掌握组件布置方案。

集体讨论电站对于组件选型和安装的依据。

1) 任务划分

根据任务点分组，每组完成一项任务点，每组选出一名负责人，负责人对组员任务进行分配。组员按负责人要求完成相关任务内容，并将自己所在小组及个人任务内容填入下面任务卡中。

实训时间：_____ 实训地点：_____ 实训项目：_____		
组序	小组任务	负责人	组员
1			
2			
3			
…			
任务分组卡片			

2）制订计划

根据任务内容制订任务计划，简要说明任务实施过程及注意事项，并填入任务实施卡中。

组序：	任务内容：		
组员姓名	任务与步骤	采取方法	注意事项
1			
2			
3			
…			
任务实施卡片			

3）相关技术参数资料整理

任务完成后，各组组织对实训项目进行技术资料整理，填写下面卡片。

序号	任务点	实训成果
1	电站组成	
2	组件类型	
3	组件主要技术参数	
4	组件安装方式	
5	安装倾斜角度	
6	布置方案	
…	…	
实训成果卡片		

3. 集体讨论与归纳点评

选取有代表性的论题，组织小组进行集体讨论，填写下面讨论卡片。

组序：		论题：	
序号	姓名	组员发言与总结	教师点评
1			
2			
3			
…			
集体讨论卡片			

5.1.2 接地防雷方案

1. 实训目的

学会查阅电站技术文档。

熟悉光伏并网电站系统防雷的重要性和常见方案。

认知本电站防雷措施。

2. 实训条件

1）接地防雷知识回顾

大型光伏电站典型防雷方案如图 5-1-2 所示。

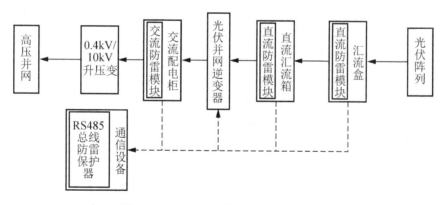

图 5-1-2 大型光伏电站典型防雷方案

除此以外，光伏发电站的设计必要满足国标 GB 50057《建筑物防雷设计规范》，需要特别指出的是：由于光伏发电场地大，光伏组件要求太阳光不能被局部遮挡，所以不能采用避雷针，只能加避雷带。

2）电站防雷设计

太阳能光伏并网电站防雷主要是防直击雷和感应雷两种，防雷措施应依据《光伏(PV)发电系统过电压保护——导则》(SJ/T 11127)中有关规定设计。

(1) 直击雷保护。直击雷保护分光伏电池组件和交、直流配电系统的直击雷保护。

光伏电池组件边框为金属材质，将光伏电池组件边框与支架可靠连接，然后与接地网连接，光伏电池组件边框与支架可防止半径为 30m 的滚雷，为增加雷电流散流效果，可将站内所有光伏电池组件支架可靠连接。

直流系统布置于室外，可以利用组件支架作为防雷措施。交流配电系统布置在室内，利用原屋顶所设避雷带，用于交流配电系统的直击雷保护。

(2) 配电装置的雷电侵入波保护。根据《交流电气装置的接地》(DL/T 621—1997) 和《交流电气装置的过电压保护和绝缘配合》DL/T 620—1997 中规定，在升压变高压侧设一组无间隙氧化锌避雷器，对雷电侵入波进行保护。

为防止感应雷、浪涌等情况造成过电压而损坏配电装置的并网设备，装设防雷器作为防雷措施。太阳电池串列经汇流箱后通过电缆接入逆变器单元，汇流箱和逆变器内都配置防雷器。

3) 电站接地设计

充分利用建筑物结构柱内的钢筋作为自然接地体，利用校区内的接地网作为本项目的接地网。根据《交流电气装置的接地》(DL/T 621—1997)规定，对所有要求接地或接零的设备均应可靠地接地或接零。所有电气设备外壳、开关装置和开关柜接地母线、架构、电缆支架、和其他可能带电的金属物都应可靠接地。

本系统中，支架、太阳能板边框以及连接件均是金属制品，每个子方阵自然形成等电位体，所有子方阵之间都要进行等电位连接并通过引下线与接地网就近可靠连接，接地体之间的焊接点应进行防腐处理。

电站的保护接地、工作接地采用一个总的接地装置。根据《交流电气装置的接地》(DL/T 621—1997)要求，高、低压配电装置共用接地系统，接地电阻要求 $R \leqslant 4\Omega$；由于暂无关于光伏电池组件接地要求，本电站按 $R \leqslant 2\Omega$ 设计。

4) 电站接地防雷系统维护要点

光伏接地系统与建筑结构钢筋的连接应可靠。

光伏组件、支架、电缆金属铠装与屋面金属接地网格的连接应可靠。

光伏阵列与防雷系统共用接地线的接地电阻应符合相关规定。

光伏阵列的监视、控制系统、功率调节设备接地线与防雷系统之间的过电压保护装置功能应有效，其接地电阻应符合相关规定。

光伏阵列防雷保护器应有效，并在雷雨季节到来之前、雷雨过后及时检查。

3. 分组实训实施

实训地点：屋顶光伏并网电站。

实训任务要点：

查阅电站技术资料；

认知电站接地防雷措施；

集体讨论电站对于接地防雷保护措施实施的依据。

1) 任务划分

根据任务点分组，每组完成一项任务点，每组选出一名负责人，负责人对组员任务进行分配。组员按负责人要求完成相关任务内容，并将自己所在小组及个人任务内容填入下面任务卡中。

实训时间：_____实训地点：_____实训项目：_____			
组序	小组任务	负责人	组员
1			
2			
…			
任务分组卡片			

2) 制订计划

根据任务内容制订任务计划，简要说明任务实施过程及注意事项，并填入下面任务卡中。

组序：		任务内容：	
组员姓名	任务	采取方法	注意事项
1			
2			
…			
任务实施卡片			

3) 相关技术参数资料整理

任务完成后，组织对实训项目进行技术资料整理，填写下面卡片。

序号	任务点	实训成果
1	为何防雷	
2	防何种雷	
3	室外防雷措施	
4	室内防雷措施	
5	室外接地方案	
6	室内接地方案	
…	…	
实训成果卡片		

4. 集体讨论与归纳点评

选取有代表性的论题，组织小组进行集体讨论，填写下面讨论卡片。

光伏发电系统的运行与维护

组序：		论题：	
序号	姓名	组员发言与总结	教师点评
1			
2			
3			
…			
		集体讨论卡片	

5.1.3 汇流、逆变、主变安装

1. 实训目的

学会查阅电站技术文档。

掌握光伏并网电站系统设备的安装注意事项。

掌握光伏并网电站设备的调试方法，能胜任大型光伏电站的维护岗位。

2. 实训条件

1) 光伏阵列直流防雷汇流箱的设计与安装

由于逆变器的输入回路数量有限以及为了减少光伏组件到逆变器之间的连接线和方便日后维护，需要在直流侧配置汇流装置，本系统采用分段连接、逐级汇流的方式进行设计，即在户外配置光伏阵列防雷汇流箱（以下简称"汇流箱"），采用汇流箱将多串电池组件进行汇流，然后再输入直流配电柜，再至逆变器，使逆变器的输入功率达到合理的值，同时节省直流电缆，降低工程造价。

2) 逆变器的选型与安装

根据项目实际情况，主要从投资、安装方面考虑逆变器选型。因目前对于10～100kW小容量逆变器，国内厂商没有户外型，所以本项目采用大容量逆变器，集中并网方式。根据楼群布置设置5台500kW逆变器，逆变器与主变放置在低压配电室。由各楼层的防雷汇流箱由直流电缆（考虑到压降，截面选用为2×70）引至直流配电柜，再到逆变器（逆变器与直流配电柜放在同一房间内）。

逆变器基本参数见表5-1-5。

表5-1-5 逆变器参数指标

最大光伏输入功率 P_{pv}	550kWp	额定交流功率 $P_{ac,nom}$	500kW
输入电压范围 MPPT U_{pv}	480～820V	输出电压 U_{ac}	380V
最大直流输入电压 $U_{dc.max}$	880V	工作频率 F_{ac}	50Hz
最大直流输入电流 $I_{pv.max}$	1200A	最高效率	98.5%
最多输入路数	16		

3) 变压器的选择与安装

因本工程拟接入 10kV 电网。接入方式采用一次升压方案进行设计,即从三相 380V 直接升压至 10kV。本工程分别设 1 台 1250kVA 和 1 台 1600kVA 主变压器,有载调压,变比为 $10.5\pm 4\times 2.5\%/0.4$kV,连接组别为 D,y11。

4) 直流配电柜设计与安装

汇流箱输出的直流电通过直流配电柜进行汇流,再与并网逆变器连接,方便操作和维护。直流配电柜安装在低压配电室内,主要性能特点如下。

(1) 每个 500kW 并网单元配置 1 面直流防雷配电柜。
(2) 每面直流防雷配电柜具有多路输入接口,可接多台汇流箱。
(3) 每路直流输入侧都配有可分断的直流断路器和防反二极管。
(4) 直流母线输出侧都配置光伏专用防雷器。
(5) 直流母线输出侧配置 1000V 直流电压显示表。
(6) 每台直流配电柜按照 500kWp 的直流配电单元进行设计,2.5MWp 光伏并网系统共需配置 5 台直流配电柜。

5) 高低压开关柜选型与安装

低压开关柜采用 MNS 柜,室内布置,根据逆变器的输出电流选择适当的开关和模数。10kV 配电装置选用户内金属封闭开关设备,采用加强绝缘结构,防护等级为 IP32,一次元件主要包括断路器、操动机构、电流互感器、避雷器等,采用抽出式安装。

6) 电气设备布置

电气设备布置流程图如图 5-1-3 所示。

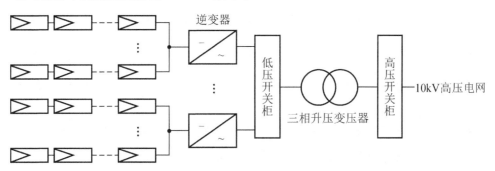

图 5-1-3 电气设备布置流程图

直流防雷汇流箱按区域划分,安装在光伏模块的支架上。

根据楼群布置设置两间低压配电室,逆变器、升压变及低压配电柜安装在低压配电室中,低压配电室选用校区合适房间。

10kV 开关柜布置在校区原有中压配电室的备用屏位上。

3. 分组实训实施

实训地点:屋顶光伏并网电站。
实训任务要点:
查阅设备铭牌、技术资料。

光伏发电系统的运行与维护

认知电站系统组成主要设备及功能,掌握设备布置方案。

集体讨论电站对于设备选型的依据以及安装运行维护要点。

1) 任务划分

根据任务点分组,每组完成一项任务点,每组选出一名负责人,负责人对组员任务进行分配。组员按负责人要求完成相关任务内容,并将自己所在小组及个人任务内容填入下面任务卡中。

实训时间:_____ 实训地点:_____ 实训项目:_____			
组序	小组任务	负责人	组员
1			
2			
3			
…			
任务分组卡片			

2) 制订计划

根据任务内容制订任务计划,简要说明任务实施过程及注意事项,并填入卡片中。

组员姓名:	任务内容		
计划步骤	任务实施过程	采取方法	注意事项
1			
2			
3			
…			
任务实施卡片			

3) 技术参数资料整理

任务完成后,组织对实训项目进行技术资料整理,填写下面卡片。

序号	任务点	实训成果
1	电站设备布置方案	
2	光伏汇流箱方案	
3	逆变器选型与安装	
4	主变选型与安装	
5	配电柜选型与安装	
6	开关柜选型与安装	
…	…	
实训成果卡片		

4. 集体讨论与归纳点评

选取有代表性的论题,组织小组进行集体讨论,填写下面讨论卡片。

组序：		论题：	
序号	姓名	组员发言与总结	教师点评
1			
2			
3			
…			
		集体讨论卡片	

5.1.4 电站监控运行维护

1. 实训目的

学会查阅电站技术文档。
掌握光伏并网电站监控系统功能。
掌握光伏并网电站设备运行维护要点，能胜任大型光伏电站的维护岗位。

2. 实训条件

1）电站监控系统

根据《光伏系统并网技术要求》（GB/T 19939—2005）的要求，在正常运行情况下，电站通过集控室向调度部门提供的信号至少应当包括：光伏发电站的公共连接点处电压、注入电力系统的电流、有功功率、功率因数、频率和电量。

集控室内运行人员可以根据电力系统调度中心的指令控制整个电站输出的有功功率，且能够根据电网状况、光伏发电站运行特性及其技术性能指标等具有调整输出功率的最大功率变化率的能力。

中控室采用 DMP300 电气监控管理系统对电气设备进行管理。DMP300 电气监控管理系统采用分层分布式结构，一般为三层，即后台监控层（站控层）、通信管理层（通信层）和保护测控层（间隔层）。

后台监控层设备安装有 SE-900 电气监控管理系统软件，包括多种高级应用系统，如图形管理系统、SCADA 管理系统、定值管理系统、报表管理系统、系统组态系统等。配置运行/维护工作站供运行维护人员日常维护及监视，可安装于集控室或工程师室。可选配数据库服务器、Web 服务器及其他高级应用工作站。

通信管理层为整个系统的核心，起上传下放的作用。它一方面负责把保护测控层的数据整理汇总，并将这些信息上送后台监控层和 DCS，完成遥信遥测；另一方面接收后台监控层下达的命令并转发给保护测控层设备，完成对厂站内各开关的分合、电容器投切以及主变分接头的升降，实现遥控和遥调。配置的 DMP6800 通信管理装置具有组件化硬件设计模块化软件设计等多种优点，具备通信网络诊断功能，运行过程中实时诊断各通信端口工况以及各网络工况，实时检测网络上各投运节点工作状态并传输到监控系统。

2）监控系统维护要点

监控及数据传输系统的设备应保持外观完好，螺栓和密封件应齐全，操作键接触良好，显示读数清晰。

对于数据传输系统，系统的终端显示器每天至少检查 1 次有无故障报警，如果有故障报警，应该及时通知相关专业公司进行维修。

每年至少一次对数据传输系统中输入数据的传感器灵敏度进行校验。

数据传输系统中的主要部件，凡是超过使用年限的，均应该及时更换。

3）光伏电站运维的主要工作

光伏电站运行维护主要工作见表 5-1-6。

表 5-1-6 光伏电站运行维护主要工作

	监视电站设备的主要运行参数、统计电站发电量、接受电网调度指令
	巡视检查电站设备的状态，检查电池组件、支架的完好和污染程度、检查电气设备的运行情况
	根据电网调度指令和检修工作要求进行电气设备停送电倒闸操作

4）电站巡检要点

光伏电站巡检记录表见表 5-1-7。

表 5-1-7 光伏电站巡检记录表

_____光伏电站巡检记录表				
巡检日期		巡检人		
检查项目		检查结果	处理意见	备注
光伏组件	组件表面清洁情况			
	组件外观、气味异常			
	组件带电警告标识			
	组件固定情况			
	组件接地情况			
	组件温度异常			
	组件串电流一致性			

续表

_____光伏电站巡检记录表

巡检日期		巡检人		
检查项目		检查结果	处理意见	备注
支架	支架连接情况			
	支架防腐蚀情况			
	门窗、五金件、螺栓			
直流汇流箱	外观异常			
	接线端子异常			
	高压直流熔丝			
	绝缘电阻			
	直流断路器			
	防雷器			
直流配电柜	外观异常			
	接线端子异常			
	绝缘电阻			
	直流输入连接			
	直流输出连接			
	直流断路器			
	防雷器			
逆变器	外观异常			
	警示标识			
	散热风扇			
	断路器			
	母排电容温度			
接地与防雷系统	组件接地			
	支架接地			
	电缆金属铠装接地			
	各功率调节设备接地			
	防雷保护器			
配电线路	交流配电柜			
	电线电缆			
	电缆敷设设施			

续表

<table>
<tr><td colspan="5">_____光伏电站巡检记录表</td></tr>
<tr><td colspan="2">巡检日期</td><td></td><td>巡检人</td><td></td></tr>
<tr><td colspan="2">检查项目</td><td>检查结果</td><td>处理意见</td><td>备注</td></tr>
<tr><td rowspan="6">建筑物与光伏系统结合部分</td><td>光伏阵列角度</td><td></td><td></td><td></td></tr>
<tr><td>建筑物整体情况</td><td></td><td></td><td></td></tr>
<tr><td>屋面防水情况</td><td></td><td></td><td></td></tr>
<tr><td>光伏系统锚固结构</td><td></td><td></td><td></td></tr>
<tr><td>建筑受力构件</td><td></td><td></td><td></td></tr>
<tr><td>光伏系统周边情况</td><td></td><td></td><td></td></tr>
<tr><td rowspan="6">储能装置</td><td>蓄电池室温度及通风</td><td></td><td></td><td></td></tr>
<tr><td>蓄电池组周围情况</td><td></td><td></td><td></td></tr>
<tr><td>蓄电池表面异常</td><td></td><td></td><td></td></tr>
<tr><td>蓄电池单体连接螺钉</td><td></td><td></td><td></td></tr>
<tr><td>蓄电池组电压</td><td></td><td></td><td></td></tr>
<tr><td>单体蓄电池电压</td><td></td><td></td><td></td></tr>
</table>

3. 分组实训实施

实训地点：屋顶光伏并网电站。

实训任务要点：

查阅电站技术资料。

认知电站监控系统组成与功能。

集体讨论电站监控要点。

1）任务划分

根据任务点分组，每组完成一项任务点，每组选出一名负责人，负责人对组员任务进行分配。组员按负责人要求完成相关任务内容，并将自己所在小组及个人任务内容填入下面任务卡中。

<table>
<tr><td colspan="4">实训时间：_____实训地点：_____实训项目：_____</td></tr>
<tr><td>组序</td><td>小组任务</td><td>负责人</td><td>组员</td></tr>
<tr><td>1</td><td></td><td></td><td></td></tr>
<tr><td>2</td><td></td><td></td><td></td></tr>
<tr><td>…</td><td></td><td></td><td></td></tr>
<tr><td></td><td></td><td></td><td></td></tr>
<tr><td></td><td></td><td></td><td></td></tr>
<tr><td colspan="4">任务分组卡片</td></tr>
</table>

2）制订计划

根据任务内容制订任务计划，简要说明任务实施过程及注意事项，并填入任务卡中。

组序：	任务内容		
组员姓名	任务	采取方法	注意事项
1			
2			
…			
任务实施卡片			

3）相关技术参数资料整理

任务完成后，组织对实训项目进行技术资料整理，填写下面卡片。

序号	任务点	实训成果
1	监控系统方案	
2	监控内容	
3	监控系统维护要点	
4	电站巡检	
5		
6		
…	……	
实训成果卡片		

4. 集体讨论与归纳点评

选取有代表性的论题，组织小组进行集体讨论，填写下面讨论卡片。

组序：		论题：	
序号	姓名	组员发言与总结	教师点评
1			
2			
…			
集体讨论卡片			

任务二 "光伏日晷"离网电站案例简介

实训内容

(1) 离网电站系统设备认知实训。

(2) 离网电站系统设备安装实训。

(3) 离网电站系统设备调试实训。

(4) 离网电站系统故障分析与排除实训。

5.2.1 光伏组件布置

1. 实训目的

学会查阅电站技术文档。

掌握光伏离网电站系统的设备构成。

掌握光伏离网电站光伏组件的参数选型与布置。

2. 实训条件

1) 项目概况

本工程站址位于山东理工职业学院校园园区内，该工程主要由土建基础、机电传动、日晷、大理石浮雕、太阳能光伏发电系统与储能系统等几部分组成，如图5-2-1所示。

图5-2-1 "光伏日晷"离网电站远景图

工程顶部设计为镶嵌了光伏电池组件的日晷景观雕塑，整个系统是一套光机电一体化设备。光伏发电系统中的控制器、逆变器、储能锂电池及机电传动控制箱等设备均依序排列在工程底部100m^2的控制室内。实验室外墙四面均干挂大理石浮雕，东面浮雕体现生态和谐；南面浮雕展示夸父追日神话；西面浮雕体现学院理工结合、科技强校的办学理念；北面浮雕镌刻有"新校铭"，展示学院历史、成就、办学宗旨及发展愿景等。实验室内墙混合砂浆抹面，抗震设防烈度为六度。

项目中各个部分的外观尺寸：①雕塑总高度：11.7m；②底座高度（含三步台阶）：3.7m；③底座宽度：10m；④日晷盘面直径：9m。

项目的主要材质包括：①日晷部分：不锈钢锻造；②浮雕：花岗岩灰石材。

2) 系统构成

本系统由 BIPV 电池组件、太阳能充电控制器、离网逆变器、储能电池组、追日传动装置等构成。设备组成及运作流程如图 5-2-2 所示。

3) 光伏组件选型

组件的特点如下。

(1) 前玻和背玻分别采用 4mm 和 6mm 低铁超白钢化玻璃。

(2) 电池片为 156mm×156mm 高效多晶硅电池片。

(3) 粘合材料为 EVA，具有粘合强度高，无气泡，抗老化，耐高温等特点。

(4) MC3 型接线端子，具有绝缘强度高，耐腐蚀，抗老化，防水等特点。

(5) 整块组件透光率为 55%。

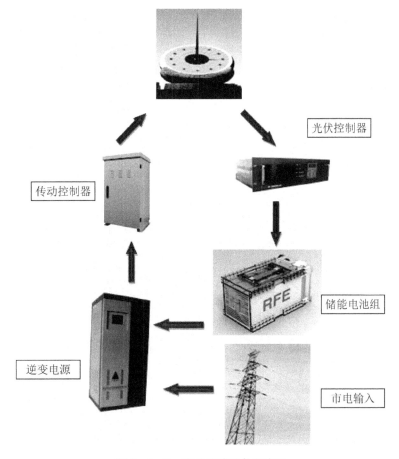

图 5-2-2 离网系统设备组成图

4) 光伏组件布置

系统所用组件的参数规格见表 5-2-1；组件尺寸及排布效果如图 5-2-3、图 5-2-4 所示。

表 5-2-1 组件规格

峰值功率/W	峰值电压/V_{mp}	峰值电流/I_{mp}	开路电压/V_{oc}	短路电流/I_{sc}
24	3	8	3.75	8.8
32	4	8	5	8.8

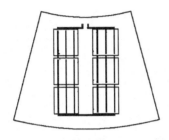

第一环36块24W（670*646*528）

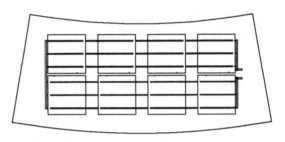

第二环12块32W（440*1073*920）

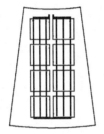

第三环24块32W（890*676*444）

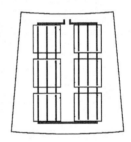

第四环12块24W（660*895*550）

图 5-2-3 各环内组件尺寸规格

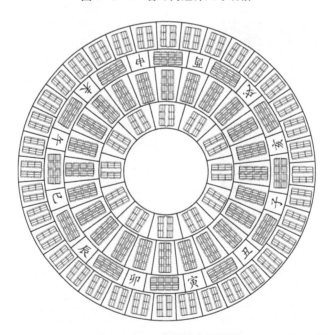

图 5-2-4 组件排布效果图

第1和4环48块组件（3V×48＝144V），第2和3环36块组件（4V×36＝144V），分别串联，组成2路144V光伏系统，可对108V直流系统进行充电，示意图如5-2-5所示。

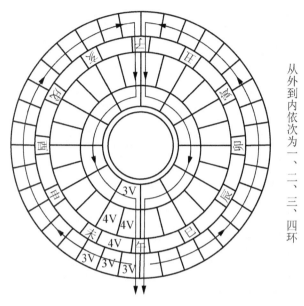

图5-2-5　组件串并联关系示意图

3. 分组实训实施

实训任务要点：

查阅组件铭牌、技术资料。

认知电站系统组成主要设备及功能，掌握组件布置方案。

集体讨论电站对于组件选型和安装的依据。

1) 任务划分

根据任务点分组，每组完成一项任务点，每组选出一名负责人，负责人对组员任务进行分配。组员按负责人要求完成相关任务内容，并将自己所在小组及个人任务内容填入下面任务卡中。

组序	小组任务	负责人	组员
\multicolumn{4}{c}{实训时间：＿＿＿　实训地点：＿＿＿　实训项目：＿＿＿}			
1			
2			
3			
…			
任务分组卡片			

2) 制定计划

根据任务内容制定任务计划，简要说明任务实施过程及注意事项。

组序：		任务内容：	
组员姓名	任务	采取方法	注意事项
1			
2			
3			
…			
任务实施卡片			

3) 相关技术参数资料整理

任务完成后，组织对实训项目进行技术资料整理，填写下面卡片。

序号	任务点	实训成果
1		
2		
3		
…	……	
实训成果卡片		

4. 集体讨论与归纳点评

选取有代表性的论题，组织小组进行集体讨论，填写下面讨论卡片。

组序：		论题：	
序号	姓名	组员发言与总结	教师点评
1			
2			
3			
…			
集体讨论卡片			

5.2.2 接地防雷方案

1. 实训目的

(1) 学会查阅电站技术文档。

(2) 掌握光伏离网电站系统的技术参数。

(3) 掌握光伏离网电站主要设备的防雷措施。

2. 实训条件

1) 小型离网光伏电站的避雷方案

太阳能光伏发电系统的光伏电池组件一般安装在建筑物的屋面上，处于 LPZ0 区（LPZ 为防雷区），如光伏电池组件不在建筑物原有防雷装置的保护范围内，应对其采取防直击雷措施。根据 GB 50057—1994《建筑物防雷设计规范》的规定，对于一般公共建筑物上的光伏电池组件可按 60m 滚球半径采取防直击雷措施。如图 5-2-6 所示，组件的金属支架应与避雷针做可靠的等电位连接，并与屋面防雷装置相连。太阳能控制器、蓄电池和逆变器一般都安装在室内，处于 LPZ1 区。如果控制器、蓄电池和逆变器安装在屋面(LPZ0 区)，应处在接闪器的保护范围内，其金属外壳应与电池板金属支架、避雷针及屋面防雷装置相连。

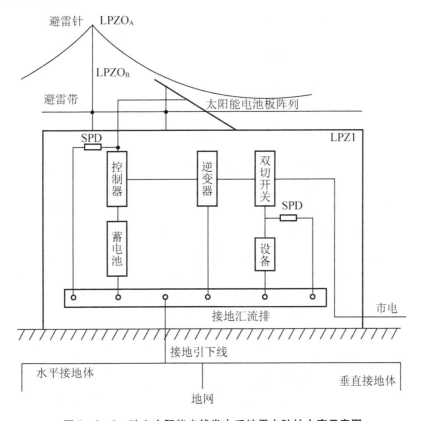

图 5-2-6 独立太阳能光伏发电系统雷电防护方案示意图

2) 防雷击电磁脉冲措施

(1) 均压和等电位连接。为了减小不同金属物之间的电位差和故障电压危害，光伏电池组件的四周铝合金边框和金属支架，控制器、蓄电池、逆变器的金属外壳，金属管（槽）、线缆的金属屏蔽层及避雷针等应采取良好的等电位连接措施。根据 GB 50057—1994 的规定，等电位连接网络主要有两种结构，即 S 型星形结构和 M 型网形结构。通常

S型等电位连接网络用于相对较小、限定于局部的系统，所以小规模的独立光伏发电系统应以S型等电位连接网络方式接到接地装置上。

(2) 合理布线和屏蔽措施。为减少电磁干扰，光伏电池组件的入户线路应以合适的路径敷设并做好线路屏蔽。线缆应选用有金属屏蔽层的电缆并穿金属管敷设，在防雷区界面处电缆金属屏蔽层及金属管(金属管应两端接地)应做等电位连接并接地。

(3) 过电压及过电流保护。为了防止雷击电磁脉冲产生的过电压及过电流经入户线路侵入损坏室内的光伏发电设备，对光伏发电系统的线缆应加装多级防浪涌保护装置进行防雷保护。首先，应该在光伏电池组件输出到控制器的线路上(在入户处)安装电源浪涌保护器，该浪涌保护器内部应包括差模滤波器，以帮助消除线路上传导的电磁干扰(图5-2-7)。其次，由于控制器、蓄电池和逆变器均为价格昂贵的设备，应在控制器、蓄电池和逆变器内安装第2级的电源浪涌保护器，使其具有防雷保护功能。如果逆变器输出到一些较重要的负载设备，还应该在逆变器输出端安装第3级电源浪涌保护器。以上各级电源浪涌保护器的参数选择和安装要求应符合IEC61643212相关规定。室外的防雷器件应全部安装于防雨防尘的电源箱内。

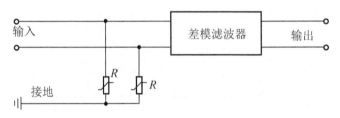

图5-2-7　光伏发电系统中浪涌保护器的设计

3) 小型离网光伏电站的接地方案

接地装置的作用是把雷电流从接闪器尽快地散泄到大地中，对光伏发电系统接地装置的要求是要有足够小的接地电阻和合理的布局。接地装置的布局类型可按IEC62305-3规定的A型装置或B型装置进行设置。接地装置中接地体埋设深度不应小于0.5m，接地装置的材料一般为抗腐蚀能力较强的扁钢或圆钢，其冲击接地电阻一般不大于10Ω。如果安装光伏发电系统建筑物有接地装置，光伏发电系统的各类设备的金属组件可以按合适的方式(S或M型方式)连接到建筑物的接地装置上；如果该建筑物无接地装置，应增设独立接地装置，使以上各类金属组件都连接到此接地装置上。

3. 分组实训实施

实训任务要点：
查阅设备铭牌、技术资料。
认知电站防雷保护方案。
集体讨论电站对于防雷设计的依据。

1) 任务划分

根据任务点分组，每组完成一项任务点，每组选出一名负责人，负责人对组员任务进行分配。组员按负责人要求完成相关任务内容，并将自己所在小组及个人任务内容填入下面任务卡中。

实训时间： 　　　　　实训地点： 　　　　　实训项目：			
组序	小组任务	负责人	组员
1			
2			
3			
…			
任务分组卡片			

2）制定计划

根据任务内容制定任务计划，简要说明任务实施过程及注意事项。

组序： 　　　　　　　　　　　任务内容：			
组员姓名	任务	采取方法	注意事项
1			
2			
3			
…			
任务实施卡片			

3）相关技术参数资料整理

任务完成后，组织对实训项目进行技术资料整理，填写下面卡片。

序号	任务点	实训成果
1		
2		
3		
…	……	
实训成果卡片		

4. 集体讨论与归纳点评

选取有代表性的论题，组织小组进行集体讨论，填写下面讨论卡片。

组序:		论题:	
序号	姓名	组员发言与总结	教师点评
1			
2			
3			
…			
		集体讨论卡片	

5.2.3 蓄电池、光伏控制器、传动控制器安装

1. 实训目的

(1) 学会查阅电站技术文档。

(2) 掌握光伏离网电站系统的设备安装要领。

(3) 掌握光伏离网电站主要设备的接线顺序及注意事项。

2. 实训条件

1) 系统主要设备清单

离网光伏系统主要设备清单见表5-2-2。

表5-2-2 离网光伏系统主要设备清单

	系统设备	型号规格	数量	单位	厂家	备注
1	BIPV组件	24W	36	块	润峰电力	第一环
		32W	12	块		第二环
		32W	24	块		第三环
		24W	12	块		第四环
2	蓄电池	36V100Ah	3	块	润峰新能源	磷酸铁锂电池
3	光伏控制器	GS-20PED2-R (108V20A)	1	台	南京冠亚	2路输入
4	逆变电源	GN-10KETL-22V (108V10KVA)	1	台	南京冠亚	市电互补

2) 设备安装

各设备安装接线图如图5-2-8所示。

(1) 光伏控制器安装。

① 光伏控制器接线端子如图5-2-9所示。

请按照端子标识接线，注意正负极性。请务必记住：先接蓄电池，再接光伏输入，最后接负载。

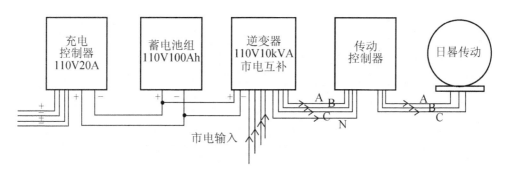

图 5-2-8 设备安装接线图

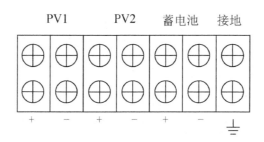

图 5-2-9 光伏控制器后面板接线端子图

② 主电路端子电缆尺寸及压线端子。为了使用上的安全与便利，参照表 5-2-3，选择合适的端子电缆尺寸及压线端子。

表 5-2-3 接线端子参考

项　目	电线尺寸	压线端子	项　目	电线尺寸	压线端子
光伏输入＋、－(1－2)	2.5mm²		负载输出 ＋、－	6mm²	
蓄电池 ＋、－	6mm²		接地	6mm²	

③ 运行流程图如图 5-2-10 所示。

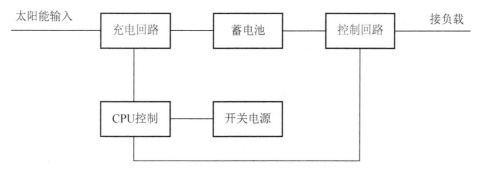

图 5-2-10 光伏控制器运行流程图

(2) 逆变器安装。

① 逆变器接线端子如图 5-2-11 所示。

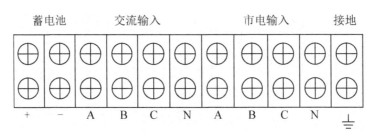

图 5-2-11 逆变器接线端子图

② 主电路电缆尺寸及压线端子。为了使用上的安全与便利，请参照表 5-2-4，选择合适的端子电缆尺寸及压线端子。

表 5-2-4 接线端子参考

项　目	电线尺寸	压线端子	项　目	电线尺寸	压线端子
直流输入＋、－	$25mm^2$		交流输出 A、B、C、N	$4mm^2$	
市电输入 A、B、C、N	$4mm^2$		接地	$4mm^2$	

（3）传动控制柜安装。因控制柜内部接线已完成，安装时只需连接交流伺服控制器输入输出接线端子即可，如图 5-2-12 所示。

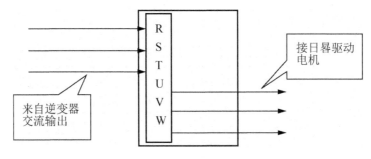

图 5-2-12 传动控制柜接线图

3）安装步骤

（1）各设备摆放就位，确定控制器和逆变器的各个断路器都处于关断状态。

（2）将控制器和逆变器的接地端与系统的接地极固定良好。

（3）将蓄电池的正负极接到控制器的"蓄电池"端，再将 2 路 BIPV 组件的正负极分别接到控制器的"PV1，PV2"端，闭合机箱后面的 PV1，PV2 充电开关，再打开前面板的船型开关，则控制器进入工作状态（此步骤接线顺序不可弄错，拆卸时按相反的顺序进行）。

（4）另引一路蓄电池的正负极接至逆变器的"蓄电池"端（或直流输入端），将三相四线市电线路接至逆变器对应的"市电输入"端，闭合"直流输入"和"市电输入"断路器，轻触机柜面板上的开关 3s，则逆变器进行工作状态，可按控制面板按钮进行数据查询。

（5）将负载接至"交流输出"端，闭合"交流输出"断路器，则负载供电。

4) 注意事项

(1) BIPV 组件和蓄电池的正负极应标识清楚,并避免短路(特别是蓄电池正负极短接后将产生极大的电流,将严重损坏蓄电池,甚至灼伤操作人员)。

(2) 因逆变器为三相输出,且具有市电互补功能,所以要将 A、B、C、N 标识清楚,确保输入和输出连接正确。

(3) 对于控制器,检修时请务必先断开光伏输入,再切断负载,最后断开蓄电池,严禁在光伏未切断前断开蓄电池。

(4) 接线前,请确认所有电源都处于断开状态,错误操作有触电和火灾的危险。

(5) 接线端子一定要可靠接地,错误操作有触电和火灾的危险。

(6) 接线时,请务必确保接线正确,错误操作有触电、火灾、设备损害的危险。

(7) 请勿直接触摸端子或电路板,勿短接端子,错误操作有触电、火灾、设备损害的危险。

(8) 接入前,请确认蓄电池电压是否与本机直流输入电压一致,是否在能接入电压范围之内,错误操作有损害设备的危险。

(9) 逆变电源输出端子有交流电,请尽量放置在不能直接触摸到的地方。

3. 分组实训实施

实训任务要点:

查阅电站技术资料,熟悉各设备技术指标;

认知电站系统组成主要设备及功能,掌握安装流程;

集体讨论电站设备安装的注意事项。

1) 任务划分

根据任务点分组,每组完成一项任务点,每组选出一名负责人,负责人对组员任务进行分配。组员按负责人要求完成相关任务内容,并将自己所在小组及个人任务内容填入下面任务卡中。

实训时间:_____ 实训地点:_____ 实训项目:_____			
组序	小组任务	负责人	组员
1			
2			
3			
...			
任务分组卡片			

2) 制订计划

根据任务内容制订任务计划,简要说明任务实施过程及注意事项。

光伏发电系统的运行与维护

组序：	任务内容：		
组员姓名	任务	采取方法	注意事项
1			
2			
3			
…			
任务实施卡片			

3）相关技术参数资料整理

任务完成后，组织对实训项目进行技术资料整理，填写下面卡片。

序号	任务点	实训成果
1		
2		
3		
…	……	
实训成果卡片		

4．集体讨论与归纳点评

选取有代表性的论题，组织小组进行集体讨论，填写下面讨论卡片。

组序：		论题：	
序号	姓名	组员发言与总结	教师点评
1			
2			
3			
…			
集体讨论卡片			

5.2.4 电站运行与维护

1．实训目的

（1）学会查阅电站技术文档。

（2）熟悉光伏离网发电系统的常见故障。

（3）掌握光伏离网电站主要设备的故障排除方法。

2. 实训条件

1) 蓄电池技术资料

(1) 蓄电池技术指标见表 5-2-5。

表 5-2-5 蓄电池技术指标

项 目	标 准	备 注
标称电压/V	108	按单体 3V 计算
标称容量/Ah	100	标准充放电
充电截止电压/V	131.4±1	可调整
最大充电电流/A	25±1	
充电截止电流/A	2	可调整
放电截止电压/V	90±1	可调整
标准放电电流/A	20±1	推荐值
最大持续放电电流/A	50±1	
充放脉冲电流/A	40±5	30s
内阻/mΩ	≤300	放电口正、负极端之间
尺寸/mm	(590mm×280mm×350mm)±1	(L×W×H)单个箱体尺寸，共 3 个箱
体积能量比/(Wh/L)	80	
重量/kg	65.0±0.5	单个箱体重量，共 3 个箱
质量能量比/(Wh/kg)	65.5	
防水等级	IP54	
工作温度范围/℃	-20～50	
存储温度范围/℃	-40～50	
储存环境湿度/RH	5%～95%	
工作环境湿度/RH	≤85%	
正负极引线	红黑线各一根	
外壳材质	钢板外表面喷粉	

(2) 蓄电池特征曲线图如图 5-2-13 所示。

（本套系统由 3 个 36V100Ah 模块串联而成）

(3) 蓄电池测试条件、方法及电性能。

① 测试条件。除特别指定，所有测试均在温度为 15～35℃、湿度 25%～85%、大气压力 86～106kPa 环境中进行。

② 测量仪器如下。

a. 测量电压用的直流电压表精度不低于 0.5 级，电压表内阻不低于 1kΩ/V。

b. 测量电流用的直流电表精度不低于 0.5 级。

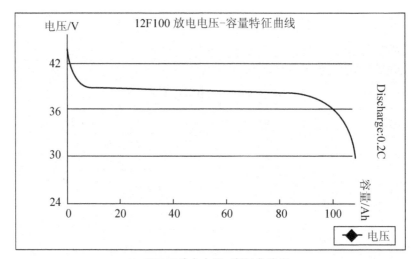

(a) 12F100放电电压-容量曲线图

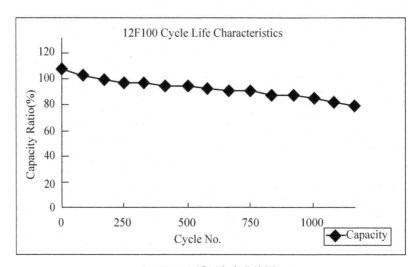

(b) 12F100循环寿命曲线图

图 5-2-13 蓄电池特征曲线图

c. 测量温度用的温度计应具有适当的量程,其分度值不应大于1℃。

d. 测量时间用的计时器应按时、分、秒分度,至少应具有±1‰的准确度。

③ 标准充电。用直流稳压电源(开关电源)以电压为131.4V,电流20.0A恒流充电至电流降至2A。

④ 标准放电。

按(3-3)方法充电后,用电子负载以20.0A电流恒流放电至总电压低于90V截止。

⑤ 电池容量

按(3-4)方法放电,记录放电时间(h),容量(Ah)=电流(A)×放电时间(h)。

⑥ 电性能测试方法及要求见表5-2-6。

表 5-2-6 蓄电池电性能测试方法及要求

测试项目	测试方法	技术要求
20℃放电容量	电池标准充电后，以20A电流放电，记录电池放电容量	≥95%标称容量
55℃放电容量	电池标准充电后，在55℃±2℃存储5h后，以20A放电至终止电压，记录放电容量	≥95%标称容量
常温荷电保持能力与容量恢复能力	电池标准充电后，常温搁置28d搁置7d	荷电保持率≥90%
高温荷电保持能力与容量恢复能力	电池标准充电后，在55℃环境下搁置7d	荷电保持率≥80%
倍率放电容量	电池标准充电后，以1C电流放电，记录放电容量	≥95%标称容量
循环寿命	电池在20℃±5℃条件下，以0.5C(A)充电80%SOC；1C(A)放电至终止条件，依此循环。每25次循环按标准充放电检测一次电池容量，当容量小于80%的额定容量时终止测试	≥1500次

2) 控制器技术资料

(1) 技术指标见表 5-2-7。

表 5-2-7 控制器技术指标

	GS-20PED2-R (100113001)
额定电压 V_{DC}	110
允许控制器充电最大电流/A	20
控制器放电最大电流/A	20
光伏充电路数	2
每路光伏额定充电电流/A	10
光伏最大开路电压/V	250
过放/V 保护	97(可设定)
过放/V 恢复	119(可设定)
过充/V 保护	130(可设定)
过充/V 恢复	119(可设定)
过压/V 保护	150(可设定)
过压/V 恢复	145(可设定)
电压降落/V 光伏电池与蓄电池之间	≤0.7
电压降落/V 蓄电池与负载之间	≤0.1
使用环境温度	-20~+50℃
使用海拔/m	≤5000
尺寸：350×483×177 深宽高	

（2）操作顺序如下。

起动顺序：接线完成后检查接线是否正确，确认正常后，先开通光伏输入回路，然后闭合船型开关，最后闭合直流输出回路，即可起动控制逆变器，负载正常运行。

关断顺序：关断控制逆变器时，先关断直流输出回路，再关断光伏输入回路，最后切断直流输入回路，等待2min或更长，使电容电压降为零。

（3）使用说明如下。

① 当蓄电池电压达到FS05设定值时，第一路光伏充电保护，过1min如果电压仍然高于FS05设定值时，就第二路光伏充电保护。如果在检测电压期间，电压小于FS04设定值时，就两路充电全开通；同时又电流闭环控制，即当充电电流高于FS09设定值时，就关断第一路，过15s，如果充电电流仍然高于FS09设定值时，就第二路保护。如果在15s内，电流小于FS09设定值时，就两路充电全开通。

② 初次开机，当蓄电池电压低于FS01设定值时，控制器也将输出电压，，欠压指示灯亮，如果此时控制器在带负载过程中使蓄电池电压持续下降，当降至FS00设定值时，控制器将延时输出5min后关断输出，欠压指示灯仍然亮。

③ 检修时请务必先断开光伏输入，再切断负载，最后断开蓄电池，严禁在光伏发电系统未切断前断开蓄电池。

（4）LED显示部分说明如下。

① FS00~FS23设定值代码见表5-2-8。

表5-2-8 FS00~FS23代码设定

代 码	参 数	参考设定值
FS00	蓄电池过放电压值	90(V)可设定
FS01	蓄电池过放恢复电压值	115(V)可设定
FS02	蓄电池过压值	131(V)可设定
FS03	蓄电池过压恢复值	120(V)可设定
FS04	蓄电池浮充电压值	126(V)可设定
FS05	蓄电池均充保护电压值	128(V)可设定
FS06	蓄电池电压过高动作值	130(V)可设定
FS07	暂不使用，用于系统扩展	—
FS08	暂不使用，用于系统扩展	—
FS09	充电电流保护值	25(A)可设定
FS10	暂不使用，用于系统扩展	0
FS11	过载电流保护值	20(A)可设定
FS12	充电路数选择	2(路)

续表

代　码	参　数	参考设定值
FS13	修改密码口令	0—不能修改　1—允许修改
FS14	恢复出厂值	0—无效　1—恢复
FS15	负载短路次数递减值100	100（次）
FS16	负载短路允许次数100	100（次）
FS17	显示当前时间—分	可在界面修改
FS18	显示当前时间—小时	可在界面修改
FS19	显示当前时间—天	可在界面修改
FS20～FS23	暂不使用，用于系统扩展	—

② FS13为修改口令，若设定为1，即允许设定，为防非专业人员误操作，本控制器在出厂前已改为0。

③ FS14出厂时设定为0，若想恢复出厂值，请将其设定为1，但这时自已设定的值将不予保留。

④ 运行前请设定FS15、FS16，若设定允许短路次数为100次，则每短路一次，FS15的值将减1，当FS15的值将减至0时控制器将锁死，表明使用情况不好，可能负载经常短路，应检查线路，切断蓄电池（即复位）后可再次使用。

⑤ 出厂设定值仅供参考，每种型号的蓄电池过充过放电压均不一样，请自行设定或问蓄电池供应商。

⑥ 过压、欠压、过载、短路等故障信息可以在面板直接通过指示灯显示。

⑦ 当刚接通蓄电池的瞬间，前面板数码管显示全亮，这是因为刚开机时，微电脑要进行自检，如果长时间控制器未使用，自检通不过属正常现象，此时只要断开蓄电池，再接通蓄电池即可。

⑧ 查阅数码参数值时，可按如下方式操作。

按"编程"键，数码管将显示"FS00"，再按"阅读"键，数码显示此"FS00"代码的参数值；再按"编程"键，然后按"△"键，数码管显示"FS01"，然后按"阅读"键，数码管将显示"FS01"的参数值。以此类推，数码管可查阅FS00～FS23代码对应的参数值。"△"为向上翻阅键（或增加键），"▽"为向下翻阅键（或递减键）。

⑨ 修改参数值可按如下方式操作。

先按"编程"键，再按"△"键，直到数码管显示"FS13"，若"FS13"显示为"0"，则按"△"键，参数将由"0"变为"1"，再按"确定"键，此时FS13将成功设置完毕。

在任何状态下若想查看蓄电池电压必须按一下"确定"键方可查看此状态。

（5）空开及指示灯说明见表5-2-9。

光伏发电系统的运行与维护

表 5-2-9 控制器面板指示灯说明

部 件	功 能 说 明
蓄电池电压灯	指示面膜板此时显示为蓄电池的电压
蓄电池电流灯	指示面膜板此时显示为蓄电池的电流
负载电流灯	指示面膜板此时显示为负载电流
充电电流灯	指示面膜板此时显示为光伏的充电电流
光伏灯(1—2)	指示光伏是否接入(灯亮表示接入)
欠压灯	指示蓄电池是否欠压(灯亮表示欠压)
过压灯	指示蓄电池是否过压(灯亮表示过压)
过载灯	指示控制器输出是否过载(灯亮表示过载)
短路灯	指示控制器输出是否短路(灯亮表示有短路)
输出灯	指示是否有输出(灯亮表示有输出)
船形开关	用于控制器的断开或起动
光伏输入空开(1—2)	用于光伏输入开通或关断
直流输出空开	用于直流输出的开通或关断

3) 逆变器技术资料

(1) 技术指标见表 5-2-10。

表 5-2-10 逆变器技术指标

型 号		GN-10KETL-22V (100607002)
直流输入	输入额定电压/V	110
	输入电压允许范围/V	97~150
市电输入	输入额定电压/V	220
	切换时间/ms	≤4
交流输出	额定容量/kVA	10
	额定电压/V	380
	额定电流/A	15
	额定频率/Hz	50
	过载能力	120%, 1min
	电压稳定精度/V	380±3%
	频率稳定精度/Hz	50 Hz±0.2
	功率因数/pF	0.8
	逆变效率	≥80%

续表

型　　号	GN-10KETL-22V (100607002)
连续运行时间	可连续运行
环境　噪声/dB、1m	≤40
环境　使用环境温度/℃	-10~+50
环境　使用海拔/m	≤5000
尺寸　500*500*1200	宽深高

(2) 操作顺序如下。

起动顺序：起动逆变电源时，先闭合直流输入开关，按下开机按键，闭合市电输入开关和交流输出开关，逆变电源开始运行。

关断顺序：关断逆变电源时，先关断交流输出开关，再关断直流输入开关和市电输入开关，等待 2min 或更长，使电容电压降为零。

(3) 运行注意事项。确认端子接线准确牢固，无短接等不良状况，方可按运行步骤进行操作，操作中切勿触摸端子或接线柱，有触电危险。严格依照步骤进行操作，否则有其他损伤设备可能。

(4) 逆变电源的用户调试。本电源保护具有较高的可靠性，加上其较为完善的自检功能，基本上不需要用户调试。

通电前：检查外观有无机械损坏，接插件是否接插牢固，运行条件是否满足等，检查所有电路板是否缺少元件或有外观损坏。拆卸包装物，保证散热良好。

通电：按照起动操作顺序进行操作。

运行后：电源投入运行后，检查风扇运转是否正常，噪声以及各器件温升是否正常。

(5) 逆变电源面板器件说明见表 5-2-11。

表 5-2-11　逆变器电源面板器件

部　件	功能说明
市电输入空开	用于市电输入的断开或起动
直流输入空开	用于直流输入的开通与关断
交流输出空开	用于交流输出的断开或起动

① 液晶显示使用说明如下。

a. 功能总述。按示意图 5-2-14 进入"功能页面"按"确定"进入功能选择页面后，用"△"或"▽"选择需要的功能。

注 1：此级的菜单共有 6 个。

该部分具体功能介绍见表 5-2-12。

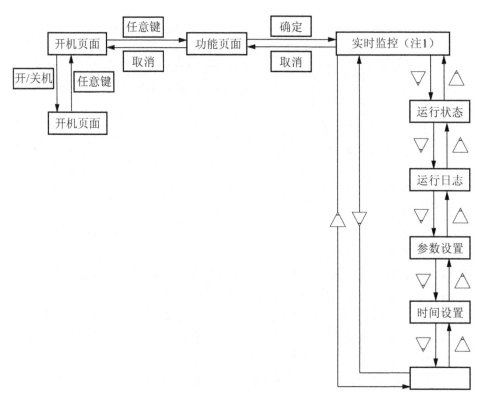

图 5-2-14 功能按键操作示意图

表 5-2-12 功能介绍

功　能	功能描述
实时监控	包含多项系统的运行实时参数
运行状态	显示系统当前的运行情况以及负载比
运行日志	记录自系统运行以来所有发生的故障信息
时间设置	该项功能提供给用户设置系统的时间
参数设置	该项功能暂不向用户开放

b. 实时监控功能按键操作如图 5-2-15 所示，该部分具体功能介绍见表 5-2-13。

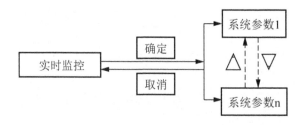

图 5-2-15 实时监控功能按键操作示意图

表 5-2-13　实时监控功能介绍

参 数 名 称	参 数 描 述	参 数 名 称	参 数 描 述
直流电压	系统前端输入电压	输出 C 相电流	系统后端 C 相输出电流
直流电流	系统前端输入电流	市电 A 相电压	目前电网的 A 相电压
输出 A 相电压	系统后端 A 相输出电压	市电 B 相电压	目前电网的 B 相电压
输出 B 相电压	系统后端 B 相输出电压	市电 C 相电压	目前电网的 C 相电压
输出 C 相电压	系统后端 C 相输出电压	市电频率	目前电网的频率
输出 A 相电流	系统后端 A 相输出电流	输出频率	系统逆变输出频率
输出 B 相电流	系统后端 B 相输出电流	输出功率	系统当前的负载功率

c. 运行状态调整功能按键操作如图 5-5-16 所示，该部分具体功能介绍见表 5-2-14。

图 5-2-16　运行状态调整功能按键操作示意图

表 5-2-14　运行状态按键功能介绍

参数名称	参 数 描 述
系统状态	显示系统当前的运行状态，包括正常、欠压、过压、过载、短路
负载比	显示目前系统的负载与总负载的比例

d. 运行日志功能按键操作如图 5-2-17 所示，该部分具体功能介绍见表 5-2-15。

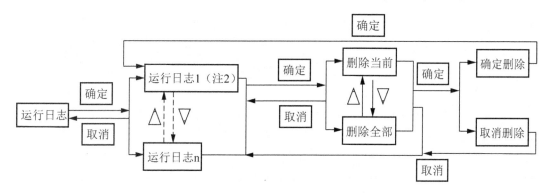

图 5-2-17　运行日志功能按键操作示意图

注 2：若当前日志被删除，显示将自动指向下一条日志。

表 5-2-15　运行日志功能介绍

参 数 名 称	参 数 描 述
运行日志	包含系统的各项运行故障信息，包括欠压、过压、过载、短路

举例说明"删除故障信息"。从"运行日志"页面按"确定"进入日志选择页面，此页面可用"△、▽"选择需要删除的日志，选择好后，再次按下"确定"，进入删除项目选择页面，可用"△、▽"选择是"删除当前"（仅删除选中的日志）或"删除全部"（删除全部日志），选中后按下"确定"进入删除确认页面，选择"确定"（确定删除）或"取消"（取消删除），选后按下"确定"即可。在以上操作的每一步，若不想删除日志，都可以按下"取消"取消删除。

e. 参数设置功能介绍见表 5-2-16。

此项功能除设置系统密码向用户开放外其他功能暂不向用户开放。

表 5-2-16 参数设置功能介绍

参数名称	参数描述
系统密码	用于设置系统的密码
密码开启	用于是否开启系统密码验证功能（慎用）

f. 时间设置功能按键操作如图 5-2-18 所示，该部分具体功能介绍见表 5-2-17。

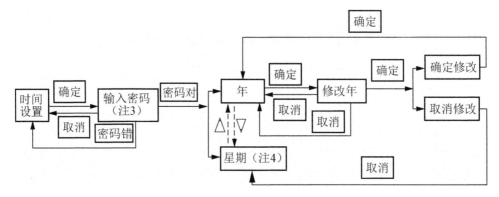

图 5-2-18 时间设置功能按键操作示意图

注 3：如果在参数设置中设置了密码，并开启了密码保护功能，则需要经过密码验证才能进入时间设置操作，否则不需要。密码的设置方法在"参数设置"功能中，方法类似于时间设置。

注 4：此处的时间将用于记录系统的运行日志发生的时间等，因此务必设置正确。时间可设置的范围为 2000.01.01　00：00：00——2099.12.31　23：59：59。

表 5-2-17 时间设置功能介绍

参数名称	参数描述	参数名称	参数描述
年	系统运行时间的年份	分	系统运行时间的分钟
月	系统运行时间的月份	秒	系统运行时间的秒
日	系统运行时间的日期	星期	系统运行时间的星期
时	系统运行时间的小时		

举例说明"时间设置"。从"时间设置"页面按"确定"进入日志选择页面,此页面可用"△、▽"选择需要删除的日志,选择好后,再次按下"确定",进入设置功能,可用"△、▽"调整数值,调好后按下"确定"确认修改。在以上操作的每一步,若不想修改,都可以按下"取消"取消修改。

"系统密码"和"密码开启"的设置方法类似于"时间设置",请参考时间设置。

3. 分组实训实施

实训任务要点:

查阅技术资料;

理清各设备技术指标与调试方法;

集体讨论各参数的设置依据。

1)任务划分

根据任务点分组,每组完成一项任务点,每组选出一名负责人,负责人对组员任务进行分配。组员按负责人要求完成相关任务内容,并将自己所在小组及个人任务内容填入下面任务卡中。

实训时间:_____ 实训地点:_____ 实训项目:_____			
组序	小组任务	负责人	组员
1			
2			
3			
...			
任务分组卡片			

2)制定计划

根据任务内容制定任务计划,简要说明任务实施过程及注意事项。

组序:	任务内容:		
组员姓名	任务	采取方法	注意事项
1			
2			
3			
...			
任务实施卡片			

3)相关技术参数资料整理

任务完成后,组织对实训项目进行技术资料整理,填写下面卡片。

序号	任务点	实训成果
1		
2		
3		
…	……	
		实训成果卡片

4. 集体讨论与归纳点评

选取有代表性的论题，组织小组进行集体讨论，填写下面讨论卡片。

组序：		论题：	
序号	姓名	组员发言与总结	教师点评
1			
2			
3			
…			
		集体讨论卡片	

项目小结

本项目分别依托学院并网型光伏电站和离网型光伏电站，以实用技能训练为主，重点锻炼学生在电站技术资料查阅、电工仪器仪表的正确使用、电站系统构成认知、电站设备功用认知以及接线安装方式、电站防雷保护措施等等诸多方面的能力。

对于每一个技能需求点，本项目采用分组任务实施组织方式，模拟光伏电站一线岗位职责进行明确分工，同时又针对每个热点问题组织团队展开讨论，这样，既锻炼了学生的自主学习能力，又强化了学生的责任意识、集体意识，提高学生的团队协作能力。

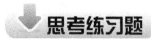

1. 请说出离网型与并网型电站系统组成及各模块功能。
2. 请分别描述两大电站运行流程，分析离网型与并网型电站异同点。
3. 参观一期并网电站，请说出所用组件铭牌标识各参数的意义。
4. 查阅并网电站技术资料，描述一下组件选型的依据和安装方案。

5. 试述并网电站防雷的重要性。

6. 请描述一下电站室内室外常用防雷措施。

7. 简要画出离网型电站设备接线图。

8. 简述并网型电站设备安装顺序及安装注意事项。

阅读材料

光伏电站常用仪表

1. 电能表

1) 相数

电能表有单相和三相之分。三相电能表又有三相三线电能表和三相四线电能表的区别。三相三线电能表用在三相三线系统中，三相四线电能表用在三相四线系统或者三相五线系统中。

2) 额定电压

单相电能表的额定电压绝大多数都是220V。三相电能表的额定电压有100V和380V的。三相三线电能表和三相四线电能表额定电压的标注方法是不一样的，三相三线电能表额定电压表标的是380V，而三相四线电能表额定电压的标注是380V、220V或100V。

3) 额定电流

电能表的额定电流通常标有两个数值，后边一个被括在括号内，电能表的额定电流是指括号前的数字。电能表的额定电流应当不小于被测电路的最大负荷电流。

4) 电流互感器

电流互感器为了扩大电能表的量程，配合电能表使用。当用电流互感器时，这时的用电量，应为电能表所记录的数值与电流互感器倍率乘积。

5) 单相电能表

接线：电源的相线L和零线N分别接1、3号端子，2、4号端子的引出线分别送到负荷的火线和零线。

6) 三相电能表

三相三线制电能表与三相四线制电能表相比，少了一个测量元件，所以接线比较简单。

7) 电能表连接电流互感器时应注意

(1) 电流互感器的4个接线端一定要按照接线图之标识连接。否则电能表的指示会出现误差，甚至倒转。

(2) 通过电流互感器相连时，由于电能表的电流线圈不再与被测电路直接相连，所以电压线圈的接线端子必须单独引线到相应的相线上，否则电能表将无法工作。

(3) 电能表通过电流互感器来连接时，由于被测线路的导线比较粗，无法穿进电能表的接线端子，因而采用了一根小截面导线入零的接线方法

(4) 从安全的角度考虑，当采用电流互感器时，要求电流互感器的二次侧一端要接地。所谓接地，就是电流互感器二次侧的一端用导线与开关柜的金属构架相连。

2. 万用表

万用表是一种多功能、多量程的仪表，是电工最常使用的仪表之一。万用表有指针式和数字式两个基本类型，二者的功能和使用方法大体相同，但测量原理、结构和线路却有很大差别，在性能上也各有特点。

1) 万用表的功能

最简单的万用表包括以下几个功能：直流电压、交流电压、直流电流、交流电流和电阻，这些都是

万用表必须具备的功能。目前有的万用表有电容和三极管倍率测量功能。

2) 使用注意事项

外观检查，无损坏，表笔不裸漏导线，装换开关灵活。

正确选档，注意表笔的插孔是否与所量的项目相对应。

测量电压与电流时要选大一点的量程，不知道被测电流、电压大小时，应选最大的量程。

不得在测量过程中切换档位。

正确读取表数。

在测量过程中人体不能接触万用表带电部位。

3. 兆欧表

兆欧表就是用来测量电气线路和各种用电器的绝缘电阻值的仪表。由于兆欧表在使用中要用手去转摇把，因此习惯上称为绝缘摇表。在对电气线路和用电器作预防性试验和进行检修时，都需要测量绝缘电阻，所以，兆欧表也是电工经常使用的仪表之一。

1) 兆欧表的选择

表明兆欧表规格的基本参数有两个：电压等级和测量范围。目前使用的兆欧表的电压等级有三个等级：500V、1000V、2500V。

测量范围指的是：兆欧表所能够测量的从最小值到最大值的范围。

2) 兆欧表使用前的检查

(1) 外观检查：检查兆欧表各部分是否完好，表针是否灵活手摇发电机是否旋转正常。

(2) 开路检查：分开表笔摇动转把，表针应该是无穷大。

(3) 短路检查：短路兆欧表"L"和"E"端，摇动转把，表针应该是在零位。

3) 兆欧表的使用方法

电动机的测量。

电缆的测量。

4) 兆欧表在使用中的注意事项

(1) 测量中不允许接触兆欧表和测试线路带电部位。

(2) 对于电容器、电力电缆和容量较大的电动机一定要进行人工放电。

(3) 测量过程中，兆欧表要达到每分钟120转。

(4) 测量前应当对兆欧表进行外观检查及开路、短路试验。

4. 钳形电流表

钳形电流表有便携、操作简单、测量无须断开负荷等几个优点。是目前常用的电工仪表之一。

钳形电流表使用注意事项如下。

(1) 使用前对表外观检查。

(2) 正确选挡，测量中不能切换档位。

(3) 测量中与带电体保持安全距离，钳口不能接触带电体。

参 考 文 献

[1] [日]太阳光发电协会. 太阳能光伏发电系统设计与施工[M]. 刘树民，宏伟，译. 北京：科学出版社，2006.
[2] 李钟实. 太阳能光伏发电系统设计施工与应用[M]. 北京：人民邮电出版社，2012.
[3] 王长贵. 太阳能光伏发电实用技术[M]. 北京：化学工业出版社，2005.
[4] 崔容强，等. 并网型太阳能光伏发电系统[M]. 北京：化学工业出版社，2007.
[5] 张兴，等. 太阳能光伏并网发电及其逆变控制[M]. 北京：机械工业出版社，2012.
[6] 周志敏. 太阳能光伏发电系统设计与应用实例[M]. 北京：电子工业出版社，2010.
[7] 秦鸣峰. 蓄电池的使用与维护[M]. 2版. 北京：化学工业出版社，2011.
[8] 黄汉云. 太阳能光伏照明技术与应用[M]. 北京：化学工业出版社，2009.
[9] 李安定. 太阳能光伏发电系统工程[M]. 北京：化学工业出版社，2012.
[10] 杨贵恒，等. 太阳能光伏发电系统及其应用[M]. 北京：化学工业出版社，2013.
[11] 刘鉴民. 太阳能利用：原理·技术·工程[M]. 北京：电子工业出版社，2010.

北京大学出版社高职高专机电系列规划教材

序号	书号	书名	编著者	定价	印次	出版日期
	"十二五"职业教育国家规划教材					
1	978-7-301-24455-5	电力系统自动装置(第2版)	王 伟	26.00	1	2014.8
2	978-7-301-24506-4	电子技术项目教程(第2版)	徐超明	42.00	1	2014.7
3	978-7-301-24475-3	零件加工信息分析(第2版)	谢 蕾	52.00	2	2015.1
4	978-7-301-24227-8	汽车电气系统检修(第2版)	宋作军	30.00	1	2014.8
5	978-7-301-24507-1	电工技术与技能	王 平	42.00	1	2014.8
6	978-7-301-24648-1	数控加工技术项目教程(第2版)	李东君	64.00	1	2015.5
7	978-7-301-25341-0	汽车构造(上册)——发动机构造(第2版)	罗灯明	35.00	1	2015.5
8	978-7-301-25529-2	汽车构造(下册)——底盘构造(第2版)	鲍远通	36.00	1	2015.5
9	978-7-301-25650-3	光伏发电技术简明教程	静国梁	29.00	1	2015.6
10	978-7-301-24589-7	光伏发电系统的运行与维护	付新春	33.00	1	2015.7
11	978-7-301-24587-3	制冷与空调技术工学结合教程	李文森等	28.00	1	2015.5
12		电子EDA技术(Multisim)(第2版)	刘训非			2015.5
	机械类基础课					
1	978-7-301-13653-9	工程力学	武昭晖	25.00	3	2011.2
2	978-7-301-13574-7	机械制造基础	徐从清	32.00	3	2012.7
3	978-7-301-13656-0	机械设计基础	时忠明	25.00	3	2012.7
4	978-7-301-13662-1	机械制造技术	宁广庆	42.00	2	2010.11
5	978-7-301-19848-3	机械制造综合设计及实训	裴俊彦	37.00	1	2013.4
6	978-7-301-19297-9	机械制造工艺及夹具设计	徐 勇	28.00	1	2011.8
7	978-7-301-18357-1	机械制图	徐连孝	27.00	2	2012.9
8	978-7-301-25479-0	机械制图——基于工作过程(第2版)	徐连孝	62.00	1	2015.5
9	978-7-301-18143-0	机械制图习题集	徐连孝	20.00	2	2013.4
10	978-7-301-15692-6	机械制图	吴百中	26.00	2	2012.7
11	978-7-301-22916-3	机械图样的识读与绘制	刘永强	36.00	1	2013.8
12	978-7-301-23354-2	AutoCAD 应用项目化实训教程	王利华	42.00	1	2014.1
13	978-7-301-17122-6	AutoCAD 机械绘图项目教程	张海鹏	36.00	3	2013.8
14	978-7-301-17573-6	AutoCAD 机械绘图基础教程	王长忠	32.00	2	2013.8
15	978-7-301-19010-4	AutoCAD 机械绘图基础教程与实训(第2版)	欧阳全会	36.00	3	2014.1
16	978-7-301-24536-1	三维机械设计项目教程(UG版)	龚肖新	45.00	1	2014.9
17	978-7-301-17609-2	液压传动	龚肖新	22.00	1	2010.8
18	978-7-301-20752-9	液压传动与气动技术(第2版)	曹建东	40.00	2	2014.1
19	978-7-301-13582-2	液压与气压传动技术	袁 广	24.00	5	2013.8
20	978-7-301-24381-7	液压与气动技术项目教程	武 威	30.00	1	2014.8
21	978-7-301-19436-2	公差与测量技术	余 键	25.00	1	2011.9
22	978-7-5038-4861-2	公差配合与测量技术	南秀蓉	23.00	4	2011.12
23	978-7-301-19374-7	公差配合与技术测量	庄佃霞	26.00	2	2013.8
24	978-7-301-25614-5	公差配合与测量技术项目教程	王丽丽	26.00	1	2015.4
25	978-7-301-25953-5	金工实训(第2版)	柴增田	38.00	1	2015.6
26	978-7-301-13651-5	金属工艺学	柴增田	27.00	2	2011.6
27	978-7-301-17608-5	机械加工工艺编制	于爱武	45.00	2	2012.2
28	978-7-301-23868-4	机械加工工艺编制与实施(上册)	于爱武	42.00	1	2014.3
29	978-7-301-24546-0	机械加工工艺编制与实施(下册)	于爱武	42.00	1	2014.7
30	978-7-301-21988-1	普通机床的检修与维护	宋亚林	33.00	1	2013.1
31	978-7-5038-4869-8	设备状态监测与故障诊断技术	林英志	22.00	3	2011.8

序号	书号	书名	编著者	定价	印次	出版日期
32	978-7-301-22116-7	机械工程专业英语图解教程(第2版)	朱派龙	48.00	2	2015.5
33	978-7-301-23198-2	生产现场管理	金建华	38.00	1	2013.9
34	978-7-301-24788-4	机械CAD绘图基础及实训	杜洁	30.00	1	2014.9
数控技术类						
1	978-7-301-17148-6	普通机床零件加工	杨雪青	26.00	2	2013.8
2	978-7-301-17679-5	机械零件数控加工	李文	38.00	1	2010.8
3	978-7-301-13659-1	CAD/CAM实体造型教程与实训(Pro/ENGINEER版)	诸小丽	38.00	4	2014.7
4	978-7-301-24647-6	CAD/CAM数控编程项目教程(UG版)(第2版)	慕灿	48.00	1	2014.8
5	978-7-5038-4865-0	CAD/CAM数控编程与实训(CAXA版)	刘玉春	27.00	3	2011.2
6	978-7-301-21873-0	CAD/CAM数控编程项目教程(CAXA版)	刘玉春	42.00	1	2013.3
7	978-7-5038-4866-7	数控技术应用基础	宋建武	22.00	2	2010.7
8	978-7-301-13262-3	实用数控编程与操作	钱东东	32.00	4	2013.8
9	978-7-301-14470-1	数控编程与操作	刘瑞已	29.00	2	2011.2
10	978-7-301-20312-5	数控编程与加工项目教程	周晓宏	42.00	1	2012.3
11	978-7-301-23898-1	数控加工编程与操作实训教程(数控车分册)	王忠斌	36.00	1	2014.6
12	978-7-301-20945-5	数控铣削技术	陈晓罗	42.00	1	2012.7
13	978-7-301-21053-6	数控车削技术	王军红	28.00	1	2012.8
14	978-7-301-25927-6	数控车削编程与操作项目教程	肖国涛	26.00	1	2015.7
15	978-7-301-17398-5	数控加工技术项目教程	李东君	48.00	1	2010.8
16	978-7-301-21119-9	数控机床及其维护	黄应勇	38.00	1	2012.8
17	978-7-301-20002-5	数控机床故障诊断与维修	陈学军	38.00	1	2012.1
模具设计与制造类						
1	978-7-301-23892-9	注射模设计方法与技巧实例精讲	邹继强	54.00	1	2014.2
2	978-7-301-24432-6	注射模典型结构设计实例图集	邹继强	54.00	1	2014.6
3	978-7-301-18471-4	冲压工艺及模具设计	张芳	39.00	1	2011.3
4	978-7-301-19933-6	冷冲压工艺与模具设计	刘洪贤	32.00	1	2012.1
5	978-7-301-20414-6	Pro/ENGINEER Wildfire产品设计项目教程	罗武	31.00	1	2012.5
6	978-7-301-16448-8	Pro/ENGINEER Wildfire 设计实训教程	吴志清	38.00	1	2012.8
7	978-7-301-22678-0	模具专业英语图解教程	李东君	22.00	1	2013.7
电气自动化类						
1	978-7-301-18519-3	电工技术应用	孙建领	26.00	1	2011.3
2	978-7-301-17569-9	电工电子技术项目教程	杨德明	32.00	3	2014.8
3	978-7-301-22546-2	电工技能实训教程	韩亚军	22.00	1	2013.6
4	978-7-301-22923-1	电工技术项目教程	徐超明	38.00	1	2013.8
5	978-7-301-12390-4	电力电子技术	梁南丁	29.00	3	2013.5
6	978-7-301-17730-3	电力电子技术	崔红	23.00	1	2010.9
7	978-7-301-19525-3	电工电子技术	倪涛	38.00	1	2011.9
8	978-7-301-24765-5	电子电路分析与调试	毛玉青	35.00	1	2015.3
9	978-7-301-16830-1	维修电工技能与实训	陈学平	37.00	1	2010.7
10	978-7-301-12180-1	单片机开发应用技术	李国兴	21.00	2	2010.9
11	978-7-301-20000-1	单片机应用技术教程	罗国荣	40.00	1	2012.2
12	978-7-301-21055-0	单片机应用项目化教程	顾亚文	32.00	1	2012.8
13	978-7-301-17489-0	单片机原理及应用	陈高锋	32.00	1	2012.9
14	978-7-301-24281-0	单片机技术及应用	黄贻培	30.00	1	2014.7
15	978-7-301-22390-1	单片机开发与实践教程	宋玲玲	24.00	1	2013.6

序号	书号	书名	编著者	定价	印次	出版日期
16	978-7-301-17958-1	单片机开发入门及应用实例	熊华波	30.00	1	2011.1
17	978-7-301-16898-1	单片机设计应用与仿真	陆旭明	26.00	2	2012.4
18	978-7-301-19302-0	基于汇编语言的单片机仿真教程与实训	张秀国	32.00	1	2011.8
19	978-7-301-12181-8	自动控制原理与应用	梁南丁	23.00	3	2012.1
20	978-7-301-19638-0	电气控制与PLC应用技术	郭 燕	24.00	1	2012.1
21	978-7-301-18622-0	PLC与变频器控制系统设计与调试	姜永华	34.00	1	2011.6
22	978-7-301-19272-6	电气控制与PLC程序设计(松下系列)	姜秀玲	36.00	1	2011.8
23	978-7-301-12383-6	电气控制与PLC(西门子系列)	李 伟	26.00	2	2012.3
24	978-7-301-18188-1	可编程控制器应用技术项目教程(西门子)	崔维群	38.00	2	2013.6
25	978-7-301-23432-7	机电传动控制项目教程	杨德明	40.00	1	2014.1
26	978-7-301-12382-9	电气控制及PLC应用(三菱系列)	华满香	24.00	2	2012.5
27	978-7-301-22315-4	低压电气控制安装与调试实训教程	张 郭	24.00	1	2013.4
28	978-7-301-24433-3	低压电器控制技术	肖朋生	34.00	1	2014.7
29	978-7-301-22672-8	机电设备控制基础	王本轶	32.00	1	2013.7
30	978-7-301-18770-8	电机应用技术	郭宝宁	33.00	1	2011.5
31	978-7-301-23822-6	电机与电气控制	郭夕琴	34.00	1	2014.8
32	978-7-301-17324-4	电机控制与应用	魏润仙	34.00	1	2010.8
33	978-7-301-21269-1	电机控制与实践	徐 锋	34.00	1	2012.9
34	978-7-301-12389-8	电机与拖动	梁南丁	32.00	2	2011.12
35	978-7-301-18630-5	电机与电力拖动	孙英伟	33.00	1	2011.3
36	978-7-301-16770-0	电机拖动与应用实训教程	任娟平	36.00	1	2012.11
37	978-7-301-22632-2	机床电气控制与维修	崔兴艳	28.00	1	2013.7
38	978-7-301-22917-0	机床电气控制与PLC技术	林盛昌	36.00	1	2013.8
39	978-7-301-18470-7	传感器检测技术及应用	王晓敏	35.00	2	2012.7
40	978-7-301-20654-6	自动生产线调试与维护	吴有明	28.00	1	2013.1
41	978-7-301-21239-4	自动生产线安装与调试实训教程	周 洋	30.00	1	2012.9
42	978-7-301-18852-1	机电专业英语	戴正阳	28.00	1	2013.8
43	978-7-301-24764-8	FPGA应用技术教程(VHDL版)	王真富	38.00	1	2015.2
		汽车类				
1	978-7-301-17694-8	汽车电工电子技术	郑广军	33.00	1	2011.1
2	978-7-301-19504-8	汽车机械基础	张本升	34.00	1	2011.10
3	978-7-301-19652-6	汽车机械基础教程(第2版)	吴笑伟	28.00	2	2012.8
4	978-7-301-17821-8	汽车机械基础项目化教学标准教程	傅华娟	40.00	2	2014.8
5	978-7-301-19646-5	汽车构造	刘智婷	42.00	1	2012.1
6	978-7-301-25341-0	汽车构造(上册)——发动机构造(第2版)	罗灯明	35.00	1	2015.5
7	978-7-301-25529-2	汽车构造(下册)——底盘构造(第2版)	鲍远通	36.00	1	2015.5
8	978-7-301-13661-4	汽车电控技术	祁翠琴	39.00	6	2015.2
9	978-7-301-19147-7	电控发动机原理与维修实务	杨洪庆	27.00	1	2011.7
10	978-7-301-13658-4	汽车发动机电控系统原理与维修	张吉国	25.00	2	2012.4
11	978-7-301-18494-3	汽车发动机电控技术	张 俊	46.00	2	2013.8
12	978-7-301-21989-8	汽车发动机构造与维修(第2版)	蔡兴旺	40.00	1	2013.1
14	978-7-301-18948-1	汽车底盘电控原理与维修实务	刘映凯	26.00	1	2012.1
15	978-7-301-19334-1	汽车电气系统检修	宋作军	25.00	2	2014.1
16	978-7-301-23512-6	汽车车身电控系统检修	温立全	30.00	1	2014.1
17	978-7-301-18850-7	汽车电器设备原理与维修实务	明光星	38.00	2	2013.9
18	978-7-301-20011-7	汽车电器实训	高照亮	38.00	1	2012.1
19	978-7-301-22363-5	汽车车载网络技术与检修	闫炳强	30.00	1	2013.6

序号	书号	书名	编著者	定价	印次	出版日期
20	978-7-301-14139-7	汽车空调原理及维修	林 钢	26.00	3	2013.8
21	978-7-301-16919-3	汽车检测与诊断技术	娄 云	35.00	2	2011.7
22	978-7-301-22988-0	汽车拆装实训	詹远武	44.00	1	2013.8
23	978-7-301-18477-6	汽车维修管理实务	毛 峰	23.00	1	2011.3
24	978-7-301-19027-2	汽车故障诊断技术	明光星	25.00	1	2011.6
25	978-7-301-17894-2	汽车养护技术	隋礼辉	24.00	1	2011.3
26	978-7-301-22746-6	汽车装饰与美容	金守玲	34.00	1	2013.7
27	978-7-301-25833-0	汽车营销实务(第2版)	夏志华	32.00	1	2015.6
28	978-7-301-19350-1	汽车营销服务礼仪	夏志华	30.00	3	2013.8
29	978-7-301-15578-3	汽车文化	刘 锐	28.00	4	2013.2
30	978-7-301-20753-6	二手车鉴定与评估	李玉柱	28.00	1	2012.6
31	978-7-301-17711-2	汽车专业英语图解教程	侯锁军	22.00	5	2015.2
电子信息、应用电子类						
1	978-7-301-19639-7	电路分析基础(第2版)	张丽萍	25.00	1	2012.9
2	978-7-301-19310-5	PCB板的设计与制作	夏淑丽	33.00	1	2011.8
3	978-7-301-21147-2	Protel 99 SE 印制电路板设计案例教程	王 静	35.00	1	2012.8
4	978-7-301-18520-9	电子线路分析与应用	梁玉国	34.00	1	2011.7
5	978-7-301-12387-4	电子线路CAD	殷庆纵	28.00	4	2012.7
6	978-7-301-12390-4	电力电子技术	梁南丁	29.00	2	2010.7
7	978-7-301-17730-3	电力电子技术	崔 红	23.00	1	2010.9
8	978-7-301-19525-3	电工电子技术	倪 涛	38.00	1	2011.9
9	978-7-301-18519-3	电工技术应用	孙建领	26.00	1	2011.3
10	978-7-301-22546-2	电工技能实训教程	韩亚军	22.00	1	2013.6
11	978-7-301-22923-1	电工技术项目教程	徐超明	38.00	1	2013.8
12	978-7-301-17569-9	电工电子技术项目教程	杨德明	32.00	3	2014.8
14	978-7-301-17712-9	电子技术应用项目式教程	王志伟	32.00	2	2012.7
15	978-7-301-22959-0	电子焊接技术实训教程	梅琼珍	24.00	1	2013.8
16	978-7-301-17696-2	模拟电子技术	蒋 然	35.00	1	2010.8
17	978-7-301-13572-3	模拟电子技术及应用	刁修睦	28.00	3	2012.8
18	978-7-301-18144-7	数字电子技术项目教程	冯泽虎	28.00	1	2011.1
19	978-7-301-19153-8	数字电子技术与应用	宋雪臣	33.00	1	2011.9
20	978-7-301-20009-4	数字逻辑与微机原理	宋振辉	49.00	1	2012.1
21	978-7-301-12386-7	高频电子线路	李福勤	20.00	3	2013.8
22	978-7-301-20706-2	高频电子技术	朱小祥	32.00	1	2012.6
23	978-7-301-18322-9	电子EDA技术(Multisim)	刘训非	30.00	2	2012.7
24	978-7-301-14453-4	EDA技术与VHDL	宋振辉	28.00	2	2013.8
25	978-7-301-22362-8	电子产品组装与调试实训教程	何 杰	28.00	1	2013.6
26	978-7-301-19326-6	综合电子设计与实践	钱卫钧	25.00	2	2013.8
27	978-7-301-17877-5	电子信息专业英语	高金玉	26.00	2	2011.11
28	978-7-301-23895-0	电子电路工程训练与设计、仿真	孙晓艳	39.00	1	2014.3
29	978-7-301-24624-5	可编程逻辑器件应用技术	魏 欣	26.00	1	2014.8

如您需要更多教学资源如电子课件、电子样章、习题答案等，请登录北京大学出版社第六事业部官网 www.pup6.cn 搜索下载。
如您需要浏览更多专业教材，请扫下面的二维码，关注北京大学出版社第六事业部官方微信（微信号：pup6book），随时查询专业教材、浏览教材目录、内容简介等信息，并可在线申请纸质样书用于教学。

感谢您使用我们的教材，欢迎您随时与我们联系，我们将及时做好全方位的服务。联系方式：010-62750667，329056787@qq.com，pup_6@163.com，lihu80@163.com，欢迎来电来信。客户服务QQ号：1292552107，欢迎随时咨询。